有机神经形态系统基础

Fundamentals of Organic Neuromorphic Systems

[意]维克多・埃罗钦（Victor Erokhin）著
陈　晨　刘东青　张鉴炜　程海峰　等　译

国防科技大学出版社
・长沙・

图书在版编目（CIP）数据

有机神经形态系统基础／（意）维克多·埃罗钦著；陈晨等译．-- 长沙：国防科技大学出版社，2024. 12. -- ISBN 978-7-5673-0646-2

Ⅰ. TM54

中国国家版本馆 CIP 数据核字第 20241NH838 号

有机神经形态系统基础

YOUJI SHENJING XINGTAI XITONG JICHU

[意] 维克多·埃罗钦（Victor Erokhin） 著

陈 晨 刘东青 张鉴炜 程海峰 译

责任编辑：唐 洋

责任校对：任星宇

出版发行：国防科技大学出版社　　地　　址：长沙市开福区德雅路 109 号

邮政编码：410073　　电　　话：（0731）87028022

印　　制：国防科技大学印刷厂　　开　　本：710×1000　1/16

印　　张：17. 5　　字　　数：324 千字

版　　次：2024 年 12 月第 1 版　　印　　次：2024 年 12 月第 1 次

书　　号：ISBN 978-7-5673-0646-2　　印　　数：1-1200 册

定　　价：79. 00 元

网址：https://www.nudt.edu.cn/press/

译序

有机半导体忆阻器的神经形态系统在工业制造、能源勘探、航空航天等领域展示出巨大的潜力。本书是对有机神经形态系统的全面研究和探索，旨在为读者提供深入了解和应用这一前沿技术的基础知识。

本书介绍了神经形态系统的基本概念、组成、功能、特点，以及基本物理模型，探讨了神经形态系统的技术方法（包括神经元网络和深度学习等），概述了有机神经形态系统领域的一些研究和进展，并指出了神经形态系统的未来发展方向。

在翻译这本书时，我们努力使翻译更贴近原著，并充分考虑读者的阅读体验。但是，在翻译过程中，难免会遇到一些困难。一方面，我们可能面临一些语言差异和翻译难度。例如，一些词汇或表达可能没有直接对应的统一表述，或者语句结构可能需要做大的调整才能在译文中表达清楚。另一方面，由于不同文化间的差异，我们可能需要在翻译过程中做出一些决策。例如，某个习语在英文中很常见，但在中文语境中却没有等效的表达方式，我们翻译时需要进行转换或解释。

我们要感谢原作者对本书的杰出贡献，他们的深入研究和创新思维为有机神经形态系统领域奠定了坚实的基础。无论是对神经形态硬件领域感兴趣的研究者、从业者，还是对该领域感兴趣的学生，都能从本书中有所收获。

本书的翻译工作由国防科技大学的陈晨助理研究员主导，负责整个翻译项目的组织和协调工作，包括书稿翻译、分配任务和管理资源等。程海峰教授具备本书的领域相关知识和专业背景，负责处理翻译内容中的技术术语、行业名词等专业性内容，并确保翻译的准确性和专业性。刘东青副教授负责对翻译文稿进行校对，检查语法、措辞、风格等方面的问题，并确保翻译的准确性和流畅性。张鉴炜副教授负责对已翻译的文稿进行格式调整和排版工作，以确保最终翻译稿的整体结构和格式与原文一致。此外，殷小东、齐浩荣协助完成图片处理等工作，陈思思和王露露协助完成内容核对工作。感谢以上人员为本书的翻译所做的大量工作。

希望本书能够对您有所启发，为您在神经形态计算硬件领域的学习和应用提供有价值的指导。由于翻译工作的复杂性和个人能力的局限性，我们难免会有疏漏和不足之处，欢迎读者们积极提供宝贵意见和建议。

最后，感谢本书的所有读者！

译者
2023 年 10 月

序

亲爱的读者：

在这本书中，我对过往超过 15 年有机神经形态系统领域的制造、特点、表征技术和未来可应用领域等多个方面进行了总结，并对神经形态系统的基本工作原理、技术方法及其未来发展前景作了较为全面的论述。我希望这本书对广大的读者有借鉴意义，包括在相关领域进行研究的硕士和博士研究生以及其他专家们，也包括物理学家、化学家、工程师、生物学家、医生，甚至是人道主义者。

维克多·埃罗钦（意大利帕尔玛）

引言

自20世纪50年代以来，仿生信息处理系统引起了研究人员的广泛关注[1-3]。最初，研究者们只关注神经网络硬件的实现。后来，随着传统计算机技术的爆炸性发展，人们逐渐意识到它的构成基础和信息处理原理与普通人使用的计算机大不相同，这使得仿生（神经）系统实现途径的探索转移到了软件层面[4-6]。

相对于传统计算机而言，与仿生智能计算硬件系统相配套的微电子技术发展缓慢。因此，通过合适的软件模拟实现神经元和突触的特性比制造具有同样特性的物理设备要容易得多。

尽管如此，仿生神经系统硬件的实现仍然必不可少，这是因为仿生硬件有望大幅提高计算能力、降低能耗，且能帮助人们更好地理解神经系统和大脑的工作原理，开发必要的模型元件和系统，并且实现不能直接在动物和人类上进行的实验。这种仿生系统的一个非常重要的特点就是具备并行处理信息的能力，即可以同时处理多个输入信号。这对于在同一时刻只能进行一次操作的传统单核计算机而言是不可能实现的。

成功实现仿生系统需要具有特定性质的电子化合物作为物质支撑。下面列出了几种实现电子电路、模拟神经系统和大脑功能所必需的属性：

（1）使用同一元件记忆和处理信息；

（2）遵循赫布（或其他）学习规则（电子突触）的电学特性变化规律[7]；

（3）在自振荡模式下运行的可能性；

（4）形成稳定的信号传输链；

（5）用于制造电子化合物的材料必须能自组织成模拟大脑内在功能的三

维系统。

上述所列的每一个特性对于实现仿生系统都是必不可少的，下面让我们进行详细探讨。

使用同一元件记忆和处理信息

使用同一元件记忆和处理信息这一特性是神经系统和大脑与现代计算机架构之间的根本性区别的基础。在计算机中，内存和处理器是两个独立的、互不影响的系统。在这种模式下，信息被动地记录、访问和删除，但处理器的属性不会发生改变。然而，在神经系统中，情况是完全不同的，它使用相同元件来存储和处理信息。因此，神经系统中的信息发挥着主动作用：它不仅能被存储，而且能改变处理器内部的连接强度，从而实现了“硬件”层面的学习，而且元件之间连接强度的变化将简化未来类似任务的处理过程。在仿生神经系统的硬件中，电子元件必须具备上述的存算一体化功能。

遵循赫布（或其他）学习规则（电子突触）的电学特性变化规律

赫布规则[7]目前仍被认为是模拟神经系统突触连接强度变化和生物学习的主要算法。其经典的论述为：

> 当细胞 A 的轴突足够靠近细胞 B，能够实现其激发，并且反复持续地激发它，在这其中 1 个或 2 个细胞中会发生某种生长过程或新陈代谢变化，从而使细胞 A 激发细胞 B 的效率提高。

就电子电路而言，该规则可以理解为：元件 A 和 B 都是非线性阈值元件，即只有在一定时间间隔内使得该元件的信号积分超过一定的阈值水平时，激活（尖峰生成）过程才能发生。这些元件通过相互接触进行连接，且元件之间接触电阻取决于从元件 A 到 B 的信号传输的持续时间/频率。因此，随着接触使用的时间或频率增加，在元件 A 刺激之后，元件 B 被激活的概率会有所提升。因此，元件之间接触部分的电阻是其参与信号传输链形成的时间的函数。

目前，对于该规则的逻辑修正后的表述为脉冲时间依赖可塑性[8-13]，这更常用于学习的描述。需要注意的是，信号以脉冲的形式传播是生物学的必然要求，所涉及的过程均为电化学属性。因此，若在直流模式下进行信息传输，将会导致离子的定向传输，出现元素分布浓度和电场梯度等现象，这将终止神经系统的正常工作。一般来说，就电子电路而言，由于电子能够携带信息，并不需要施加脉冲激励，因此，针对模拟电路，我们可以应用上面提到的经典赫布规则进行分析。然而，似乎脉冲时间依赖可塑性是目前能解释无监督学习的唯一的机制，其自动建立了因果关系，后续将在本书的相应部分进行讨论。

在自振荡模式下运行的可能性

对于仿生系统设计而言，另外一个需要考虑的重要属性是在固定的输入刺激下产生自振荡的可能性。薛定谔（Schrödinger）曾提出："生物体逃避了向平衡衰变。"[14]这意味着即使外部环境保持不变，生物体内部也必定存在着节律过程，而这些生物节律就相当于计算机系统中的时钟发生器。不过与计算机系统不同的是，仿生系统的频率并不固定，会随着系统不同时刻的状态及外部刺激条件发生变化。此外，这种生物节律过程的存在是创造性过程出现的重要前提，即外部刺激作用于系统内部活动时，将会导致新的网络连接的形成，进而带来意想不到的结果。

形成稳定的信号传输链

仿生神经形态系统必须在以下两个重要方面之间保持平衡：一方面，该系统必须具有可塑性，它能够根据外部刺激、内部活动和环境变化进行适应和学习；另一方面，它必须具有个体属性，从而能够决定其在每种特定情况下的行动。因此，它需要在系统学习的早期阶段建立长期稳定的连接。这与动物和人类的"婴儿学习"或胎教类似[15-17]。在这一阶段，稳定的信号传输链的形成决定了该个体（或人工网络中的系统）的特性。

用于制造电子化合物的材料必须能自组织成模拟大脑内在功能的三维系统

这一要求也与大脑和传统计算机架构的根本差异有关。目前的计算架构的确定主要是基于当前电子技术的能力水平。这种基于互补金属氧化物半导体（Complementary Metal Oxide Semiconductor，CMOS）的技术主要是平面的，其中所有的电子元件都排列在同一层。虽然目前的技术水平能够实现元件的多层排列，但是层数还是非常有限的。相反，神经系统和大脑具有 3D 结构，即使在相隔较远的元件（神经元）之间也有可能建立连接。此外，虽然人类和多种动物在大脑结构上有相似之处，但每个个体在神经系统和大脑组织中都有自己的特殊性；在个体的学习过程中，其中的连接也会发生变化。因此，如果我们真的想实现一个仿生的神经形态系统，应该避免使用无机材料，因为只有有机物分子能够在三维系统中实现远距离连接的元件之间的自组织，从而实现由外部刺激和内部活动产生的连接强度的变化。

实现具有上述属性的元件，不仅可以建立一种新型的计算系统，还可以更好地理解大脑的功能机制，并根据学习、内部活动和外部刺激的存在来建立个人和群体行为模型。下列因素对实现上述目标具有显著影响。

（1）制造技术。该因素类似于遗传密码，能决定各类生物的神经系统组织（该组织由特定类型的基因组所决定）特殊性。

（2）早期学习（胎教）。在这个阶段，形成了大脑的个体属性，这决定了特定个体的性格（而不是一般的类型）。胎教的强度很大程度上取决于其与遗传因素的对应关系（对于仿生神经系统而言，使用的训练算法必须考虑到系统的架构及用于其制造的技术方法），并且这些通过诱导得到的特殊个性在其整个生命周期中几乎不会改变。

（3）日常学习。由于环境和外部刺激的变化，以及后天获得的经验和系统内部正在进行的非线性过程的叠加，大脑中的连接强度发生轻微变化，从而产生了适应性行为。

目前普遍认为忆阻器是特殊的电子元件，是实现上述特定功能的良好候选者。这类器件具有循环电压电流迟滞特性，可以产生记忆效应，这也是最初考虑将忆阻器作为非易失性存储器的重要原因。并且，目前还在考虑忆阻器更广泛的可能应用领域。

目前大多数忆阻器主要是基于金属氧化物等无机材料制备的，不过，可以用于制造忆阻器件的其他类型材料也开始涌现。

已有研究报道了基于有机聚苯胺材料的忆阻器应用于模拟突触的记忆（循环电压－电流迟滞特性）和整流（单向信号传播）等特性。

在本书中，我们将对不同类型的忆阻器进行概述，特别是有机聚苯胺材料的系统，我们将以此为样例进行详细综述，因为到目前为止，只有这类器件能够满足上述列出的五种特性。

目 录 Contents

第 1 章　忆阻器和电路

1.1　忆阻器的确定

“忆阻器”一词的含义是具有记忆功能的电阻器。在理想情况下，该器件的电阻是通过它的电流积分的函数。

1971 年，Leon Chua[18]首次提出了“忆阻器”的概念。考虑到电子电路的对称性，他推测：应该还存在一种遗漏的无源电子元件，用于连接电荷和磁通量。后来，随着对忆阻器概念的深入了解，具有记忆功能的这类元件统称为忆阻器和系统[19]。目前，研究人员仍在努力扩展可被视为忆阻器的器件类别[20]。本篇总结了四种可被视为忆阻器的系统。

根据这种分类，几乎所有具有记忆功能的系统，甚至生物体，都可以归为上述四种忆阻器中的一种。当然，这种分类只是对忆阻器进行的人为定义。此外，L. Chua 经典定义中的忆阻器不可能存在[21-23]。不过，这一概念和术语对电阻切换器件及系统相关领域的后续研究工作产生了巨大影响。因此，我们将在此介绍忆阻器这类器件的发展过程。最初思路如图 1.1 所示。

L. Chua 列出电路的四个基本参数：电压 U、电流 I、电荷 q 和磁通量 φ，这些参数之间可以通过简单的数学关系式联系起来。例如，电流是电荷对时间的导数。而这些参数之间的线性关系可分为三种情况，从中得到的三个比例系数分别对应三个目前已知的无源器件。例如，电压变化量和电流变化量的比例系数就是电阻，而具有这种特性的器件称为电阻器。电容器表示电压变化量与电荷变化量之间的关系，电感器则表示磁通量的变化与电流变化量之间的关系。

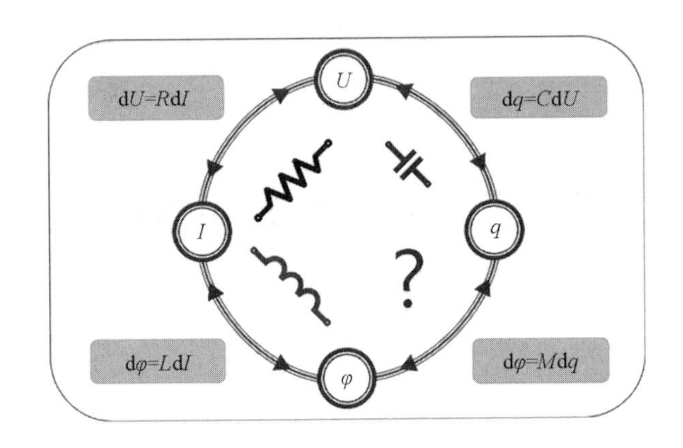

图 1.1 忆阻器与其他三个基本电路元件的位置示意图

根据 L. Chua 的假设，目前电路还缺少一种表示电荷和磁通量变化之间关系的元件：

$$d\varphi = M dq \tag{1.1}$$

通过简单数学计算，可发现：如果忆阻 M 与电荷变化量无关，则式（1.1）仅适用于低电阻范围，M 仅代表元件的电阻。但是，如果 M 是电荷 q 的函数，则器件的两端电压与通过它的电荷之间的关系可以由以下等式确定：

$$u(t) = M(q)i(t) - M\left[\int_{-\infty}^{t} i(\tau)\mathrm{d}\tau\right]i(t) \tag{1.2}$$

式中，τ 为响应时间。忆阻器在每个特定时刻的行为都与电阻器相似，电阻器的实际阻值由通过它的电流对时间积分决定。因此，忆阻器是一种具有电阻实际值记忆功能的电阻器，实际阻值取决于其先前的历史运行情况。

后来，为了区别于动态系统，L. Chua 又提出了针对忆阻系统的无源准则：不存储能量，与电容器和电感器类似；输入和输出信号之间不存在相位差（这意味着电压 - 电流特性曲线总是会经过零点，但这一准则不适用于我们后面将讨论的实际器件）；在高频情况下，忆阻系统的电学特性与电阻器类似。

需要注意的是，目前所有的元件都有电阻、电容和电感等参数（即使这些参数的相对值不同）。因此，记忆电容器和记忆电感器的存在假设看起来似乎是合理的。基于这一结论，Y. Pershin 和 M. Diventra 对上述准则进行了推广[24]，这一点通过记忆电容器[25-36]和记忆电感器[25-26,37-40]提供的可靠数据得到证实。

此外，早在 L. Chua 之前，B. Widrow[41]就提出了一种具有记忆功能的元件，并称之为忆阻器。该器件结构类似于晶体管，是一种三端元件。然而，晶体管和忆阻器之间的主要区别在于：施加到栅极的电压决定了晶体管源漏电极之间的电流值；而对忆阻器而言，该值取决于通过栅极电路的电荷。

第一个可运行的忆阻器是将铅笔芯浸入装有硫酸盐－硫酸电解液的试管制成的。这些元件的阻值在 10 s 内的变化范围为 1～100 Ω。

需要注意的是，已经从理论上证明了忆阻器可用于模拟突触的可塑性[42]。

尽管忆阻器被认为是实现人工神经网络的一个非常有前景的元件，但它并未得到广泛应用。最初是因为制作忆阻器是基于原电池（Galvanic Cell），而非固体材料；后来则是因为人工神经元网络的主要研究方向集中在其软件实现上。

1.2 Mnemotrix

“Mnemotrix”一词是由 V. Braitenberg 在他对车辆的心理试验中引入的[43]。这些车辆配备了传感器，其信号控制车辆的运动。不同数量的传感器及其与发动机的连接会决定一种或几种类型的车辆行为。Mnemotrix 是一个可以通过关联各部件进行车辆学习的元件。

根据 V. Braitenberg 的定义，“……我们购买了一种名为 Mnemotrix 的特殊电线，它有以下有趣的特性：它的起始电阻非常高，并且之后会一直保持高电阻状态，直至电流同时穿过它连接的两个组件才发生变化。当发生这种情况时，Mnemotrix 的电阻会降低并在一段时间内一直保持这个状态……”可以看出，该元件特性与电子电路中基于赫布（Hebbian）规则学习的器件非常相似[7]。V. Braitenberg 提出的方法目前可用于机器人技术方面[44]。

值得关注是，Mnemotrix 被认为是实现有机忆阻器（本书的主题）的基础。事实上，在 2008 年之前，几乎没有人知道“忆阻器”这个词。直到 2022 年，也仅发表了 4 篇相关论文：其中 2 篇来自 L. O. Chua[18－19]，另外 2 篇来自其他研究人员[45－46]。由于第一篇关于忆阻器论文发表于 2005 年[47]，因此当时它被称为自适应网络的电化学元件，直到 2008 年我们才开始将其称为“有机忆阻器”（Organic Memristive Device，OMD）。

1.3 首次提出忆阻器的试验实现

如前所述，在2008年以前，有关忆阻器的论文很少，而且都是理论层面的。在2008年，这一局面发生了根本性转变，起因是惠普（Hewlett Packard，HP）的研究小组在*Nature*杂志上发表了一篇题为《寻获下落不明的忆阻器》的文章[48]。这篇文章发表后，忆阻器方面学术圈内活跃度随即出现爆炸式增长。据ISI Web of Science数据库统计，2008—2019年期间有关忆阻器方面的论文达6 000多篇，并且数量还在持续增加。

惠普提出的忆阻器是由两个铂电极之间的二氧化钛薄膜（约50 nm厚）组成的。该器件的工作原理如图1.2所示。

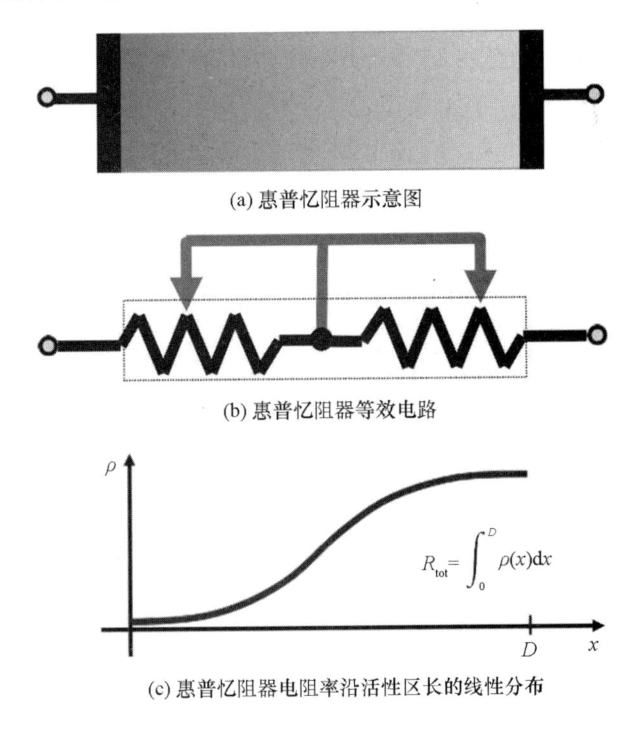

(a) 惠普忆阻器示意图

(b) 惠普忆阻器等效电路

(c) 惠普忆阻器电阻率沿活性区长的线性分布

图1.2 惠普忆阻器的工作原理

如图1.2（a）所示，颜色较深的区域对应的氧空位深度较高；颜色较浅的区域为纯二氧化钛区域，前者电阻比后者要低很多（实际上，除了存在电阻率梯度，两个区域之间没有严格的界限)。有人提出，通过施加电压，带有电荷的氧空位可以在电场中移动，从而改变元件总电导率中高电阻区和低电阻区的相对输入，如图1.2 (b) 所示。

器件状态（决定了忆阻器行为）的变量 w 表示高电阻区和低电阻区之间边界的位置。当电压 $u(t)$ 施加到金属电极时，氧空位会在二氧化钛半导体中移动，这就需要重新计算这些区域对器件总电阻的相对贡献率。因此，当氧空位相对均匀地分布在整个二氧化钛半导体层中时，该元件处于高导电态；而当氧空位转移到另一个金属电极时，该元件处于低导电态。

在离子迁移率为 μ_v 的均质介质中，其离子的欧姆电导率和线性运动的简单行为可以用式（1.3）来描述：

$$u(t)=\left\{R_{ON}\frac{w(t)}{D}+R_{OFF}\left[1-\frac{w(t)}{D}\right]\right\}i(t) \tag{1.3}$$

式中，i 是通过薄膜的电流，R_{ON} 是高导电区的电阻，R_{OFF} 是低导电区的电阻，D 是薄膜的总厚度。

器件状态变量的变化由式（1.4）确定：

$$\frac{dw(t)}{dt}=\mu_v\frac{R_{ON}}{D}i(t) \tag{1.4}$$

由此可得出 $w(t)$，如式（1.5）所示：

$$w(t)=\mu_v\frac{R_{ON}}{D}q(t) \tag{1.5}$$

将式（1.5）的值代入式（1.3）后，$R_{ON}\leqslant R_{OFF}$ 时系统忆阻的计算公式可以简化为式（1.6）：

$$M(q)=R_{OFF}\left[1-\frac{\mu_v R_{ON})}{D^2}q(t)\right] \tag{1.6}$$

其中，式（1.6）中 q 相关项为忆阻器的主要输入，其绝对值会随着离子迁移率（氧空位迁移率）μ_v 的增大、半导体层厚度的减小而增大。

由于等式中 $1/D^2$ 因子的存在，因此纳米级器件比微米级器件的观测值高 10^6。论文［48］的作者用这项研究解释了在此之前未发现忆阻器的原因，即之前的技术能力不足以实现所需的活性层厚度。

需要注意的是，2008 年惠普在 *Nature* 发表的论文［48］并非首篇专门研究忆阻器的论文，在此之前也有几篇相关论文。其中，论文［48］的作者首次将此类器件与术语“忆阻器”联系了起来。在论文［48］之前，这些元件经常被称为“电阻转换存储器”[49-60]。不过目前“忆阻器”和“忆阻器件”

等术语已广泛用于描述此类在运行过程中电阻发生变化的元件。由于一些原因，L. Chua 提出的经典忆阻器很可能无法实现，因此“忆阻器”一词的使用更加频繁[21-23]。

1.4 无机忆阻器

大多数无机忆阻器的结构与上一节中描述的器件结构类似：在两个金属电极（至少有一个电极由铂制成）之间放置一层薄薄的金属氧化物[61-83]。

需要注意的是，除了二氧化钛，还可以采用 Al_2O_3[84-87]、Gd_2O_3[61]、VO_2[88-91]等金属氧化物制备活性层。在过去的几年中，HfO_2被广泛用于制备忆阻器，这是因为它能利用现有的电子技术简化忆阻器的生产工艺[92-101]。另一种目前流行的用于制备忆阻器的材料是石墨烯[102-115]，这很可能是由这种材料的独特结构及自身特性决定的。

目前，绝缘层内导电细丝的形成及由氧化还原反应引起的电导率连续变化的机制是解释电阻切换的主流理论[81,98,116-135]。在大多数无机材料中，这种电阻切换机制揭示了导电细丝最初形成过程：通过在金属电极之间施加高电压来实现。该电压值远高于器件连续工作的电压范围。

电铸过程如图 1.3 所示[87]。由不同材料制成的器件的电压 - 电流特性可能与图 1.3 所示特性不同（特定电压下的电流值、转换电压），但它们的基本特性都与图中所示特性相似。

图 1.3 中所示的特性如下：器件最初处于低导电态，在电压约为 7.5 V 时电导率会发生变化。从图中可以清楚地看出，此时电导率急剧增加。此电压过后的电流值呈一条水平线，这是由于设置了最大可实现电流值（为了保护测量单元不受损坏）。该电压之后，施加约 7.5 V 外接电压，在绝缘 Al_2O_3层内会形成导电细丝。

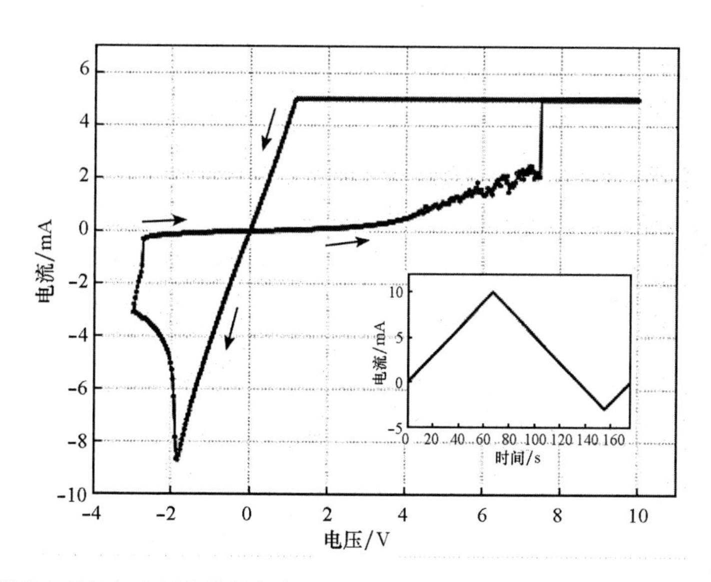

注：箭头表示施加电压变化的方向。

图1.3 基于 Pt/Al_2O_3/Ti 结构的忆阻器的循环伏安特性曲线

（经 Baldi 等[87]许可转载，版权©（2014）归 IOP 出版有限公司所有）

值得注意的是，导电细丝形成的随机性也体现了基于金属氧化物的忆阻器的主要缺点：不同器件或同一器件在不同周期发生电阻切换时，电压值可能不同（差值甚至达到数百毫伏）。

而且，根据 L. Chua 提出的准则：理想的忆阻器在施加零电压时电流值也必须为零。然而，这条准则对于很多电阻切换器件来说是没有意义的。为了解释这种现象，目前已开发了一个在涉及氧化还原反应的同时还可以揭示电动势产生机制的模型[136]。

导致此类现象的原因至少有 3 个：能斯特电位、扩散电位和 Gibbs-Thomson 电位。图 1.4 显示了这 3 种电位对产生电动势的贡献[136]。

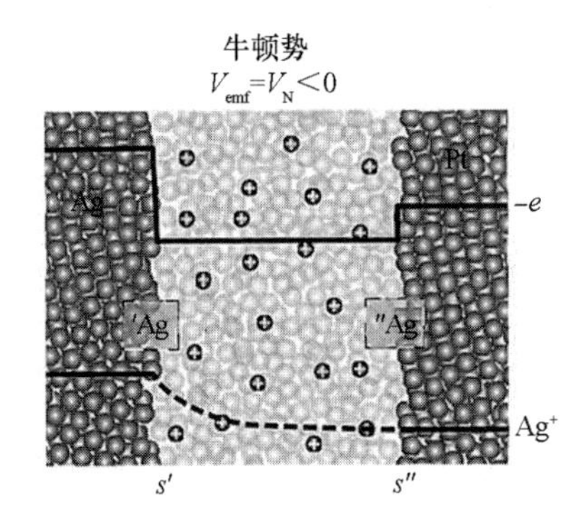

(a) 由于金属银在 Ag/电解质和 Pt/电解质界面的化学电位差异而出现能斯特电位

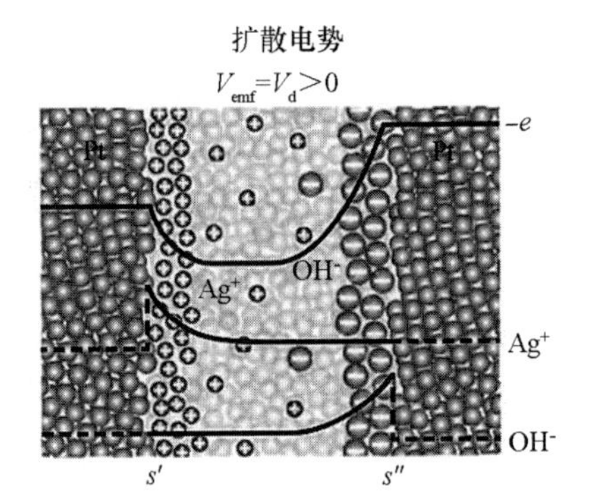

(b) 由于 Ag^+ 和 OH^- 离子的化学电位梯度，Pt/SiO_2/Pt 区域出现扩散电位

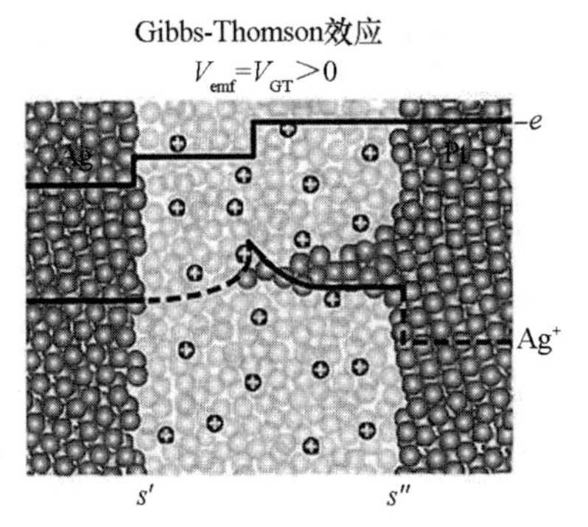

(c) 在导电细丝形成过程中，其内部结构出现化学电位梯度（Gibbs-Thomson 电位）

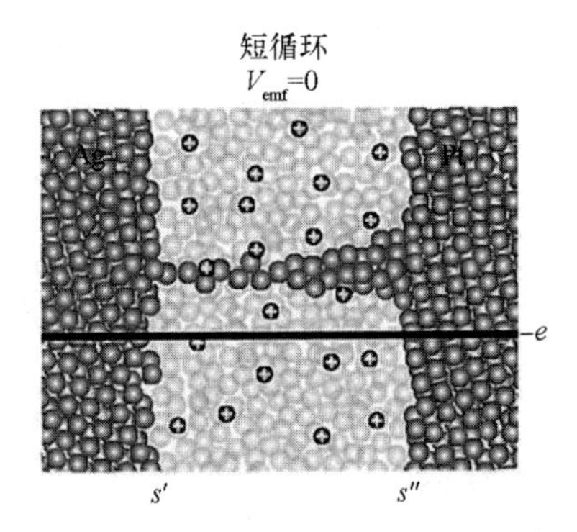

(d) 当形成的导电细丝导致金属电极短路时，电动势变为零

注：V_N 为经典能斯特电位，V_d 为扩散电位，V_{GT} 为 Gibbs-Thomson 势电位，V_{emf} 为电池电位。

图 1.4 忆阻器件中电动势的产生过程

（经 Valov 等[136] 许可转载）

在试验中我们也观察到施加电压为零时电流值不为零[136] 这一现象。其中观测结果如图 1.5 所示。

从图 1.5 可以清楚地看出，当器件处于低导电态时，其循环伏安特性曲线不经过坐标原点；而在高导电态下则刚好相反。

综上所述，即使是基于无机材料的忆阻器，我们也应将氧化还原反应考虑在内，这是很重要的一点。同时，这还证明了在施加零电压时出现非零电流的可能性。

将基于铁电材料的忆阻器单独归为一类[137-151]。特别是在论文［152］中已证明，通过对铁电畴之间隧道势垒的电压进行控制，可以在10 ns时间内实现约100的开/关比。

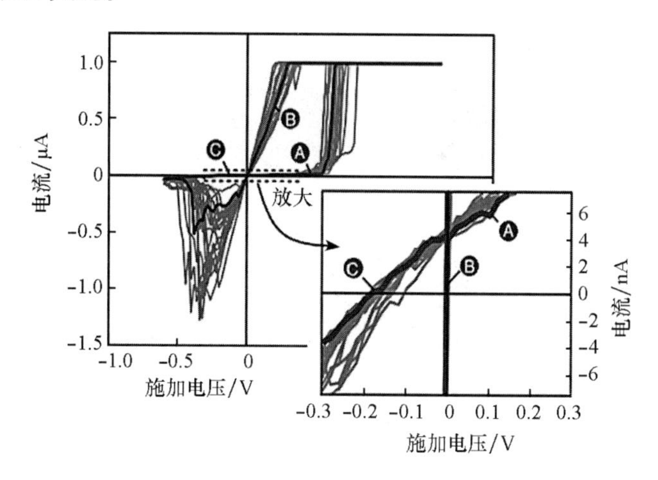

注：黑色曲线代表中值，灰色曲线代表试验数据统计值。A点和C点对应器件的低导电态，B点对应器件的高导电态。

图1.5　在Cu/SiO_2/Pt器件结构中测得的循环伏安特性曲线

（经Valov等[136]许可转载）

基于无机材料的忆阻器主要应用于存储和逻辑元件。然而，这些元件还应用于其他领域，其中有三个应用看起来非常有趣。

在论文［153］中设计了一个模仿巴甫洛夫狗学习的系统，该系统主要将中性信号（铃声）与食物关联起来。值得注意的是，之前在有机忆阻器上也曾实现过类似的系统[154]。该系统旨在模仿静水椎实螺（*Lymnaea Stagnalis*）的学习行为，不仅模仿学习行为，还模仿负责执行此功能的神经系统部分的结构。通过分析系统信号传递的一些可靠数据，我们重新修改了上述方案，而这些数据是我们从植入动物体内的微电极系统中获取的[155-161]。具体试验结果将在后续相应章节给出。在本章，我们将描述论文［153］中用于系统的基于无机器件的方法。

用于模拟这种学习行为的电路如图1.6所示。从图1.6中可以清楚地看出，电路包含两个输入，其中无条件刺激（Unconditional Stimulus，UCS）对应食物，而条件刺激（Conditional Stimulus，CS）对应铃声。只有在同时施加这两种信号时，才会发生学习。在进行学习之后，突触强度（IN）将增强，而连续施加 CS 信号的输入只会带来一种结果：传递的信号值足以激发运动神经元（Motor Neuron，M）。该方法与用于模拟静水椎实螺学习的方法非常相似[154]。

系统学习的试验结果[153]如表 1.1 所示。

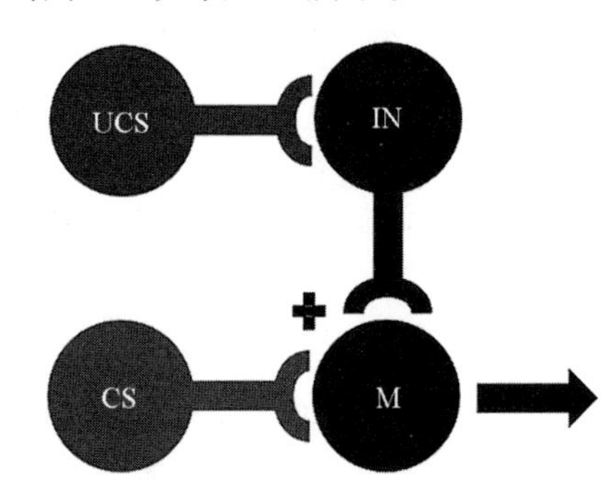

图 1.6　用于模拟巴甫洛夫狗学习的电路方案

表 1.1　用于模拟巴甫洛夫狗学习电路的试验结果

UCS（食物）	CS（铃声）	输出信号（学习前）	输出信号（学习后）
1	0	1	1
1	1	1	1
0	1	0	1
0	0	0	0

只凭借一个忆阻器就可以设计一个简单的电路[153]。显然，该电路不能用于模拟巴甫洛夫狗神经系统的任何部位（即使是极其简单的部分）的结构。不过，我们可使用两个忆阻器来模拟一种内部结构更简单的动物（例如静水椎实螺）的学习行为，同时保证它们负责学习的部位实际上与神经系统模型中的位置相同。由此看来，即使是论文［153］设计的非常简单的电路，也能获得我们预期的结果：在进行学习后（同时施加两种刺激），最初所施加的中性刺激会导致输出信号显著增强。此外，系统还包含了阈值元件，且只有当输出信号的值高于特定值时，此元件的功能才会启动。

从表 1.1 可以看出，学习对应的是倒数第二行：在获得学习信号之前，对应的铃声刺激不会出现输出信号，而在进行学习之后则会出现。

还有一点，学习后输出信号是可以线性划分的，这还可以通过一个经过足够监督训练后简单的单层感知器[2]来实现。然而，根据定义，这种感知器只有经过监督学习后才能执行分类功能。与之相反的是，关于巴甫洛夫狗的系统必须遵循无监督学习的原则。目前，只有脉冲时间依赖可塑性（Spike Timing Dependent Plasticity，STDP）机制能充分描述无监督学习[8-13]。此外，该系统使用基于聚对二甲苯的忆阻器实现了此类巴甫洛夫狗学习。这项研究的细节将在后续章节中进行介绍。

第一个基于忆阻器的单层感知器是由二氧化钛活性层和交叉电极配置组成的[79]。这种电极结构已广泛用于其他基于无机忆阻器的系统中[162-177]。

目前已实现的系统展示了经过充分训练后对物体进行分类的可能性，特别是使用该系统可以对图形符号进行分类。

在论文［79］发表不到1年的时间里，基于有机忆阻器（本书的主要元件）实现了基本单层感知器[178]。该系统的主要特点将在后续章节进行描述。

无机忆阻器已在生物传感器领域有了令人惊讶的趣味应用[179-187]。特别是在论文［183］中，采用敏感的生物分子对基于硅半导体的忆阻器件进行了改良。抗体被固定在纳米结构表面，与抗原结合的特异性会导致最小电流值相对于施加电压值（伏安特性曲线的 X 轴）的位置发生偏移。已有研究[185]表明，偏移值取决于溶液中的抗原浓度。

以上提供的数据再次证实，在施加电压为零时，忆阻器的伏安特性并不总显示为零电流。在论文［183］中，这种偏移的出现是抗原-抗体反应产生了额外的表面电位造成的。

最后，应注意的是，忆阻器也是用硅基材料（当前电子技术的主要材料）制造的[67,104,188-191]。

1.5 基于有机材料的忆阻器

第一个被广泛研究的有机忆阻器，是聚苯胺（Polyaniline，PANI）层与固体电解质接触的聚环氧乙烷的元件[47,192]。由于它是本书后面章节专门讨论的主要元件之一，我们在本章中不过多描述。在后续章节我们将详细讨论其结构、制造方法、性能和应用等各个方面。在本节中，我们仅介绍基于有机材料的其他类型的忆阻器。

有机材料在忆阻器中最广泛的用途可能是用作基底，进而制造轻巧柔性的器件。其中，在论文［193］中设计并实现了一个包含八对晶体管-忆阻器的混合系统，用作柔性的电阻式随机存取存储器。系统内各元件及相应的典型伏安特性曲线如图 1.7 所示（显示了器件结构及其等效电路）。

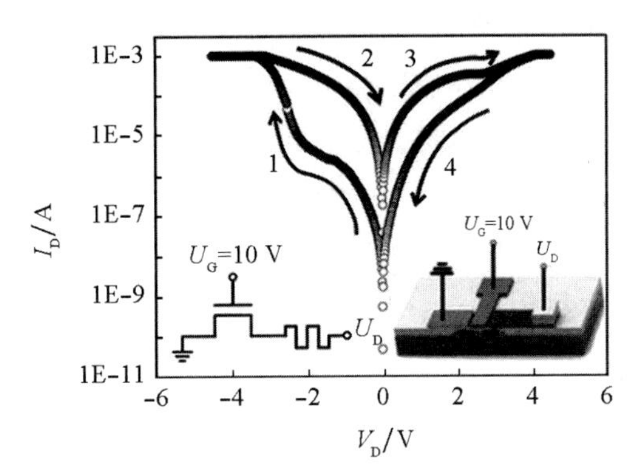

注：箭头表示电压变化的方向。

图 1.7　忆阻器的典型伏安特性曲线

（经 Kim 等[193]许可转载，版权©（2011）归美国化学学会所有）

值得强调的一点是，上述研究中只使用了有机材料的柔性这一特性。

有机材料在忆阻系统（包括晶体管在内）中的另一个广泛应用是实现透明元件。在这种情况下，晶体管的栅极可由有机材料制成。由于上述原因，[194]一文中使用了 P（VDF-TrFE）有机材料。

用于忆阻器的有机材料还有一个应用，即可以用作绝缘体，从而改变电阻。[195]一文中使用家蚕丝蛋白作为绝缘体。绝缘体放置在氧化铟锡（ITO）和 Al 电极之间。研究[195]表明，这种结构中的电阻转换机制与蚕丝蛋白层中导电细丝的形成和破坏有关。为了证实这一假设，我们在恒定高度模式下进行扫描隧道显微镜成像。在这种情况下，器件由绝缘态切换到导电态是为了形成导电细丝，而切回到绝缘态则是为了消除这些导电细丝。

导电细丝的形成和破坏均与蚕丝蛋白层中的氧化还原反应有关，最终导致 SF^+ 区的形成[195]。

在[196]一文中实现了一个具有忆阻器特性的完全有机系统。聚（3，4 - 乙烯二氧噻吩）：聚（苯乙烯磺酸盐）层（又称 PEDOT：PSS 层）用作电极，而聚（4 - 乙烯基苯酚）（PVP）用作绝缘体，置于两个电极之间。该文献研究了这种结构在 -20 ~ 30 V 的电压范围内的电阻切换过程。通过施加 15 V 的电压完成电阻的测量。施加的电压值不会改变系统的导电态。

然而，这一系统存在有两个重大缺陷：首先，系统的开/关比只有 1 个数量级；其次，需要施加相当高的电压值，这严重限制了它的应用领域。尽管如此，该系统也有一个重要优势：它是一个完全有机体系。

该系统在Al和ITO电极之间放置了一个包含十六烷基三甲基溴化铵（CTMA）和银纳米粒子（Ag NP）的DNA复合层，从而呈现出有趣的忆阻特性[197]。该系统的循环伏安特性曲线如图1.8所示（为了进行对比，小图还展示了由纯DNA或银纳米粒子制成的系统的特性曲线）。

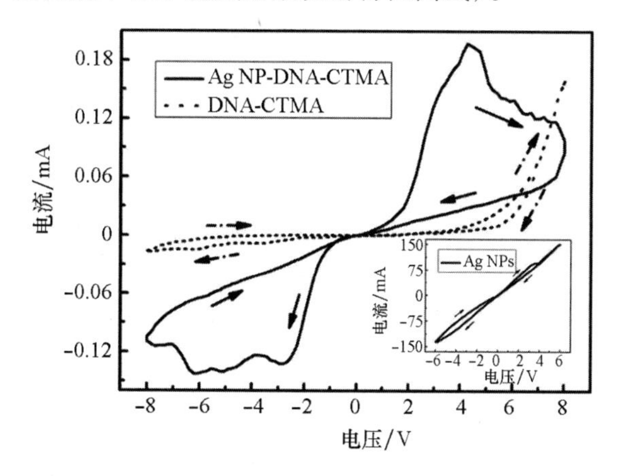

图1.8　忆阻器件的循环伏安特性曲线

（经Wang和Dong[197]许可转载，版权©（2014）归Elsevier所有）

同样，对于［196］一文的情况，需要施加相当高的电压来实现电阻切换。此外，这些系统[197]显示的稳定性和再现性较低，可以通过热处理得到略微的改善。

DNA也可用作带有金电极的绝缘层[198-199]。在这些情况下，发现开/关比超过了1个数量级。

当在ITO和Al电极之间放置卵清蛋白层时，测量结果很有趣[200]。在这种情况下，发现开/关比超过3个数量级。此外，该系统在测量时间和电阻切换周期次数方面都表现出较高的稳定性，如图1.9所示。

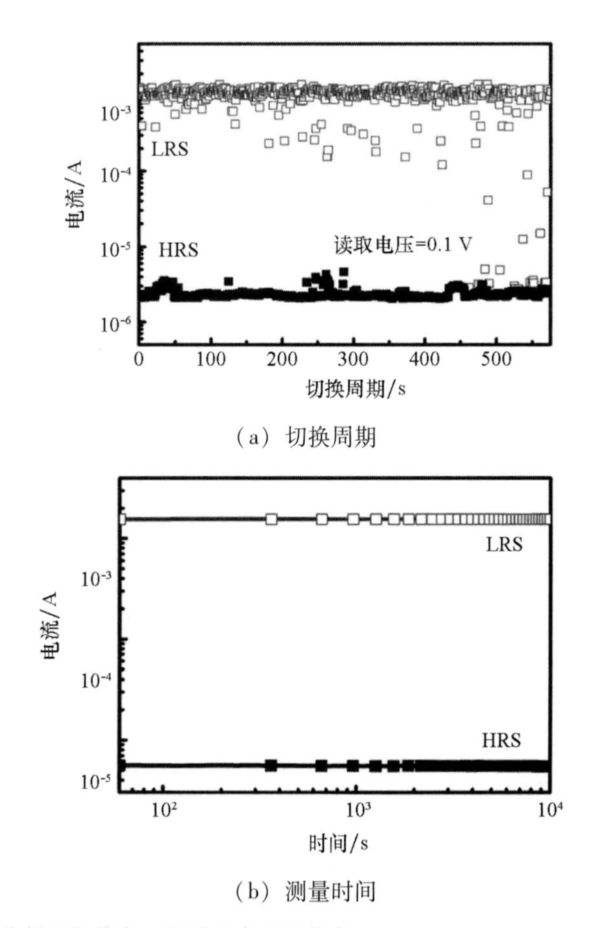

（a）切换周期

（b）测量时间

注：LRS 为低电阻状态；HRS 为高电阻状态。

图 1.9　系统在导电态和绝缘态下的电流值与电阻切换周期和测量时间的相关性（经 Chen 等[200]许可转载）

这些结构在施加约 2 V 的电压后出现电阻切换。电阻切换机制与氧扩散和电化学反应有关，其中涉及金属离子，可导致卵清蛋白层中导电细丝的形成和破坏。

在 Ti/PEDOT：PSS/Ti 系统中也观察到了忆阻行为[200]。然而，此类器件的特性非常不稳定[201]。不过，作者得出了一个相当出乎意料的结论：它可用于模拟学习过程。

Pt/银掺杂壳聚糖/Ag 结构的开/关比较高（超过 4 个数量级）[202]。重要的是在这种情况下，所需的电压值小于 1 V，如图 1.10 所示（小图展示了器件图片）。

尽管该结构的开/关比相当高，但它有一个很大缺点，即电阻切换时所需的电压值不稳定，且再现性低。从高导电态切换到低导电态时，这一缺点表现得更为明显。这种行为与图 1.11 所示的电阻切换机制有关。

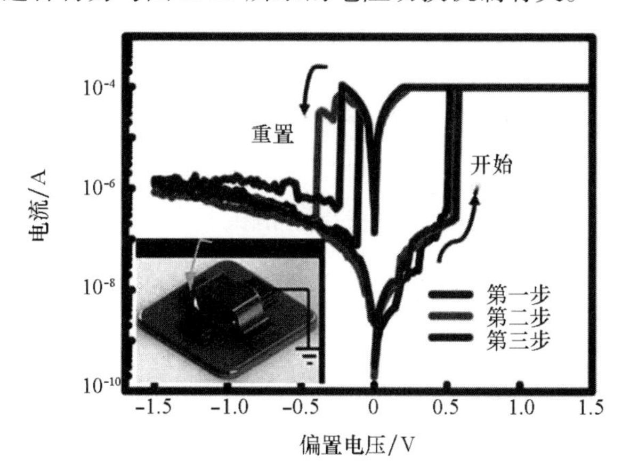

图 1.10　Pt/银掺杂壳聚糖/Ag 系统的循环伏安特性曲线

（经 Raeis-Hosseini 和 Lee[202] 许可转载，版权© （2015） 归美国化学学会所有）

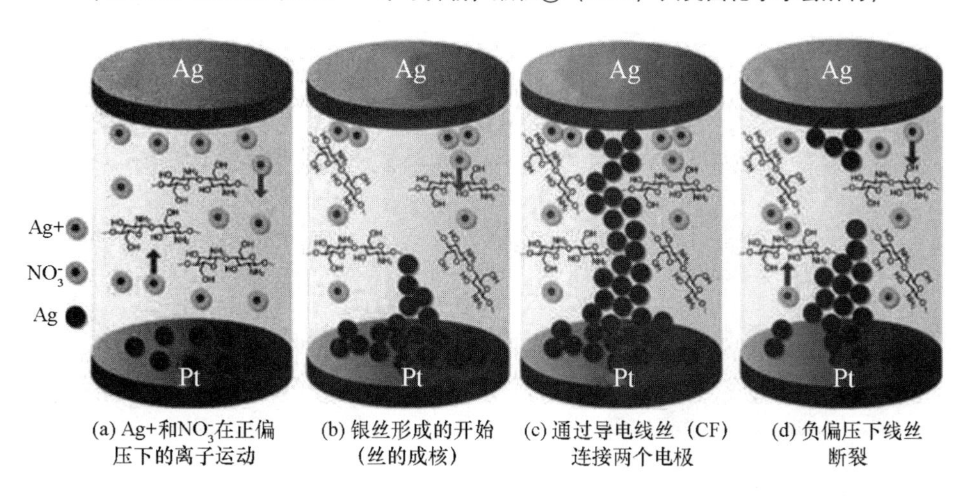

图 1.11　Pt/银掺杂壳聚糖/Ag 系统的电阻切换机制

（经 Raeis-Hosseini 和 Lee[202] 许可转载，版权© （2015） 归美国化学学会所有）

从图 1.11 可以清楚地看出，该机制基于电极之间导电银细丝的形成和破坏。该机制的随机性导致了电阻切换所需的电压值无法再现[203]。带有金电极的系统内也可使用含壳聚糖层[203]。

在有机材料中，由于聚对二甲苯（PPX）具有生产方法简单、廉价、透明，可以在柔性基板上进行制造的优点，它引起了电子器件（包括有机层）领域的高度关注[114,204]。此外，聚对二甲苯是食品药品监督管理局批准的材料，它对人体完全安全，因此可应用于生物医学方面；但目前电子产品中使用的大多数聚合物并非聚对二甲苯[204－206]。同时，聚对二甲苯在集成电路、薄膜晶体管、激光器、波导等电子领域也有广泛的应用[207－208]。

在论文［209］中，采用这种材料制出的忆阻器可用于神经形态的连续使用，特别是用于通过 STDP 算法模仿巴甫洛夫狗的学习。这些结果似乎很重要，因此，我们将对其进行详细介绍。

该研究中所实现的系统如图 1.12 所示。

（a）M/PPX/ITO 忆阻器结构示意图

（b）聚对二甲苯的重复单元

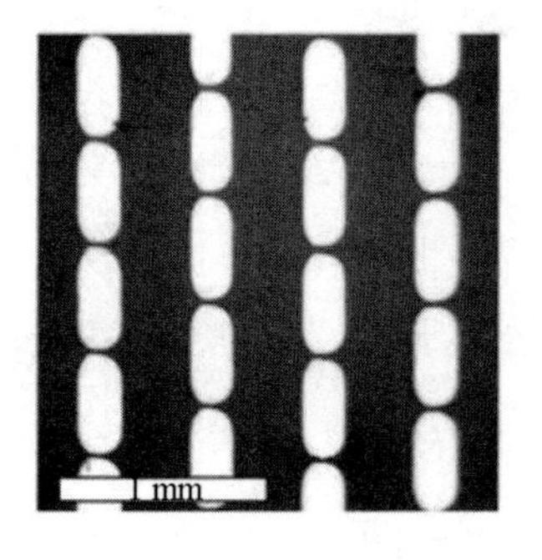

（c）构成忆阻器结构的 Cu/PPX/ITO 忆阻元件的显微图像（仅显示了一部分样品）

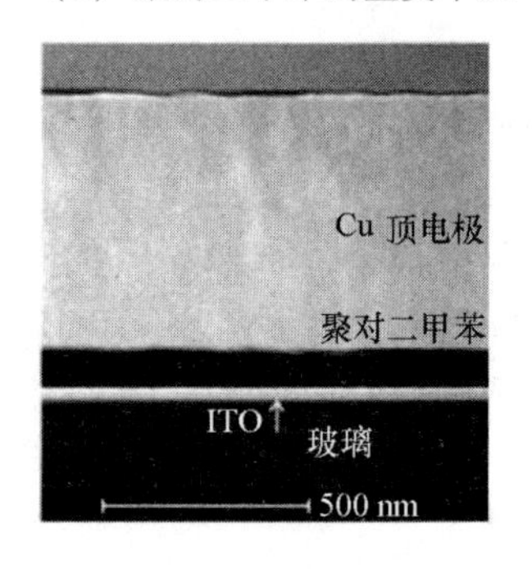

（d）Cu/PPX/ITO 忆阻元件各层的电子显微镜图像

注：M/PPX/ITO 为金属/聚对二甲苯/氧化铟锡。

图 1.12　基于 M/PPX/ITO 忆阻器结构形成的系统

（经 Minnekhanov 等[209]许可转载）

论文［209］研究了基于聚对二甲苯的三种不同的电极系统，即 Ag/PPX/ITO、Cu/PPX/ITO 和 Al/PPX/ITO。如图 1.13 所示，它们都显示出良好的忆阻特性，开/关比约为 100。

从图 1.13 和表 1.2 中可以清楚地看出，Cu/PPX/ITO 的性能最优，因此可选其作为实现神经形态应用的系统。

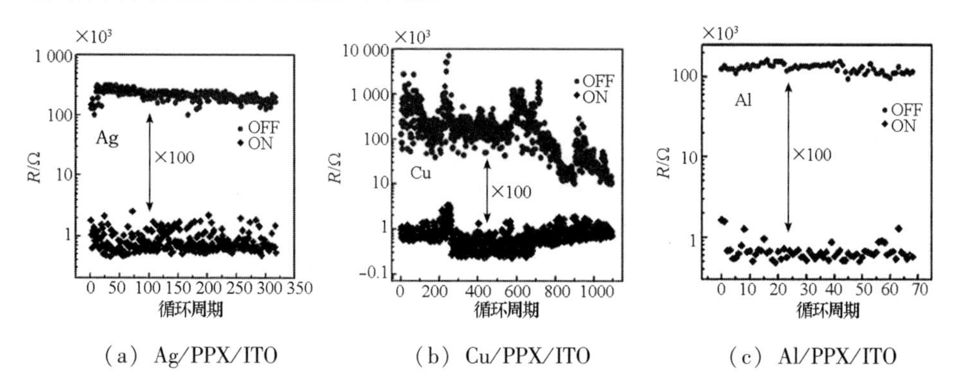

（a）Ag/PPX/ITO　（b）Cu/PPX/ITO　（c）Al/PPX/ITO

注：方点和圆点分别代表低电阻和高电阻状态。脉冲时间为 100 ms。U_{set}为额定电压，U_{reset}为重置电压。对于（a）系统，$U_{set}=-U_{reset}=5$ V；对于（b）系统，$U_{set}=-U_{reset}=4$ V；对于（c）系统，$U_{set}=5$ V，$U_{reset}=-8$ V。

图 1.13　不同类型忆阻器的耐久性
（经 Minnekhanov 等[209]许可转载）

表 1.2　三种系统的主要特征[209]

样品	R_{OFF}/R_{ON}的最大值	U_{set}/V	忆阻状态数量	耐久性/周期
Ag/PPX/ITO	100	2.1±0.7	8	300
Cu/PPX/ITO	10 000	1.5±0.5	16	1 000
Al/PPX/ITO	100	2.7±2.1	8	70

基于这些器件的类似 STDP 的系统学习结果以及巴甫洛夫狗的学习模仿系统[210-213]，将在第 6 章中介绍。

总之，研究已成功证明基于聚对二甲苯的忆阻器具备学习能力（包括使用受生物学启发的类似 STDP 的规则进行学习）[209]。

第 2 章　有机忆阻器

有机忆阻器件可直接用于模拟电子电路中的重要突触特性：电导率变化（连接权重）、记忆（短期和长期）和整流（单向信号传播）的功能。在本章中，我们将介绍这些器件的材料、架构、工作原理和特性等所有重要特征。

2.1　基本材料

有机忆阻器的工作原理基于聚苯胺的性质，根据其存在的形式的不同，其电导率会发生显著变化[214]。

聚苯胺有从完全氧化（Pernigraniline）到完全还原（Leucoemeraldine）的多种不同形式，如图 2.1 所示。

实际应用中最重要的形式是祖母绿（Emeraldine），因为只有它才具有高电导率。因此，必须对含有聚苯胺的样品进行掺杂，将绝缘的祖母绿碱的形式转变为导电的祖母绿盐的形式。

考虑到此类器件的工作原理，不仅能够通过掺杂 - 去掺杂过程，还可以通过电化学氧化还原反应来改变活性层电导率，这很重要，而聚苯胺则提供了这种可能性。

图 2.2 显示了导致聚苯胺电导率变化的反应过程。如图所述，聚苯胺的祖母绿碱（对应图 2.2 中的 EM）形式是器件制备的原始材料，须对其进行掺杂处理，使其转化为导电的祖母绿盐形式。通常，掺杂是通过酸处理完成的（最简单的方法是浸入盐酸溶液或用其蒸汽进行处理）。结果，聚合物链被质子化，且其中会出现未补偿的电荷（空穴）。为了提供整个分子的电中性，带相反电荷的酸性离子（通常情况下是 Cl^-）会靠近聚合物链。

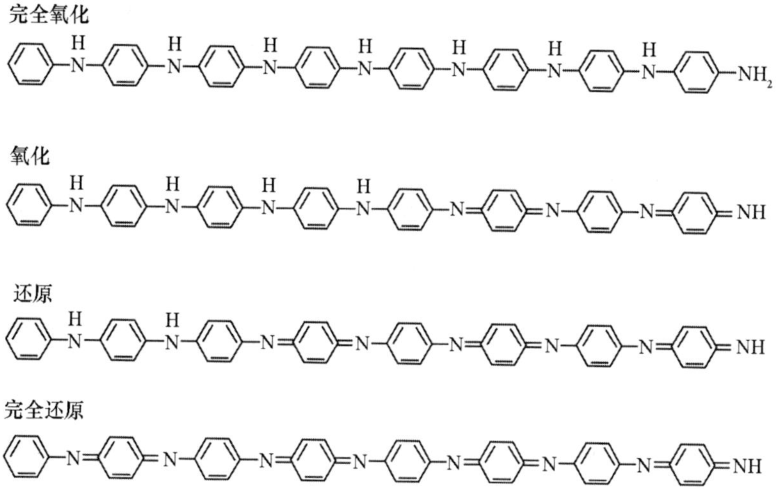
完全氧化
NH_2
氧化
NH
还原
NH
完全还原
NH

图 2.1　聚苯胺的不同形式

（经 Kang 等[214]许可转载，版权©（1998）归 Elsevier 所有）

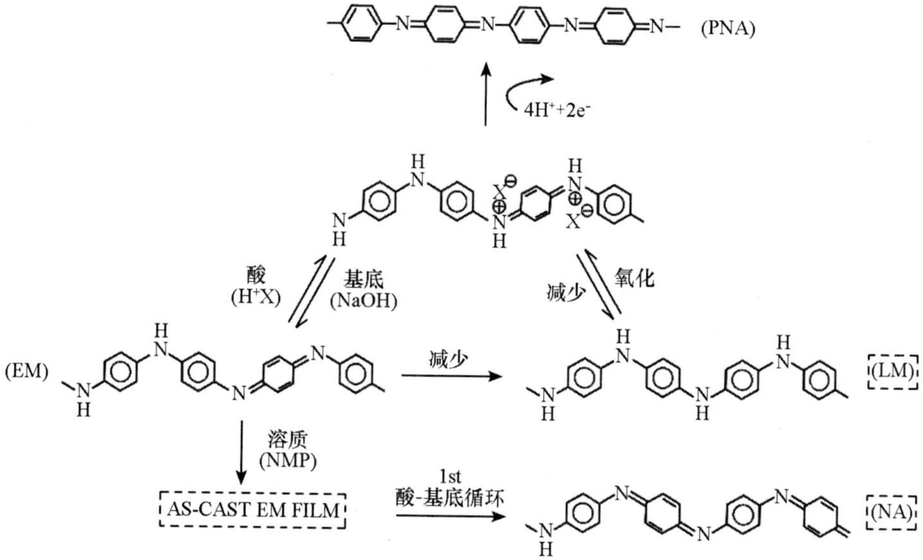
(PNA)
$4H^+ + 2e^-$
酸
(H^+X)
基底
(NaOH)
减少
氧化
(EM)
减少
(LM)
溶质
(NMP)
AS-CAST EM FILM
1st
酸-基底循环
(NA)

注：PNA 即氧化态聚苯胺；LM 即还原态聚苯胺；EM 即聚苯胺；NA 即对硝基苯胺；AS－CAST EM FILM 即铸造 EM 薄膜。

图 2.2　导致聚苯胺电导率变化的反应

（经 Kang 等[214]许可转载，版权©（1998）归 Elsevier 所有）

从图 2.2 左侧部分可以看出，掺杂过程是可逆的——用碱性溶液处理，导致聚合物转变为绝缘态形式。实际上，即使样品浸入水溶液中，甚至置于空气中（可能是由于水蒸气的存在），也会发生去掺杂。当然，这一现象会导致聚苯胺电导率随时间延长而减小。这一问题可通过使用特殊掺杂剂，并施加覆盖层保护来解决，我们将在后续章节中对此讨论。

如图 2.2 右侧部分所示，该器件的工作原理基于电化学氧化还原反应，这些反应是可逆的，聚苯胺在氧化态和还原态下的电导率比约为 8 个数量级。因此，通过施加氧化或还原电位，聚苯胺可以在绝缘态和导电态之间产生可逆转变。聚苯胺体相的氧化电位约为 0.3 V，还原电位约为 0.1 V[215]。

在氧化还原反应过程中，仅提供或去除聚合物链中的电子是不够的，还需要通过与带有相反电荷的离子的静电相互作用来补偿聚合物链上的电荷。因此，该器件在制造时，基于氧化还原反应引起的聚苯胺电导率的变化，采用一种可以促进发生这些反应的介质是有必要的。所以该器件必须包含与聚苯胺层接触的电解质区域。理想情况下，电解质必须呈固态，以便更有效地利用这些结构来生产电子器件。

选择聚环氧乙烷作为制备固体电解质的基质。其化学式如下：

$$\left[CH_2CH_2O \right]_n$$

之所以选用这一材料，是因为它在锂电池[216]和高效电容器[217]生产中的应用很成功。

由于锂盐离子半径小，特别是在固体介质中具有最高的迁移率，所以选用锂盐作为器件中的离子源。我们使用的离子源是高氯酸锂，因为氯化锂是一种吸湿性很强的材料，而含有氯化锂的聚环氧乙烷层通常以液体或凝胶形式存在，从大气中吸收水蒸气。描述这种材料中离子传输的模型，是基于离子在允许状态之间的跳跃跃迁，与氧原子相连，锂离子配位。

2.2 忆阻器的结构及工作原理

如上所述，器件的主要工作机制与聚苯胺活性层中的氧化还原反应有关。因此，该器件须包含聚苯胺层，且与电极相连接，能够控制电极之间的电导率（在施加某个固定的电压值下测得的电流值）。活性层厚度是一个非常关键的参数。一方面，它必须能够使得器件具有相当高的导电性（因此，它必须相当厚），进而确保测量的可靠性；另一方面，该层又必须相当薄，因为器件工作时，离子会在固体相中扩散，因此，只有在该层的厚度相当薄时，才能在合理的时间内有效完成该层整体材料在不同导电状态之间的转移。

因此，所有初始器件及目前使用的重要部件均采用改进的 Langmuir-Schaefer 法[218]制备而成，用于沉积聚苯胺活性层。该方法能使空气/水界面处形成单分子层，并将它们连续转移到固体基底上。单分子层的状态，可通过测量其表面张力来控制，且可以在滑障的作用下发生压缩，使得其状态发生变化。该方法自 20 世纪初就广为人知了[219-221]。下面我们将省去细节描述，仅指出其主要步骤及与经典方法的区别。

Langmuir-Schaefer 法的最初版本暗示了物质溶液在空气/水界面上的扩散，使得单分子层中的分子处于非常松散的（二维气体）状态。单分子层在滑障的作用下被压缩凝聚，然后转移到固体基底上。使用最广泛的单分子层转移方法为 Langmuir-Blodgett 法，即固体基底垂直移动通过压缩后的单分子层。该方法经过改良后称为 Langmuir-Schaefer 法，当压缩后的单分子层连续转移到固体基底上时，可用于制造有机忆阻器的活性层。该方法可以显著减少沉积时间，并且成功地应用于多个领域，特别是用于沉积蛋白质分子层[222-227]。

改良版 Langmuir-Schaefer 法与经典版相比，一个重要的区别是，在单分子层压缩并达到目标表面张力后，暂停滑障，在单分子层上放置一个格板（单元格尺寸对应样品尺寸）。样品连续接触每格中的单分子层，并在每次单分子层转移后用气流去除水滴。这种与格板的分离做法对样品表面实现沉积膜均匀覆盖是非常重要的。因为如果不进行这种分离，每次接触都会导致与样品直接接触的单分子层及水滴顶部结构不可控的单分子层发生转移，从而导致沉积层的不均匀性。

制备聚苯胺活性层通常需要转移 12 ~ 60 个单分子层。采用不同的方法测得的单分子层厚度约为 1 nm。

有机忆阻器的符号和示意图如图 2.3 所示。其符号与文献中忆阻器的符号不同。原因有二：首先，它表示电导率具有较好的各向异性；其次，它是惠普在 2008 年的研究之前引入的[48]，当时研究人员几乎不知道忆阻器这个词。

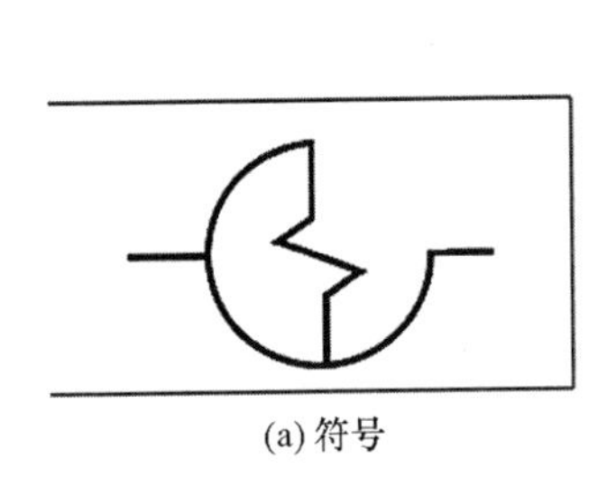
(a) 符号

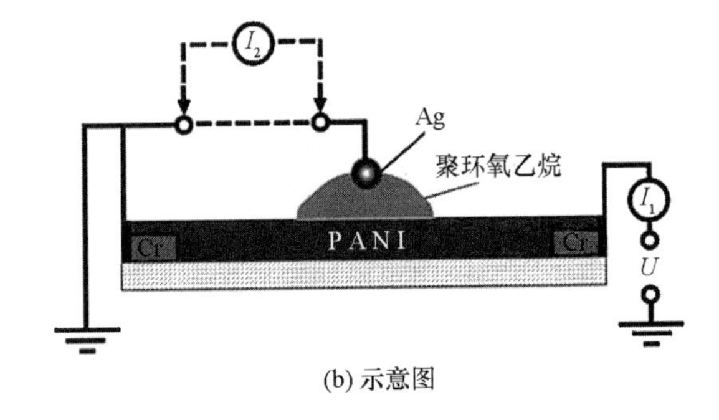

(b) 示意图

图 2.3　有机忆阻器的符号和示意图

在绝缘基底上蒸发的两个金属电极可由聚苯胺薄层连接。在中心部分，聚苯胺层被一层固体电解质（锂盐掺杂聚环氧乙烷）覆盖，形成一个活性区，在这个区域可能会发生电化学氧化还原反应。电解质中的锂离子浓度是一个关键参数。一方面，这个浓度必须高达一定值才能进行有效的氧化还原反应；另一方面，它又必须尽可能小，因为离子电流作为器件总电流的一部分，会降低器件在导电和绝缘态下特性的开/关比等重要特性。

由于氧化还原反应仅在特定电位值下才能开始进行，因此我们必须有一个参考电位，活性区的电位将随参考电位保持不变或变化。因此，应将一根金属丝连接到固体电解质上，此金属丝称为“参比电极”（在早期研究中又被称为“栅极”）。研究人员使用不同的材料，例如金、银和铂[47]，制造参比电极，并进行了测试。其中使用银作为材料制造该电极时，取得的效果较好。在该器件中，参比电极的导线直接连接到基底的两个金属电极中的一个，类似于场效应晶体管，该电极被称为“源极”；两个电极都接地，而电压则施加到另一个金属电极上，称为“漏极”。这样，施加的电位沿整个沟道长分布，聚苯胺与固体电解质接触的活性区相对于参比电极具有一定的电位。

2.3　器件的电学特性

忆阻器的电学特性如图 2.4 所示。尽管有机忆阻器在与外部电路连接时可以被认为是一个两端元件（源极和参比电极相互连接），但是如图 2.4 方案所示，可以给器件施加一个电压并测量两个电流值，即器件的总电流和电路中通过参比电极的电流（可直接连接到固体电解质中的离子电流）。这两个电流之间的差值对应通过聚苯胺活性层的电子电流，即差动电流。

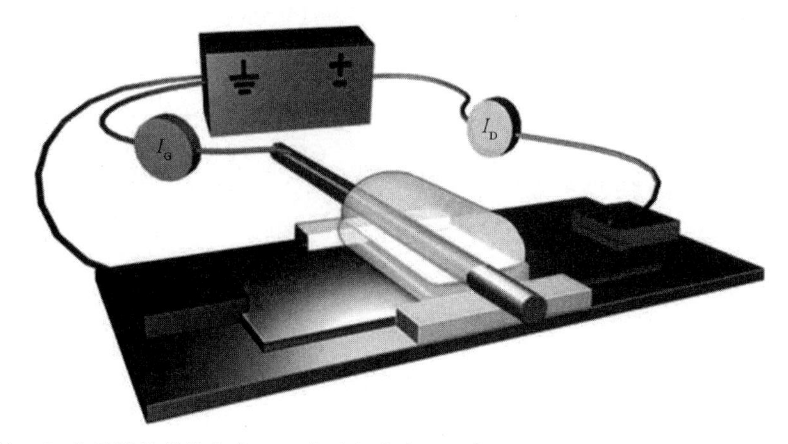

注：I_G 表示器件的总电流，I_D 表示电路中通过参比电极的电流。

图 2.4　有机忆阻器的电学特性方案

（经 Berzina 等[228]许可转载，版权©归 AIP 出版社所有）

器件表征的第一步是测量其循环伏安特性。测量方法如下：首先，对该器件施加零电位，保持约 5 min。然后，施加连续增大的电压，增量通常为 0.1 V。对于施加的每个电压值，通过延迟时间（从几秒到几分钟）来达到平衡状态，并在时间延迟后输出当前电流。施加电压的最大值不超过 1.5 V，以避免在过氧化过程将不可逆的聚苯胺转移为绝缘态。在达到最大电位后，施加电压将以相同的步长和延迟时间不断降低，直至达到最大负电位值。最后，施加的电压再以相同的步长和延迟时间回到零值。

典型的伏安特性如图 2.5 所示。我们将详细探讨图 2.5 中所示的特性。为了更好地理解，我们将减少关注总电流的相关性，而是将重点放在离子和微分（即电子）电流的相关性上。前者负责导电聚合物和固体电解质层之间的离子迁移，进而提供氧化还原反应，而后者决定了聚苯胺活性层和整个器件的电导率。

测量从零电位开始，向正值方向增加。我们可以看到，在施加电压值较低时，相对于总电流及其电子元件，器件的电导率也较低，这是因为聚苯胺在目前的施加电压下，处于还原态的绝缘形式。这一情形在施加电压增至约 0.5 V 前都维持不变。在此之后，我们可以看到电子电流的电导率显著增加，同时离子电流的曲线中出现正电流峰。活性区内的聚苯胺开始转变为氧化导电态，这一转变需要时间。因此，如果电压变化速率很快，即使施加最大电压值，也无

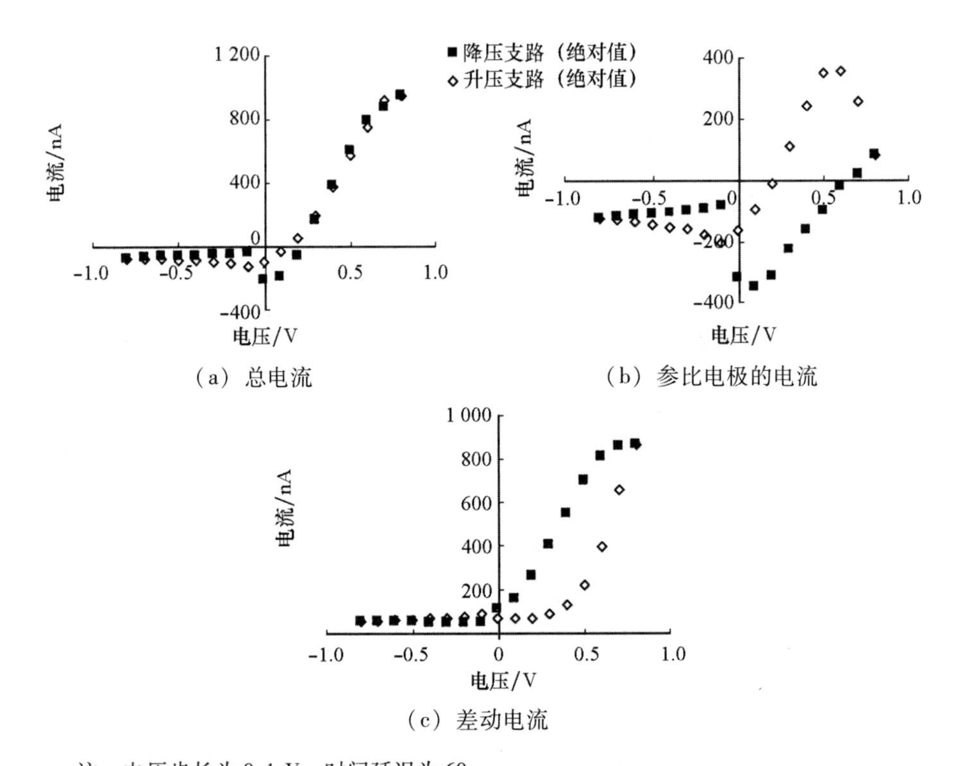

（a）总电流

（b）参比电极的电流

（c）差动电流

注：电压步长为0.1 V，时间延迟为60 s。

图2.5 有机忆阻器件的循环伏安特性

（经 Erokhin 等[47]许可转载，版权©归 AIP 出版社所有）

法使整个聚苯胺层发生完全氧化。电压进一步增加的特征是器件的高电导率，且电导率在电压连续降低期间仍维持不变。当施加的电压值出现小于0.1 V的情况时，器件将切换到绝缘态，这表明活性区内聚苯胺的还原。之后在施加电压为负值时，器件将始终保持绝缘态。

当器件发生电阻切换时，施加的电压值不同于体相中聚苯胺的氧化和还原电位，因为这些电压并非直接施加到活性区，而是施加到远离活性区的漏极上。活性区的实际电位与施加的电压值不同，因为后者沿整个沟道长度分布。我们将在专门描述器件工作模型的章节中详细探讨这一现象。

忆阻器件的一个共同的重要特征是：在每个施加电压值（电压扫描频率）下，迟滞回线的形状在不同延迟时间下发生变化。我们的器件也呈现出类似趋势。在不同延迟时间下电子和离子电流的循环伏安特性如图2.6、图2.7和图2.8所示。

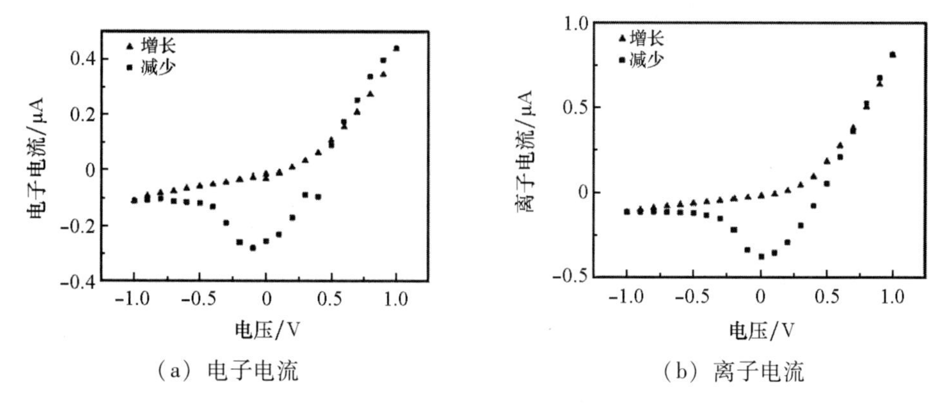

(a) 电子电流　　(b) 离子电流

图 2.6　有机忆阻器件电子和离子电流的循环伏安特性（时间延迟为 5 s）
（经 Dimonte 等[229]许可转载，版权© (2014) 归 Elsevier 所有）

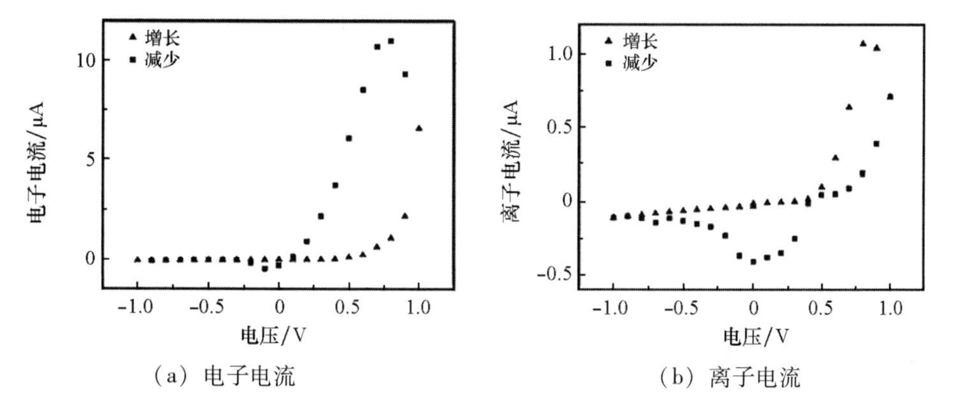

(a) 电子电流　　(b) 离子电流

图 2.7　有机忆阻器件电子和离子电流的循环伏安特性（时间延迟为 20 s）
（经 Dimonte 等[229]许可转载，版权© (2014) 归 Elsevier 所有）

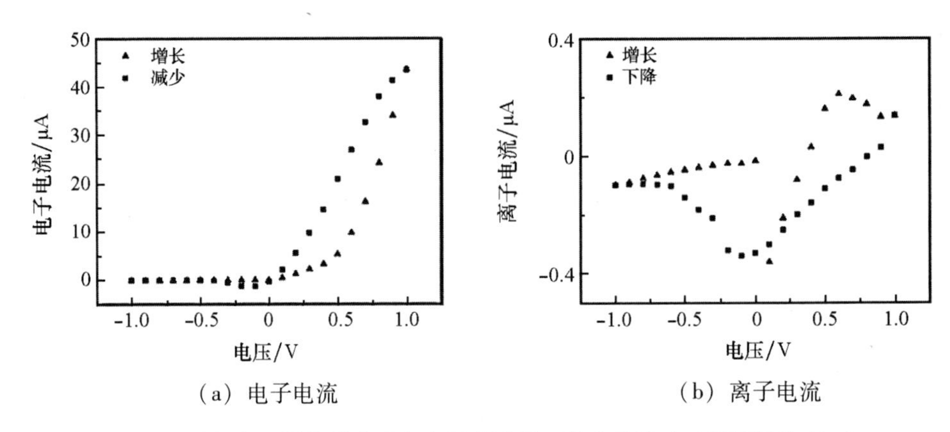

(a) 电子电流　　　　(b) 离子电流

图 2.8　有机忆阻器件的电子和离子电流循环伏安特性（时间延迟为 60 s）
（经 Dimonte 等[229]许可转载，版权© (2014) 归 Elsevier 所有）

当延迟时间较小时（电压扫描频率较高），即使施加电压达到最大值，活性区的聚苯胺也没有足够的时间转变为导电态。这就是施加正向电压时迟滞回线不明显的原因（负电压扫描时更明显的滞后是由于施加电位的累积效应，虽施加的电位低于还原电压，但仍比施加正电位而发生氧化的情况要高得多）(图 2.6)。

当延迟时间增加时，电子电流的周期性特性会出现一个有趣特征（图 2.7 (a)）：在正电压的反向扫描中，可以看到一个负差值电阻（即施加电压从 1.2 V 降至 0.7 V 时，电流的值反而增加）。出现这种现象的原因是本试验中的时间延迟不足以将活性区整个聚苯胺转变为导电氧化态。在电压反向扫描期间和达到还原电位之前，聚合材料仍继续转变为导电态。最初，在 0.7 V 至 1.2 V 的范围内，沟道电导率的增加比由欧姆定律导致的电流的降低更显著（假设电阻不变）。因此，在施加电压降至 0.7 V 左右时，我们可以看到电流增加，而电压会降低，这是由于即使施加电压降低，聚苯胺仍在向导电态转变。

当时间延迟为 60 s 时，在施加电压达到其最大值前，所有氧化过程已全部结束，循环伏安特性呈现出经典形式（图 2.8）。

延迟时间的变化不但改变了迟滞回线的形状，而且改变了器件在导电和绝缘态下的开/关比，如图 2.9 所示。

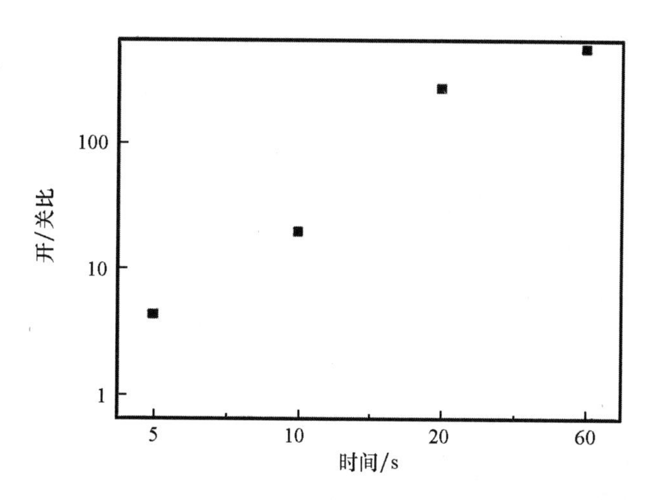

图 2.9　有机忆阻器件电导率的开/关比与每次跃迁电压施加延迟时间的关系

（经 Dimonte 等[229] 许可转载，版权© （2014） 归 Elsevier 所有）

如图 2.6、图 2.7 和图 2.8 所示，差动电流的特性有两个重要特点：滞后和整流。它们对于实现模拟突触特性的电子器件都非常重要。为了更好地说明这一点，可以观测在固定的施加电压值下电导率变化的转移动力学（电流变化）。

当施加 0.6 V 和 −0.1 V 的电压时，有机忆阻器漏极电路中总电流随时间的变化如图 2.10 所示。

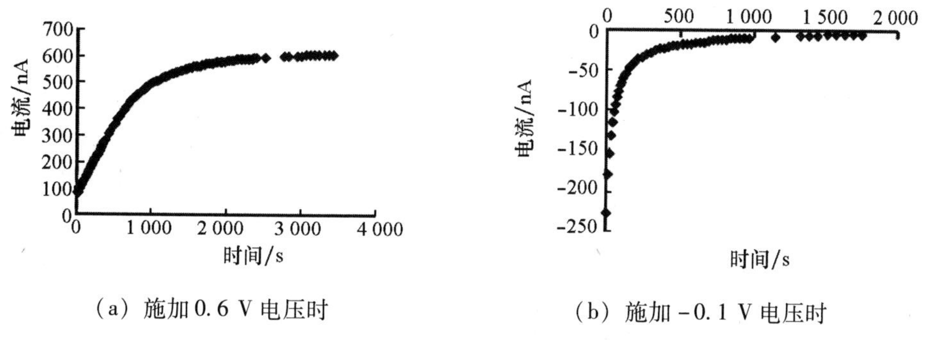

（a）施加 0.6 V 电压时　　（b）施加 −0.1 V 电压时

图 2.10　有机忆阻器总电流随时间的变化

（经 Erokhin 等[47] 许可转载，版权©归 AIP 出版社所有）

我们首先来分析图 2.10（a）中所示的特性。当施加高于活性区聚苯胺氧化所需的某一特定值的正电压（以约 0.5 V 为例）时，器件电导率会逐渐增加。这种行为类似于赫布规则在其经典公式[7] 中描述的突触行为，也可以与术语“无监督学习”联系起来。引言部分介绍了这条规则，在电子电路中可改写该规则为：电子电路元件（导体和触点）的导电性应随着它们参与信号传输路径的持续时间和/或频率的增加而增加。事实上，我们可以想象这样一个系统：包含输入和输出，且两者之间存在一个复杂的介质结构，由具有上述特点的器件组成。该系统的学习意味着在特定的输入和输出（或具有输出的输入组）之间建立短期和长期联系。当输入电极的刺激与已经处理过的刺激相似时，越是频繁地使用已经形成的信号传输链，就越有可能再次被用于信息处理。

图 2. 10（b）中所示的特性也非常重要。首先，根据图 2. 10（a）所示的数据，考虑一个由有机忆阻器组成的复杂系统，且其电导率的变化或早或晚都会达到饱和状态，此时所有元件都处于高导状态，无法进行进一步的学习和适应。因此，图 2. 10（b）所示的依赖关系可用于使系统脱离平衡状态。在所有输入 – 输出电极对之间短周期施加负电位将使系统所有元件的电导率水平降低到饱和水平以下。其次，图 2. 10（b）所示的特性可以为监督学习奠定基础。事实上，一个按照赫布规则进行无监督学习的复杂系统可以在输入 – 输出电极对之间建立联系，可能构建一些先验错误的分类算法。为了重新训练系统，必须消除已形成的信号传输链。当系统由这种类型的有机忆阻器组成，仅需将错误关联的输入 – 输出对之间的施加电位反转。根据其特性，该信号传输链将会被抑制，如图 2. 10（b）所示。

如图 2. 10 所示，各工艺的电导率切换过程的时间常数存在显著差异，这是一个有趣的现象，乍一看并不明显。此现象的定量解释将在有机忆阻器功能模型的相关章节中介绍。在这里，我们仅对该现象进行定性解释。

在图 2. 10（b）所示的情况下，将负电压（任意值）施加到导电态器件上。当器件处于导电态时，电位沿沟道长均匀分布。因此，相对于接地的参比电极，整个活性区都处于负电位。考虑到还原电位约为 –0. 1 V，我们可以认为聚苯胺的还原和向绝缘态的转换将在整个活性区内同时发生。

当我们将器件从绝缘态转换为导电态时，情况就完全不同了。这一转换过程如图 2. 11 所示。由于这种情况下器件的初始状态是绝缘态，因此施加到漏极的电压将主要沿活性区聚苯胺沟道部分分布（未与固体电解质接触的聚苯胺层部分处于氧化状态，因此它们的电导率至少比活性区高 2 个数量级）。假设我们施加的电压为 0. 6 V，考虑到活性区的均匀性，也可以假设电位沿活性区的长呈线性分布，如图 2. 11（a）所示。因此，在活性区（更靠近漏极）只有一半的聚苯胺层的电位高于氧化电位（0. 3 V）。只有这半个聚苯胺转变为导电态之后，施加的电压才会重新分配，如图 2.11（b）所示。在这种情况下，活性区中剩余一半的还原态的聚苯胺层将处于高于氧化层电位的状态，因此，这部分聚苯胺也将转变为导电态。直到活性区内的聚苯胺全部都转变成导电态，这一过程才会停止。显然，这个过程是连续的，而非离散的。此外，由于该器件的活性区较大（最佳情况为 20 μm），电解质中离子运动的速度（电阻切换的效率）是聚苯胺沟道部分空间位置（从源极到漏极）和时间的函数。

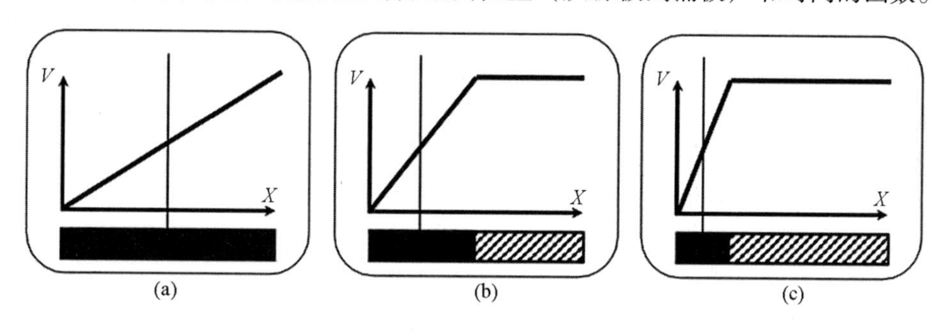

图 2.11　沿有机忆阻器活性区的电位分布随时间的变化

综上所述，可以得出结论，器件从导电态转换到绝缘态再转回导电态的动力学差异与下面情况有关：在导电态转换到绝缘态时，活性区的整个聚苯胺层同时向还原态转换，而在转换回导电态时，从漏极到源极的方向上，导电区的边界随时间逐渐发生位移。

2.4　器件的工作原理

为了揭示器件的工作原理，我们进行了两组试验。试验分别采用光谱法和 X 射线荧光法分析。下面将介绍这些方法及其应用所获得的结果。

2.4.1　光谱法

光学和傅里叶变换红外光谱仪（Fourier Transform Infrared Spectrometer，FTIR）所测的样品沉积在玻璃和硅基底上，包含 48 个分子层[230]。

用微型拉曼光谱仪激发氩氪激光器的不同光谱线，即可得到拉曼光谱。它能记录和确认共振效应，波长从 456 nm（氩线）变到 647 nm（氪线）。使用共聚焦显微镜可以研究微观区域的光谱（最小空间分辨率约为 1 μm），沿着工作沟道重建光谱图，并研究光谱与异质结厚度的相关性（使用高度扫描）。在试验期间面临一个关键问题：样品在光照下会发生降解，进而导致光谱在连续测量过程中发生变化。为了避免这种影响，我们对不损害样品的入射光束的最大功率估计进行了专门研究。通常，功率不超过 0.3 mW。当然，这会显著延长采集时间，但试验结果的重现性良好。

聚苯胺电导率的初始变化发生在掺杂过程中（从祖母绿碱转变为祖母绿盐）。与此同时，电导率也显著增加，而且由于聚合物链中醌式 - 苯式的相对数量的变化，光学吸收光谱也发生变化。

导电态和绝缘态的聚苯胺的吸收光谱如图 2.12 所示。在近紫外区域存在高背景吸收是极化子造成的[231-232]，这在 FTIR 光谱中也可见，如图 2.13 所示。为了得出结果，掺杂和未掺杂聚环氧乙烷的 FTIR 光谱如图 2.14 所示。

在研究拉曼光谱和红外光谱之前，先进行光学光谱的讨论。从图 2.12 可以清楚地看出，导电态和绝缘态聚苯胺光谱差异很大。这一特点为估算不同区域中聚苯胺电导率的非接触方法奠定了基础[233]，可以更好地理解基于有机忆阻器的电路和系统功能，后续将详细探讨这一点。

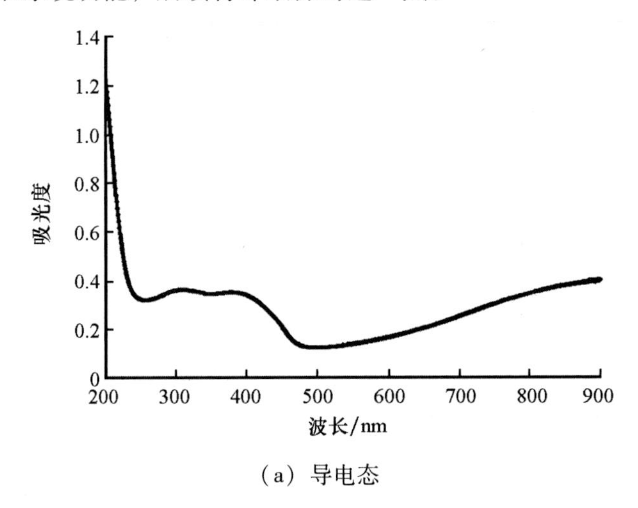

（a）导电态

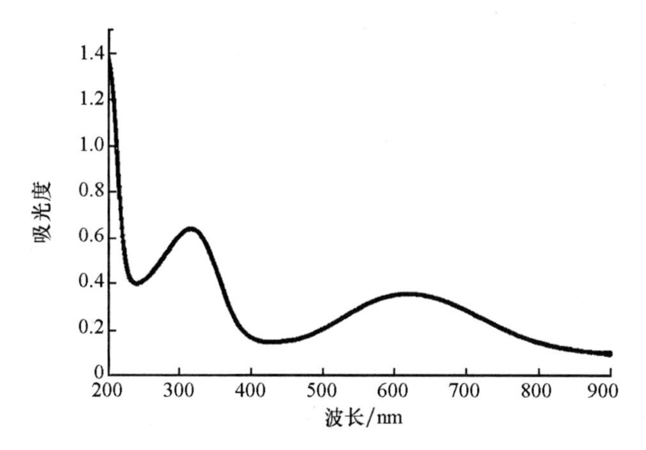

（b）绝缘态

图 2. 12　聚苯胺的吸收光谱

（经 Berzina 等[230] 许可转载，版权©归 AIP 出版社所有）

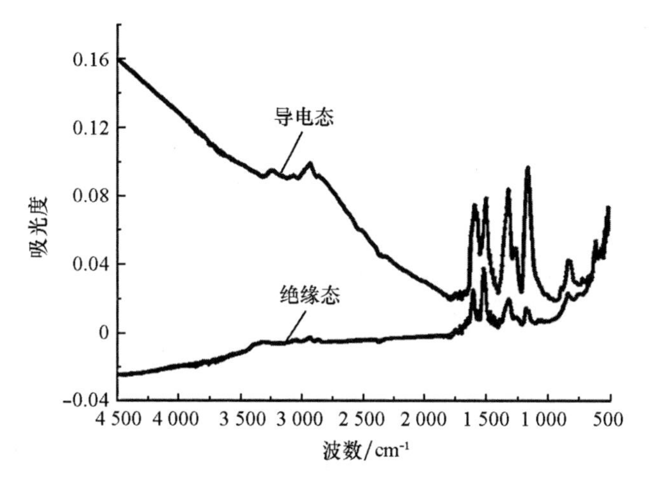

图 2. 13　聚苯胺的 FTIR 光谱

（经 Berzina 等[230] 许可转载，版权©归 AIP 出版社所有）

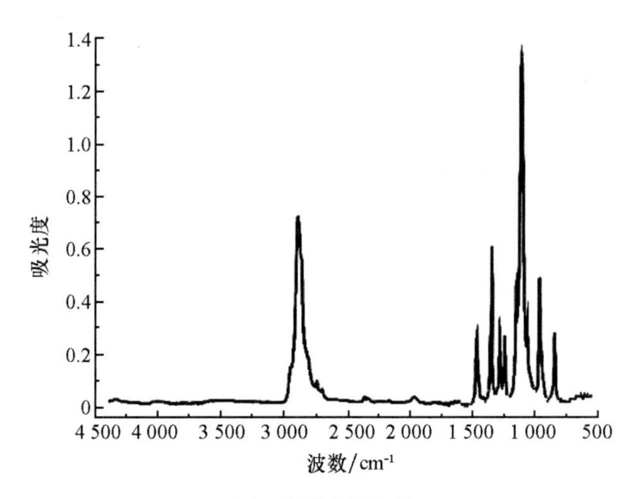

（a）纯聚环氧乙烷

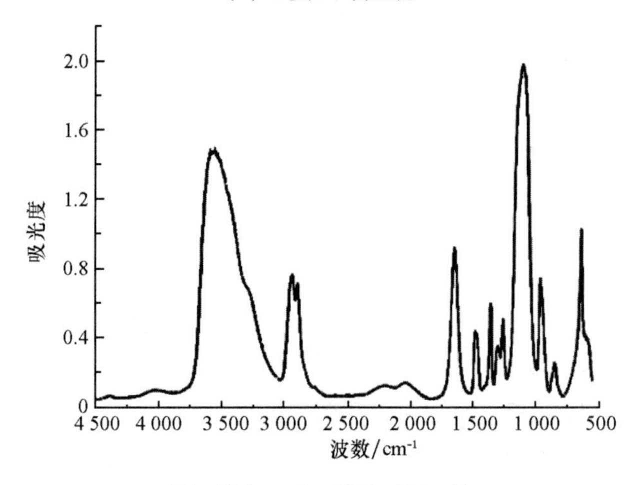

（b）掺杂 $LiClO_4$ 的聚环氧乙烷

图 2.14　不同条件下的 FTIR 光谱

（经 Berzina 等[230]许可转载，版权©归 AIP 出版社所有）

这些测量直接在工作器件上完成。为简便操作，使用图 2.15 中所示试验方案来测量工作器件的反射光谱，而非吸收光谱。

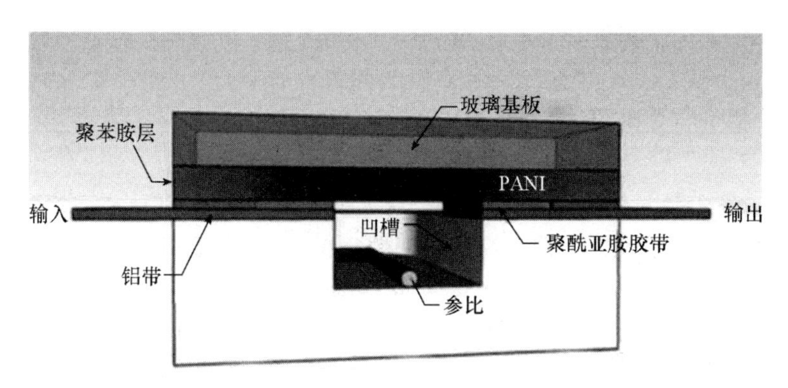

图 2.15　有机忆阻器件在运行过程中反射光谱变化的试验方案
（经 Pincella 等[233]许可转载，版权© （2011） 归 Springer Nature 所有）

聚苯胺层沉积在两个金属电极（源极和漏极）之间的透明玻璃基底上。将该结构与聚环氧乙烷的凝胶电解质接触，放置在含有参比电极（银丝）的特氟龙块状基板中的孔里。将聚酰亚胺（Kapton）胶带或光致抗蚀剂涂布于聚苯胺沟道的一部分，用于定位活性区，并阻止沟道其余部分与电解质直接接触。电极之间的沟道长度为 15 mm，活性区面积为 100 mm^2。器件中三种形式的聚苯胺的反射光谱如图 2.16 所示。

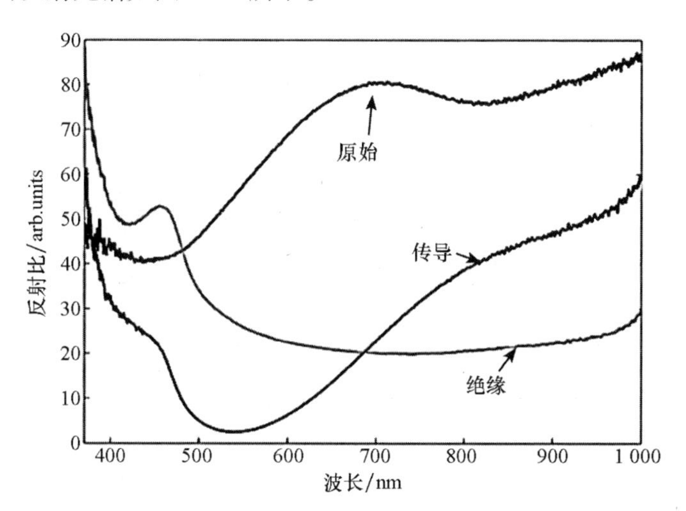

图 2.16　聚苯胺的反射光谱
（经 Pincella 等[233]许可转载，版权© （2011） 归 Springer Nature 所有）

当电路断开且电解质 pH 值等于 7.0 时，可获得聚苯胺沟道初始状态的反射光谱。分别向漏极施加0.6 V和-0.2 V的电压，可获得活性区（电解质的pH值等于7.0）中导电态和绝缘态聚苯胺的对应光谱。图2.16中的光谱表明，对光谱进行配准可以显示活性区中聚苯胺的状态：掺杂—去掺杂、氧化—还原。

如上所述，已经提出的光学和电子特性相关的结果非常重要。然而，利用拉曼光谱[230]已经获得了理解器件功能原理的重要结果。该方法的一个特点是，如果使用不同波长的光谱线进行激发，则同一样品的散射光谱可能会不同。为了解释这一特点，我们使用488 nm和647 nm波长的光谱线进行激发，获得了导电态和绝缘态形式的聚苯胺光谱，分别如图2.17和2.18所示。

图2.17和2.18中所示光谱表明了掺杂和共振条件的综合影响。因此，在解释结果时必须考虑这些影响。然而，从图中可以清楚地看出，当使用488 nm波长的光进行激发时，掺杂的影响在范围为1 500~1 600 cm^{-1}时更为明显。实际上，导电态在1 508 cm^{-1}处出现强峰，而在绝缘态几乎不出现强峰。需要注意的是，在红外光谱的情况下也观察到了类似的差异，因此排除了其他共振因素的影响，这些共振现象可能在不同形式的聚苯胺的光谱形状变化中起作用。这种行为可以通过聚合物链中醌式-苯式结构数量比的变化来解释[234]。

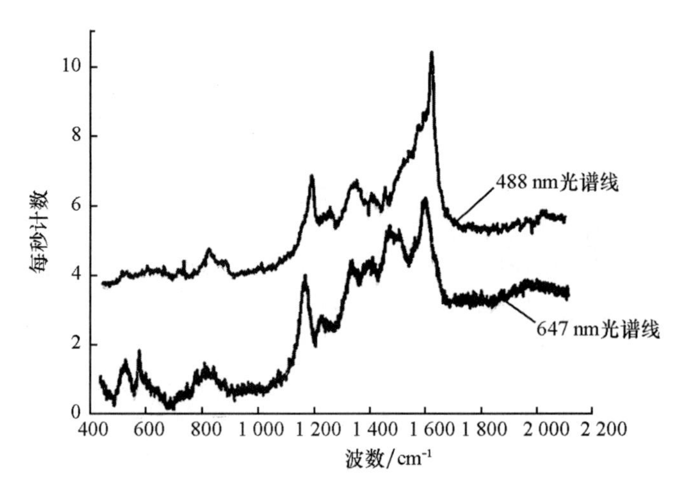

图2.17　使用不同波长光谱线获得的导电态的聚苯胺拉曼光谱

（经Berzina等[230]许可转载，版权©归AIP出版社所有）

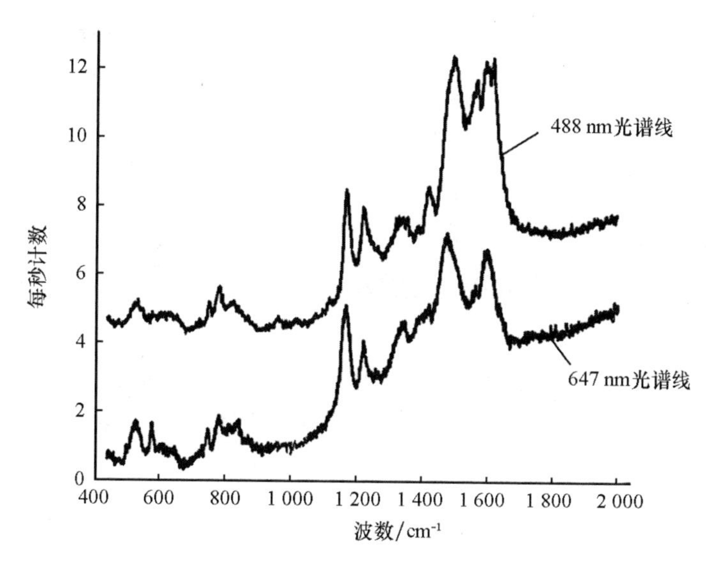

图 2.18　使用不同波长光谱线获得的绝缘态的聚苯胺拉曼光谱
（经 Berzina 等[230] 许可转载，版权©归 AIP 出版社所有）

在向漏极施加任何电位之前，刚制备的器件（最终掺杂 HCl 之前）在不同位置的拉曼光谱如图 2.19 所示。光谱在 150 ~ 1 600 cm^{-1}范围内明显不同，高氯酸盐的峰值出现在 930 cm^{-1}处。这是 Li^+通过聚苯胺 - 聚环氧乙烷界面运动存在的第一个迹象。

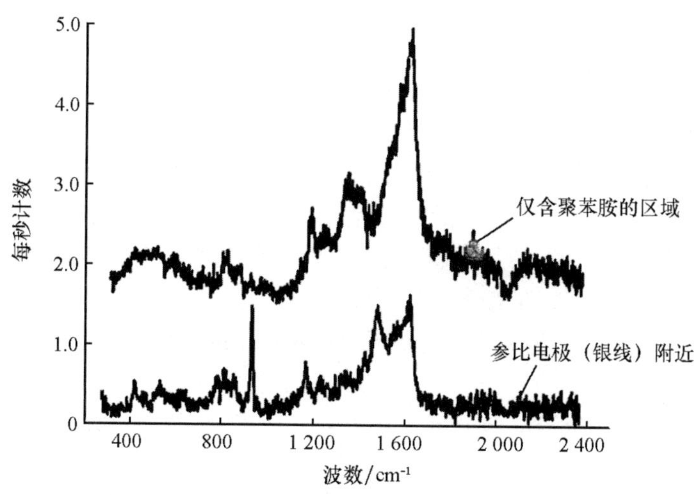

图 2.19　最终掺杂 HCl 之前聚苯胺 - 聚环氧乙烷异质结的拉曼光谱
（经 Berzina 等[230] 许可转载，版权©归 AIP 出版社所有）

第二次最终掺杂后测得的有机忆阻器件的拉曼光谱如图 2.20 所示。

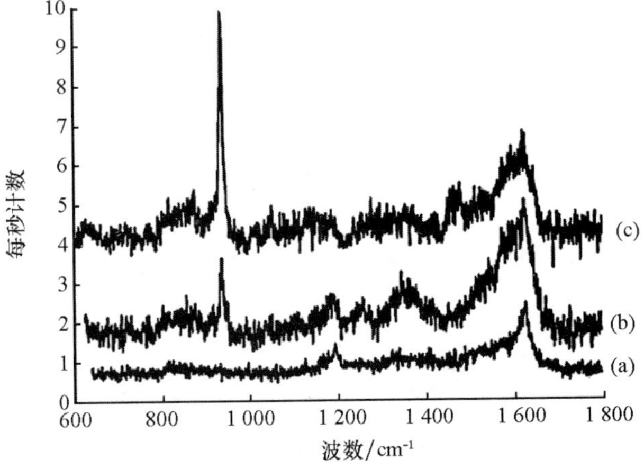

注：(a) 为靠近漏极的区域；(b) 为聚苯胺 - 聚环氧乙烷活性区，但远离银电极；(c) 为银电极附近的聚苯胺 - 聚环氧乙烷活性区。

图 2.20 第二次最终掺杂后测得的有机忆阻器件活性区的拉曼光谱

(经 Berzina 等[230]许可转载，版权©归 AIP 出版社所有)

将图 2.20 与图 2.19 进行比较，可以得出结论：聚苯胺在与聚环氧乙烷接触时仍会发生还原，但不像第二次掺杂之前那么明显。还需要注意的是，峰顶 (930 cm^{-1}) 对应的高氯酸盐在没有聚环氧乙烷的区域内绝对不存在，并且其强度在银电极附近最大。重要的是，靠近银电极区域的峰值强度至少是活性区所有其他位置的五倍。这种现象可能与表面增强拉曼散射（Surface-Enhanced Raman Scattering，SERS）效应有关[235-237]。

现在我们来讨论一下为了实现电阻切换而施加两个特征电压值（即 0.6 V 和 -0.2 V）时器件的拉曼光谱的变化。图 2.21 显示了银电极附近，在不同时刻测得的高氯酸盐的峰对应波长范围内的拉曼光谱。图 2.21 中所示光谱包含了有机忆阻器件功能的完整周期。从本征态开始，采用下面三种时间进行测量：在施加 -0.2 V 后立即、15 min 和 30 min 进行测量（Ⅰ组）。在此之后，将施加电压变为 0.6 V，系统光谱的时间演变用连续的三条曲线（Ⅱ组）表示。之后，再次将电压切换到 -0.2 V（Ⅲ组）。这样的循环重复了好几次（Ⅳ组和连续的（未显示））。即使趋势相似，仍能观察到一些差异。需要注意的是，导电态的转变时间较长，且从导电态到绝缘态的转变比反向转变更快，这与先前报道的电学性能数据完全一致。

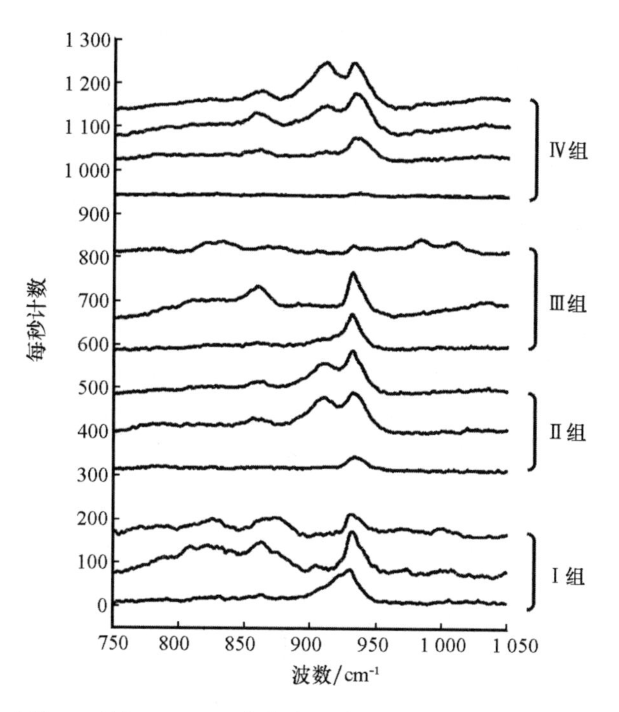

注：（1）Ⅰ组——施加 -0.2 V。曲线从下到上分别为施加电压后立即、15 min 和 30 min 测量。

（2）Ⅱ组——施加 0.6 V。曲线从下到上分别为施加电压后 2 min、5 min、30 min 测量。

（3）Ⅲ组——施加 -0.2 V。曲线从下到上分别为施加电压后 2 min、20 min 和 60 min 测量。

（4）Ⅳ组——施加 0.6 V。曲线从下到上分别为施加电压后 2 min、5 min、30 min 和 60 min 测量。

图 2.21　在源极 - 漏极之间循环施加电阻切换电压（0.6 V 和 -0.2 V）期间有机忆阻器件聚苯胺 - 聚环氧乙烷活性异质结构（在靠近银线电极的区域上）中测得的拉曼光谱（经 Berzina 等[230]许可转载，版权©归 AIP 出版社所有）

考虑高氯酸盐的峰的变化是很有趣的。当施加电压的正负改变时，其形状从不对称的单峰变为双峰。单峰对应于固体电解质中高氯酸根离子的存在，而双峰对应 $LiClO_4$的结晶形式的存在[230]。因此，图 2.21 中所示的光谱显示了循环施加正负电压期间 $LiClO_4$团簇的形成和破坏。如果不施加电压，则永远不会观察到这些转变，即 930 cm^{-1}处的峰永远不会转换为双峰形式。

根据提供的这些数据可以假设：电阻切换是由于聚苯胺层与聚环氧乙烷基电解质接触的活性区内发生了氧化还原反应。这些反应伴随着 Li^+ 会在聚苯胺和聚环氧乙烷之间运动。

当向漏极施加 -0.2 V 的电位时，Li^+ 会进入聚苯胺层并参与还原过程，从而阻断其导电性。由于还原电位为正值，因此即使没有向器件施加电压也会发生这种现象。由于固相中 Li^+ 和 ClO_4^- 的大小和迁移率的差异，因此我们可以假设只有 Li^+ 有效地参与了引发电导率变化的过程。施加负电位会使 Li^+ 转移到聚苯胺上。因此，无法形成高氯酸锂络合物，同时我们在拉曼光谱中还观察到了高氯酸根离子的不对称单峰。施加电位为 0.6 V 且在一段时间后，Li^+ 会回到基于聚环氧乙烷的电解质中。Li^+ 浓度的增加，导致了高氯酸锂微晶的形成，相应的拉曼峰则会转变为双峰，如图 2.21 所示。

综上所述，可以得出结论：光谱法可以监测有机忆阻器在聚苯胺与固体电解质接触的活性区内的导电态，这是由氧化还原反应引起，并伴随着 Li^+ 的扩散。这些结果为描述此类器件的试验测量特性的模型奠定了基础。特别是，它首次解释了为什么基于聚环氧乙烷的固体电解质层的沉积会立即导致活性区聚苯胺电导率的显著降低：由于聚苯胺的还原电位较小且为正值，Li^+ 根据浓度梯度进入聚苯胺层，且参与了还原反应。结果表明，在源极和漏极之间施加电压会导致沟道中和固体电解质中都会出现电流，其时间积分（转移的离子电荷）决定了整个器件的实际导电状态。最后，所提供的数据在结构层面上证实了器件从导电态切换到绝缘态再切回导电态的不同转移动力学结果。在后续章节中，我们将考虑对器件运行过程中的离子运动进行更直接的试验。

2.4.2 X 射线荧光法

上一节中的结果表明，聚苯胺与电解质接触的活性区内的离子运动对有机忆阻器件的电阻切换非常重要。为了直接证实这一假设，我们计划和实施了以下试验。

我们选用 X 射线荧光法在局部空间中记录某些离子的存在[238-240]。然而，是否可以使用这种方法取决于试验条件。首先，需要使用有高能线和足够强度的同步辐射进行实时试验。因此，试验在欧洲同步辐射设备（European Synchrotron Radiation Facilities，ESRF）的 10 号光束线上进行，地点为格勒诺布尔。其次，器件运行过程中离子浓度的变化应局限于活性沟道的薄层中。最后，Li^+ 的荧光在正常条件下无法实际记录。因此，我们采用其他大分子量的

单价离子来替代 Li^+ 离子。根据最后一项要求，电解质必须采用凝胶态而非固态。否则，由于固体电解质中的离子较重，且迁移率低，试验所需的时间会很长。关于所有其他方面，我们使用的元件与标准的基于聚苯胺的有机忆阻器件完全相同。图 2.22 显示了所用器件及其与偏置电压和测量系统的连接电路[238]的照片。

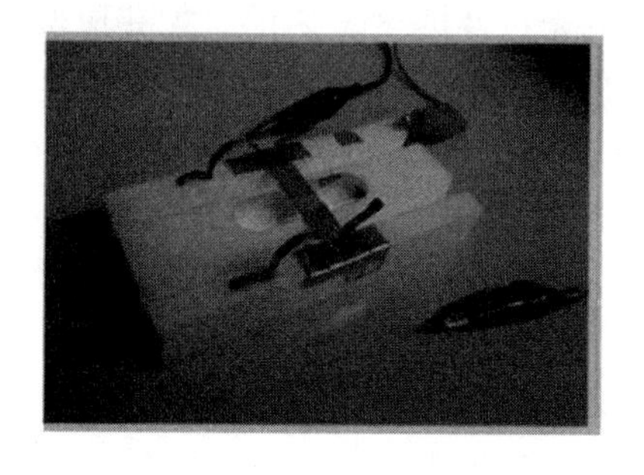

（a）X 射线荧光试验所用器件的照片

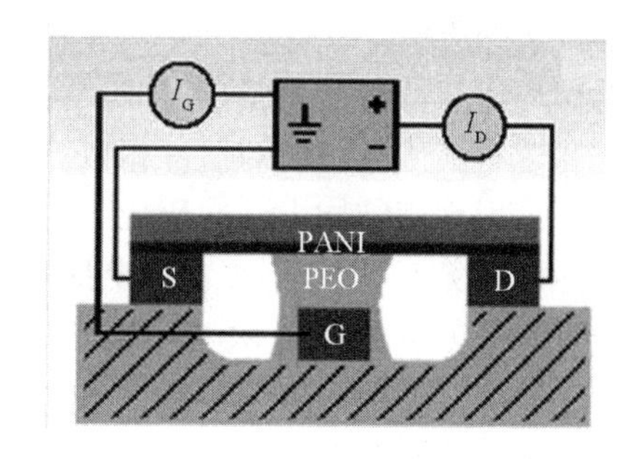

（b）用于切换器件电阻状态的电子电路
注：PEO 指聚环氧乙烷。

图 2.22　X 射线荧光试验所用器件的照片和用于切换器件电阻状态的电子电路
（经 Berzina 等[238]许可转载，版权© （2009）归美国化学学会所有）

如图 2.23 所示，在掠角入射几何结构中进行测量，以便仅从活性聚苯胺层获得荧光。

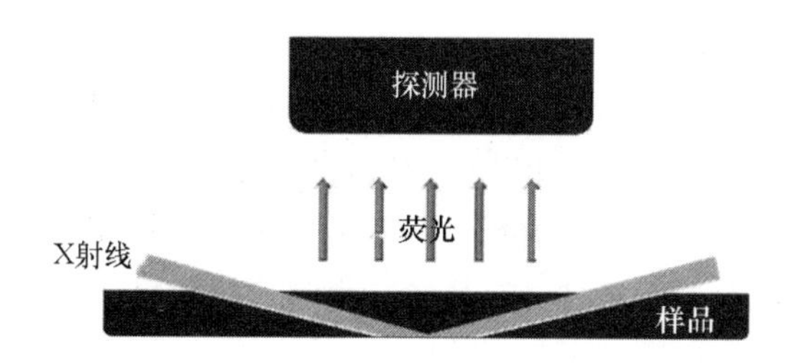

注：掠角 X 射线激发器件沟道附近的荧光；分析的荧光强度揭示了聚苯胺沟道和电解质之间离子的实时位移。

图 2.23　试验方案

在这种情况下，包含 48 个聚苯胺分子层的工作沟道被沉积在聚酰亚胺薄膜（12.5 μm 厚）上。在样品架的中间部分有一个孔，里面充满电解质（由 0.1 mol/L 浓度为 5 mg/mL 的 RbCl 聚环氧乙烷凝胶水溶液组成）。将聚酰亚胺薄膜放置在聚四氟乙烯样品架上，使聚苯胺沟道与电解质接触，如图 2.22 所示。将银线置于孔底，用作参比电极。反映器件导电状态实时变化的电子电路如图 2.22（b）所示。

本试验中，在漏极上施加电压，同时测量两个电流值：漏极电流（器件的总电流）和参比电极电路中的电流（聚苯胺与电解质之间的活性区的离子电流）。测量方法与 2.3 节中描述的固体支持物上的器件和含有固体电解质的器件情况类似。在同时分析电学和 X 射线荧光特性的试验之前，先获取器件的循环伏安特性，如图 2.22 所示，可以发现它们的特征与在固体基底上的器件和含有固体电解质的器件相似，说明这些器件的工作原理一致。

入射几何结构中，使用能量为 22.08 keV 的 X 射线完成荧光激发。在器件活性区上方 10 mm 处放置一个探测器，通过采用此探测器记录两条特征 X 射线（13.39 keV 和 14.96 keV），进而实现一价金属离子（此处为铷（Rb））的运动监测。将探测器记录的 X 射线强度归一化为弹性散射的强度，以避免受到试验装置几何形状的影响。测量 X 射线荧光的同时记录这些样品的电学特性。

在图 2.24 中，图 2.24（a）显示了活性表面层中铷荧光强度随时间的变化；图 2.24（b）说明了漏极电流和通过的离子电荷（参比电极电路中的电流积分）随时间的变化，与 X 射线荧光在相同时间尺度下的变化试验同时测量（施加的电压从 0 到 1.2 V，然后从 1.2 V 到 -1.2 V，然后以 0.1 V 的步长回到零，每个点的时间延迟为 60 s）。

可以将参比电极电路中电荷（电流积分）变化的记录与 Chua[18] 的理想忆阻器进行类比。根据这项研究，忆阻器的电阻是通过忆阻器电荷的函数。在我们的研究中，情况略有不同。电导率不取决于通过器件的总电荷（漏极电流的积分），而是取决于其离子分量（参比电极电路中的电流积分），这一点可通过直接测量聚苯胺和电解质活性区之间的铷离子运动来证实。

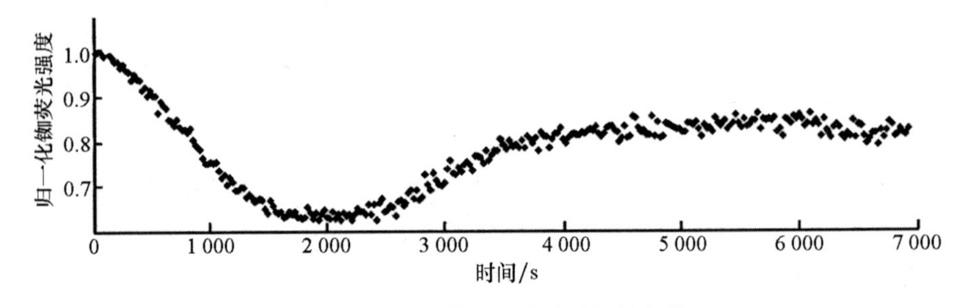

（a）归一化铷荧光强度随时间的变化

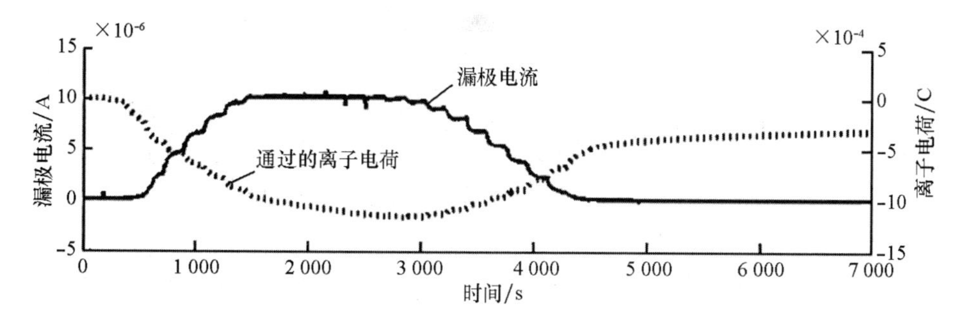

（b）漏极电流和通过的离子电荷随时间的变化

图 2.24　归一化铷荧光强度、漏极电流和通过的离子电荷随时间的变化

（经 Berzina 等[238]许可转载，版权©（2009）归美国化学学会所有）

与图 2.24 中的结果相对应的漏极电流的循环伏安特性如图 2.25 所示（电流值是在施加每个电压值再延迟 60 s 后获取的）。

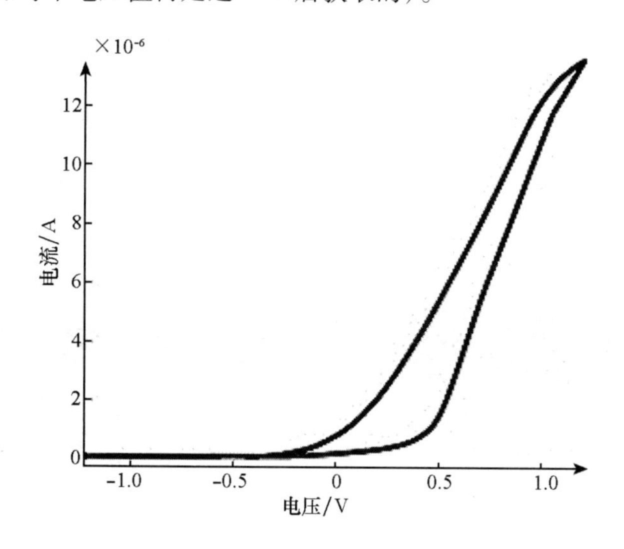

图 2.25　漏极电流的循环伏安特性

（经 Berzina 等[238]许可转载，版权©（2009）归美国化学学会所有）

最初（施加的电压值较低），器件处于低导电态，对应聚苯胺沟道活性区内的铷离子浓度较高（图 2.24（a））。在施加电压达到一定值后，活性区内的聚苯胺被氧化，其导电性从而显著提高。这个过程伴随着铷离子从聚苯胺层向电解质的迁移，这一点可通过 X 射线荧光数据得到证实，如图 2.24 所示。当器件处于高导电态时，测得的铷荧光强度达到最小值。将施加的电压值从其最大值减小到零左右，我们可以观察到漏极电流呈线性减小趋势。活性区内的聚苯胺处于氧化导电态，铷离子不进入聚苯胺层。当施加的电压变为负值时（对于较小的正电压也会出现线性偏差），我们看到器件电导率下降，同时表面层中的铷荧光强度增加。

器件电阻切换的过程可以用式（2.1）来描述：

$$PANI^{+}:Cl^{-}+Rb^{+}+e^{-}\rightleftharpoons PANI+RbCl \tag{2.1}$$

活性区内的聚苯胺从其导电态转为绝缘态需要将电子附着在聚合物链上，同时铷离子进入聚苯胺层，用于聚合物掺杂（在最简单的情况下为 Cl^-）期间感生电荷的静电补偿。该过程是可逆的，活性区（和整个器件）内的聚苯胺可以从其绝缘态变回导电态。因此，对于聚苯胺忆阻器的情况，Chua[18] 的忆阻器方程可以改写为：

$$\begin{cases} U = R(w)\,i_{\text{tot}} \\ \dfrac{\mathrm{d}w}{\mathrm{d}t} = i_{\text{ion}} \end{cases} \tag{2.2}$$

式（2.2）表示的关系与理想忆阻器的唯一区别在于，电阻不取决于通过器件的总电荷，而只取决于其离子分量。其中，w 为器件的状态变量，R 为依赖器件内部状态的广义电阻。

图 2.26 为有机忆阻器的电阻转换过程示意图。

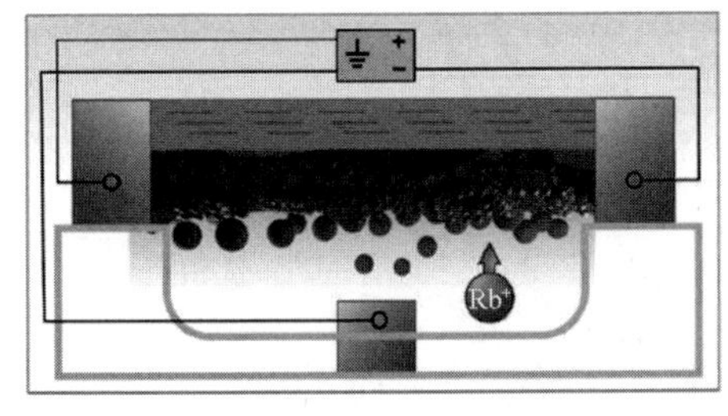

（a）施加负电压

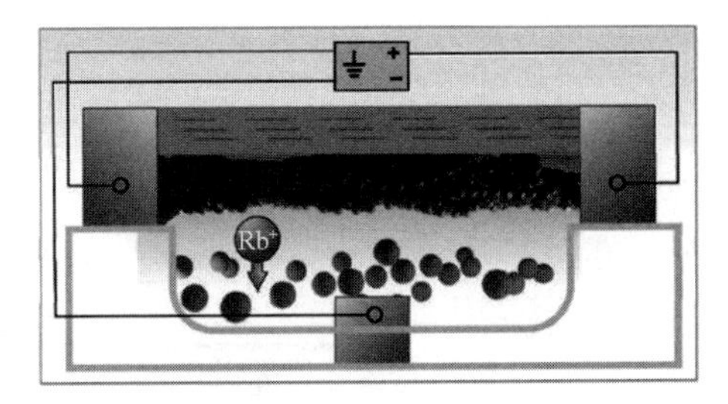

（b）施加正电压

图 2.26　当电压施加到漏极时，有机忆阻器内部的过程示意图

（经 Berzina 等[238] 许可转载，版权©（2009）归美国化学学会所有）

总之，同时测量器件的电学和 X 射线荧光强度特性有助于确定电阻切换机制。研究表明，该机制显示了金属离子在聚苯胺层和电解质的活性区之间的迁移运动。论文［238］是第一个直接证明忆阻器的电阻状态取决于通过它的电荷的一个分量的研究。

基于这些结果及上一节中介绍的光谱研究结果可以得出结论：类似机制也是导致使用固体电解质的器件中电阻切换的原因。有趣的是，使用固态和凝胶态电解质的器件的特征时间值相似。这可能是因为锂和铷的离子半径的显著差异补偿了这些离子在不同介质中迁移率的差异。

2.5 脉冲模式下的电气特性

到本节为止，所讨论的研究结果都是在直流（Direct Current，DC）测试模式下获得的。选择 DC 模式似乎完全适合研究具有学习能力的将用于自适应模拟系统的器件。然而，为了构建模拟生物过程的系统，还是需要研究这些器件在脉冲模式下的工作情况，神经系统中的信号传递是以尖峰形式进行的，而这是由动物和人类的材料和过程决定的[241]。因此，本节将着重探讨当输入为脉冲信号时的器件特性[242]。我们将在后续章节中讨论如何基于这些器件以脉冲模式实现自适应系统。探讨脉冲模式时使用的器件与上一节中讨论 DC 模式时使用的器件相同。

本节的讨论将以矩形脉冲信号输入为例，如图 2.27 所示，输入漏极电压脉冲的基线值不应为零。正如前几节所述，该器件的工作原理基于氧化还原反应。因此，基线值应确保在该电位水平下不会发生氧化还原反应，并且在不施加脉冲时导电状态应保持不变。

体相聚苯胺的氧化电位值和还原电位值分别约为 0.3 V 和 0.1 V。然而，器件会在不同的电位值发生电阻切换，这是因为施加的电压沿整个沟道长分布。因此，器件未发生电阻切换时的电压基线值为 0.3～0.4 V。

当器件施加正电压脉冲时，测得的漏极电流－时间特性曲线如图 2.28 所示。

图 2.28 中所示电流－时间特性曲线与在 DC 模式下测得的特性曲线有很大不同。因为在这里，我们还必须考虑由系统中电容器的存在而导致的切换过程。因此，电导切换的动力学过程不仅取决于离子漂移，还取决于系统的阻容电路（Resistance-Capacitance Circuit，RC）时间常数。

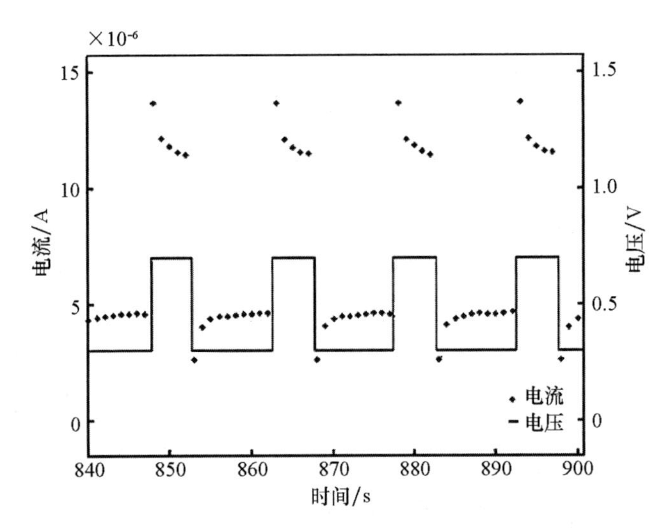

图 2.27　输入电压脉冲的形状和特征电流输出

（经 Smerieri 等[242]许可转载，版权©归 AIP 出版社所有）

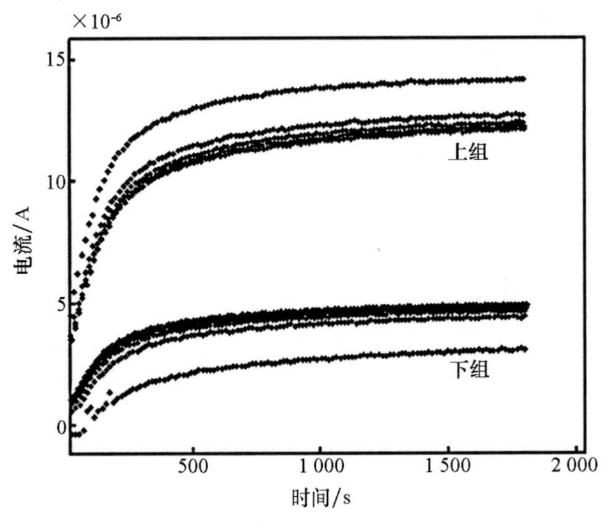

注：上组曲线表示对基线电压的响应，最低的一条曲线对应下一个脉冲开始前的最后一次电流测量；下组曲线是在施加脉冲过程中测得的电流，顶部的一条曲线对应切换回基线电压之前的最后一个点。基线值为 0.3 V，脉冲幅度为 0.4 V，脉冲持续时间为 5 s，两个相邻脉冲之间的时间间隔为 10 s。

图 2.28　施加矩形脉冲电压带来的有机忆阻器漏极电流随时间的变化

（经 Smerieri 等[242]许可转载，版权©归 AIP 出版社所有）

图 2. 28 看起来包括两组不同的线，这是由于器件对脉冲电压变化的典型响应是电流从初始值衰减到更低、更稳定的值。这种电学行为是由 RC 所决定的，而此电路还包含了由于电解质层的存在而产生的电容。因此，在下一个电压脉冲施加之前获取的电流值更有意义。

在图 2. 28 中，在电压脉冲结束时获取的电流值对应上组的最下面一条线，而在脉冲之前获取的电流值对应下组的最上面一条线。从图 2. 28 中可以看出，不管是施加背景电压（电流值从 0. 965 μA 增至 4. 89 μA）还是最大电压（电流值从 3. 04 μA 增至 12. 15 μA），器件的电导率都在约 30 min 后显著增加。值得注意的是，这种普适的电学行为和特征时间与在 DC 模式下观察到的特性非常相似（图 2. 10（a））。

下面我们来分析一下如果施加相反极性的脉冲会发生什么。由于脉冲电压的基线电位水平为 0. 3 V，因此当施加 -0. 6 V 的脉冲时，将获得 -0. 3 V 的负电压。此时，器件特性曲线如图 2. 29 所示。

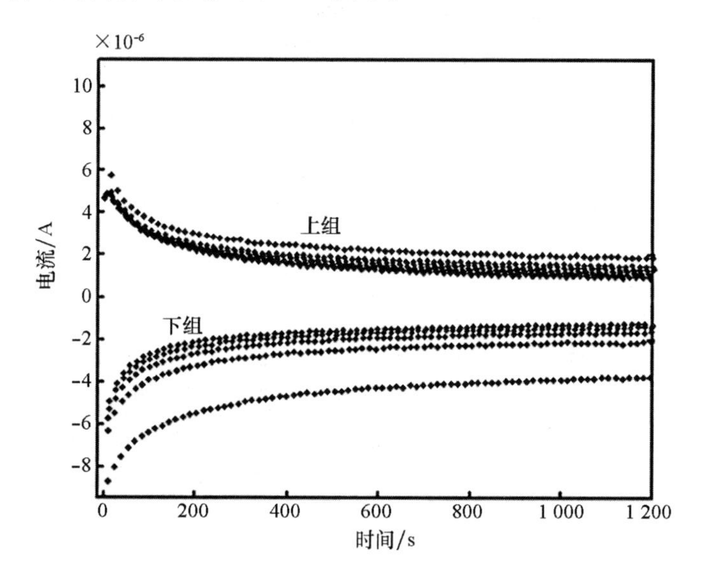

注：上组曲线表示对基线电压的响应，最低的一条曲线对应下一个脉冲开始前的最后一次电流测量；下组曲线是在施加脉冲过程中测得的电流，顶部的一条曲线对应切换回基线电压之前的最后一个点。基线值为 0. 3 V，脉冲幅度为 -0. 6 V，脉冲持续时间为 5 s，两个相邻脉冲之间的时间间隔为 10 s。

图 2. 29　施加矩形脉冲电压带来的有机忆阻器漏极电流随时间的变化

（经 Smerieri 等[242] 许可转载，版权©归 AIP 出版社所有）

从图2.29可以看出，当施加基线电压时，电流值从4.93 μA减小至0.97 μA，而与电压峰值对应的电流值则从4.9 μA变化至1.22 μA。在此情况下，基线电压和峰值电压之间的差值比前一种情况更高，因此RC在转移动力学过程中的贡献更加显著。

有趣的是，在DC和脉冲模式下的电阻切换动力学过程存在显著差异。在DC模式下，从高电导态切换到低电导态比从低电导态切换到高电导态要快得多。相反，在脉冲模式下，两种切换过程的时间是相当的。例如，假设考虑电流达到其饱和值90%的时间，所需施加的正脉冲时间大约为600 s，而负脉冲时间大约为800 s，这是由于基线值不为零。因此，在施加正脉冲期间，整个活性区内都处于氧化电位并同时转变为导电态（在DC模式下，只有在施加负电压的情况下才有可能同时转变）。

为了基于这些元件构建功能电路和系统，须深入研究脉冲持续时间和连续脉冲之间的时间间隔对器件最终特性的影响。为此，我们进行了一系列试验，结果如图2.30、图2.31和图2.32所示。

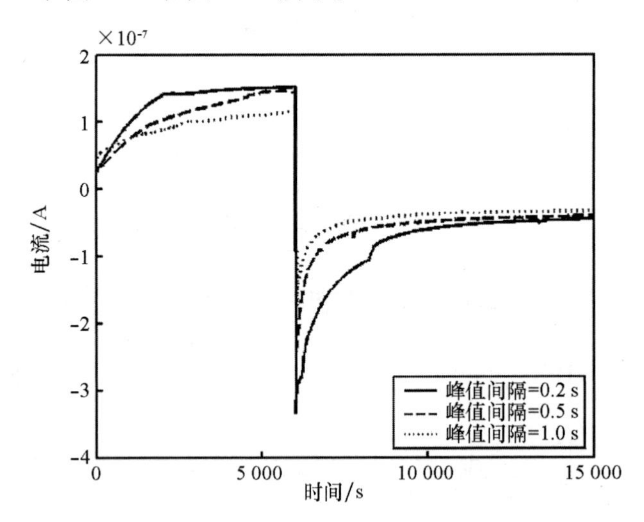

注：在每个脉冲结束时测量器件总电流。

图2.30　脉冲模式下器件漏极总电流随时间的变化（两个相邻脉冲之间的时间间隔等于脉冲持续时间）

（经Smerieri等[242]许可转载，版权©归AIP出版社所有）

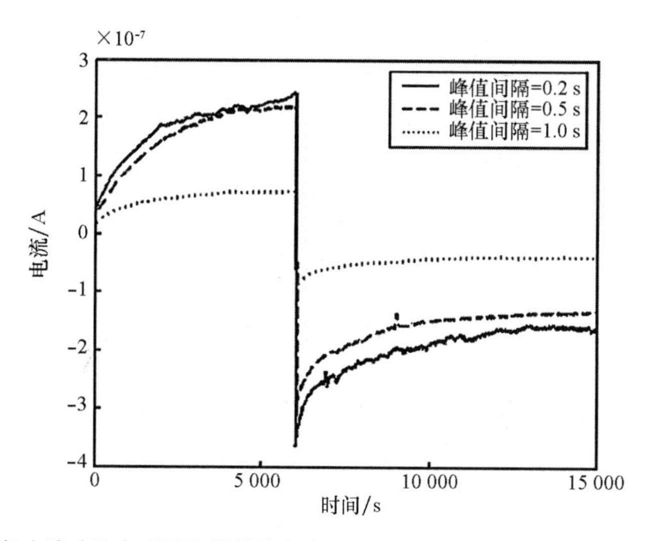

注：在每个脉冲结束时测量器件总电流。

图 2.31　脉冲模式下器件漏极总电流随时间的变化（两个相邻脉冲之间的时间间隔是脉冲持续时间的三倍）

（经 Smerieri 等[242]许可转载，版权©归 AIP 出版社所有）

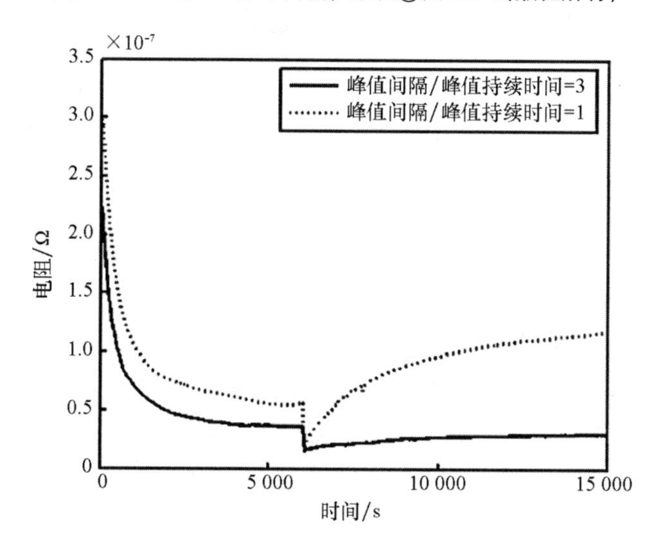

注：脉冲峰值持续时间均为 0. 5 s。

图 2.32　两种脉冲间时间间隔与脉冲持续时间比值下的器件电阻随时间的变化

（经 Smerieri 等[242]许可转载，版权©归 AIP 出版社所有）

在这些试验中，首先施加了一组持续时间为 10 min 的正脉冲，然后施加一组持续时间为 15 min 的负脉冲。进行试验之前，在器件上预先施加 5 min 的 DC 负电压，以使器件进入初始绝缘态。由图 2. 32 可知，两个相邻脉冲之间的时间间隔越短，器件电阻状态的变化就越明显。

本节中的试验结果表明，该器件在脉冲模式下也可以有效工作。综上所述，脉冲持续时间不是影响电导率变化的关键参数。相比之下，两个相邻脉冲之间的时间间隔与脉冲持续时间之间的比值似乎更重要。后续章节在介绍这些器件的神经形态应用时将使用这一结论。

2. 6　器件特性和稳定性优化

与所有电子器件类似，稳定性也是有机忆阻元件的一个关键参数。因此，本节致力于探讨器件的特性、稳定性并建立其优化方法。本节包含三部分：有机忆阻器特性的稳定性、忆阻器的架构优化，以及电解质对器件特性的作用。

2. 6. 1　有机忆阻器特性的稳定性

在探讨器件特性的稳定性之前，我们研究了用于形成器件沟道的聚苯胺层的导电稳定性。一般情况下，商用聚苯胺层的电导率约为 30 S/cm，会略低于最佳研究报道结果[243-244]。然而，这样的电导率允许以低信噪比记录可靠的循环伏安特性。

研究发现，聚苯胺层的稳定性很高：在施加 1 V 电压的条件下，作用 48 h 后，电导率下降不到 1%[245]。

在研究器件特性时，须考虑电流的所有组成部分（电子和离子）。然而，对于电路和网络的设计来说，最重要的还是通过器件的总电流。

在研究稳定性之前，必须对稳定性这个参数进行定义，因为器件特性是指根据输入刺激的实际组合、其重复的持续时间和频率以及器件过去参与信号传输情况来改变电气特性的能力。为表征器件特性的稳定性，需要考虑在施加正电压时可达到的最大电流值，在施加负电压时可达到的最小电流值，以及在开启和关闭状态下的电导率比值。

图 2. 33 展示了上述前两种特性与伏安特性周期数（直到第 50 个周期）的关系。

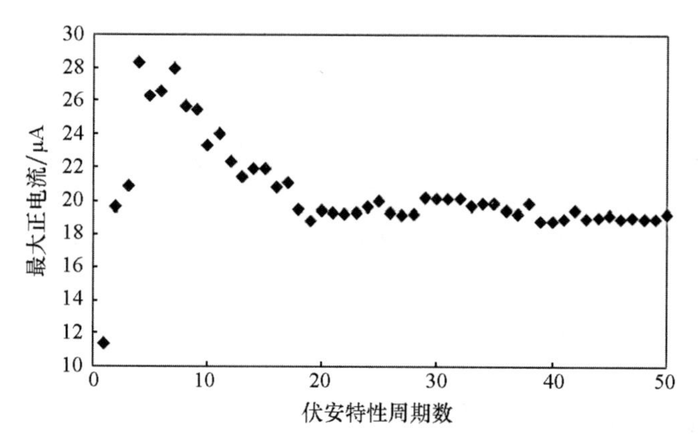

（a）最大正电流与伏安特性周期数的关系

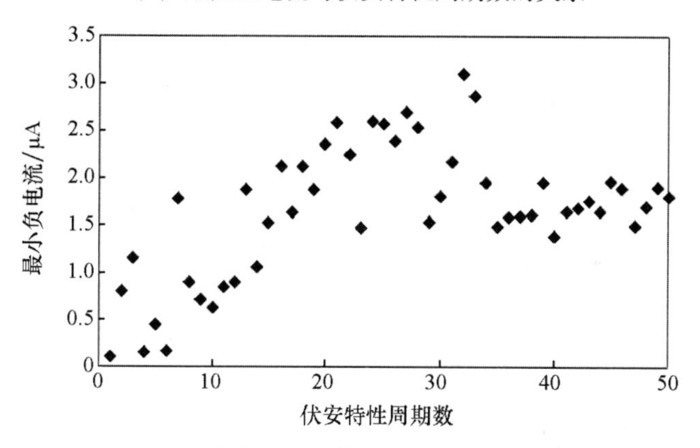

（b）最小负电流与伏安特性周期数的关系

图 2.33 最大正电流和最小负电流与伏安特性周期数的关系

（经 Erokhin 等[245]许可转载，版权©归 Elsevier 所有）

在前4个周期中，最大正电流值的增加与前文所述的改善聚苯胺层和铬电极之间的接触效果有关[246]。连续10个周期导致最大电流减少了约20%。随后，该电流值趋于稳定，呈现小幅下降趋势。

对于电压和电流为负值的情况，前4个周期的电导率仍呈上升趋势，这也与聚苯胺和电极之间接触的改善有关[246]。随后，电流值呈随机分布。这表明，聚苯胺在导电态下电阻性能的老化更为明显。

在实际应用中，需要考虑器件的特性稳定性是否足以用于训练由此类元件组成的网络。对于由8个元件组成的网络而言（将在后续专门介绍网络训练的章节中讨论），需要施加5 min的电导率抑制作用，而施加电导率增强作用则需约 20 min[247]。

如图 2.33 所示，器件伏安特性每个周期的持续时间为 80 min。因此，50 个周期相当于 4 000 min[248]。我们可以预期，由这些元件组成的网络将允许至少 800 次训练。实际上，考虑到开/关比达到 10 时，已经足够用于系统的训练，且这个值还会显著增加。

本节给出的结果表明，单个器件的特性稳定性至少可以保持 4 000 min。由于掺杂剂（HCl）的尺寸较小，电性能的下降的因素与聚苯胺层的去掺杂有关。我们将在下一节中讨论使去掺杂效应影响最小化的方法。

2.6.2 忆阻器的架构优化

实现具有类脑信息处理原理的神经形态网络，需要一个具有大量类突触元件且工作时间相当长的系统，这是有效学习所必需的[248]（例如，人脑包含大约 10^{15} 个突触）。因此，单个网络元件（忆阻器）必须符合以下三个基本要求：

（1）器件的开/关电导率比必须尽可能高。对于前面章节中描述的器件，该比率约为 100。

（2）当活性区的聚苯胺处于氧化状态时，器件电导率的绝对值也必须尽可能高。实际上，如果此类网络的信号通路包含数千个元件，那么每个元件的高电导率将能够保证整个系统的高信噪比。

（3）每个元件的稳定性也是一个非常重要的参数。与上一节类似，我们在此假设稳定性是指器件在一个周期以内以可重复的方式改变其电气特性的能力。

在本节中，我们将讨论聚苯胺沟道的组成和掺杂对忆阻器特性的影响，并特别强调上述三个特性。考虑到去掺杂是造成器件不稳定性的主要原因，在本节工作中，为了避免这一不利影响，我们同时采取了两种策略[228]。

第一种策略是优化器件的结构，防止活性区与大气环境接触（主要是为了尽量降低湿度的影响）。优化后的有机忆阻器方案如图 2.34 所示。该类器件的组装过程如下：在一个玻璃基板上，在两个金属电极之间形成了聚苯胺导电沟道（类似于前文描述的器件）；在另一个玻璃基板上构造一个深度与银丝直径相对应的凹槽，将银线放入该凹槽中，并用聚氧化乙烯（Polyethylene Oxide，PEO）和锂盐电解质覆盖。电解质干燥后，两个玻璃基板形成机械接触。

图 2.34 “三明治”结构的有机忆阻器
（经 Berzina 等[228]许可转载，版权©归 AIP 出版社所有）

第二种策略则是在合成阶段对聚苯胺进行重掺杂。为此，我们使用了十二烷基苯磺酸（Dodecyl Benzene Sulfonic Acid，DBSA）。合成过程在相关文献[249-250]中给出了详细描述。简而言之，首先，在装有机械搅拌器和滴液漏斗的双颈烧瓶中，缓慢加 14.4 g 的 DBSA 和 4.0 g 的苯胺于 800 mL 水中；将混合物在室温下搅拌 3 h 直至形成典型的乳状苯铵盐溶液，再将烧瓶浸入水－冰浴中，直至溶液冷却至 0 ℃。然后，向苯胺盐溶液中加入 5 滴饱和的硫酸钴溶液，再将溶解在 35 mL 水中的 10 g 过硫酸铵缓慢滴入该溶液中，搅拌；5 h 后，停止搅拌，将含有深蓝色沉淀物的溶液在室温下放置过夜。之后，向悬浮液中加入 1 L 甲醇，用布氏过滤器过滤，收集沉淀物。最后，用甲醇和水反复洗涤固体粉末，直至呈中性，再将聚苯胺置于真空泵下干燥数天。

图 2.35 展示了通过上述方法制备的基于聚苯胺沟道的“三明治”结构有机忆阻器的循环伏安特性。图 2.35 中所示特性展示了迟滞和整流行为。绝缘态和导电态之间转换对应的电位值类似于聚苯胺活性层被盐酸连续掺杂时制备有源沟道的器件的电位值。

基于器件特性分析，可以得出结论：改良方法需要满足前文列出的两个要求。实际上，该器件具有非常高的电导率（在 1 V 时电导率为 60 μA，远高于前几节所述器件在 1 V 时 1 μA 的电导率）。更重要的是，在这种情况下，该器件的开/关比为 2 000，比传统方法制造的器件高 1 个数量级以上。

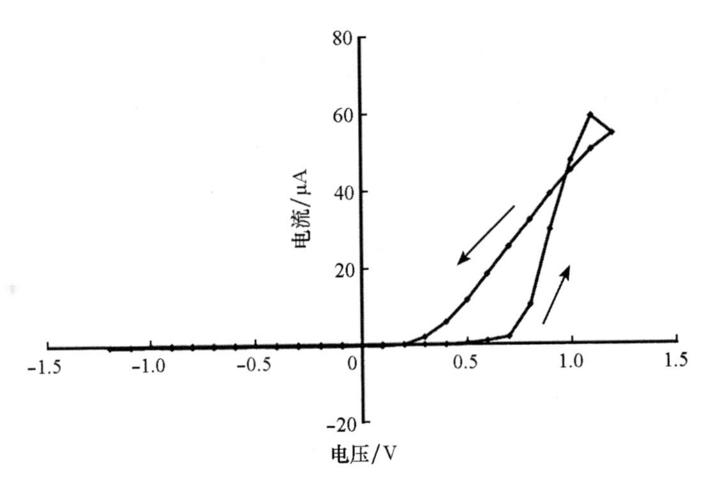

注：箭头表示施加电压变化的方向。

图 2.35 “三明治”结构有机忆阻器的循环伏安特性
（经 Berzina 等[228]许可转载，版权©归 AIP 出版社所有）

电导率的动力学变化过程对自适应网络的实现也非常重要。当施加正电位和负电位时，器件中离子电流和电子电流随时间的变化如图 2.36 所示。

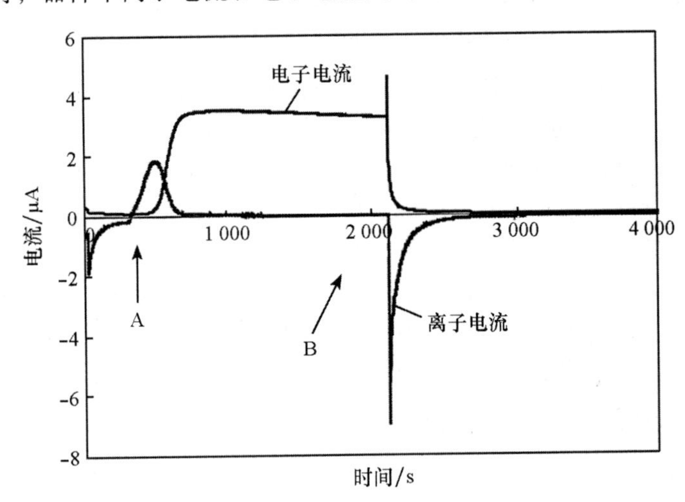

图 2.36 器件中离子电流和电子电流随时间的变化
（经 Berzina 等[228]许可转载，版权©归 AIP 出版社所有）

将这些结果与前面章节中的结果进行比较，可以发现，在施加负电压的情况下，电阻切换的特征时间是相同的，而对于正偏置电压，该过程明显更快。这种行为可能与开/关比的增加有关。事实上，根据2.3节中所介绍过程的定性模型，器件转换为导电态的缓慢过程归因于活性沟道中氧化的聚苯胺区域须从源极向漏极不断移动。当器件开/关比增加时，图2.34中所示器件的这一转换过程发生得更快。通过该预测模型定量描述器件工作过程，可以发现，这些结果与具有不同开/关比的器件时间常数预测一致。

器件特性随伏安特性周期数的变化如图2.37所示。在该试验中，施加电压变化趋势如下：首先，从起点（0 V）以0.1 V的步幅增至1.2 V，电压的施加和电流的读出之间有60 s的延迟；其次，施加电压以0.1 V的步幅降至-1.2 V，电压的施加和电流的读出之间有60 s的延迟；最后，施加电压再以0.1 V的步幅增至0 V，电压的施加和电流的读出之间仍有60 s的延迟。

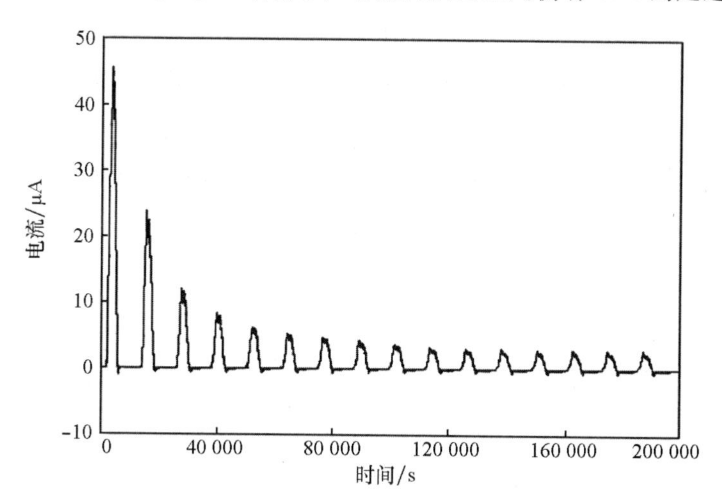

图2.37　器件总电流随伏安特性周期数的变化

（经Berzina等[228]许可转载，版权©归AIP出版社所有）

尽管在初始周期中，我们可以看到导电性能有所下降，但经过几个周期后，器件的性能逐渐稳定，并且符合本节开头提及的三个特质要求，从而可以实现自适应模拟网络。为了进一步说明合理性，以该器件上测得的第9、10和11个周期的循环伏安特性为例进行分析，特性如图2.38所示。

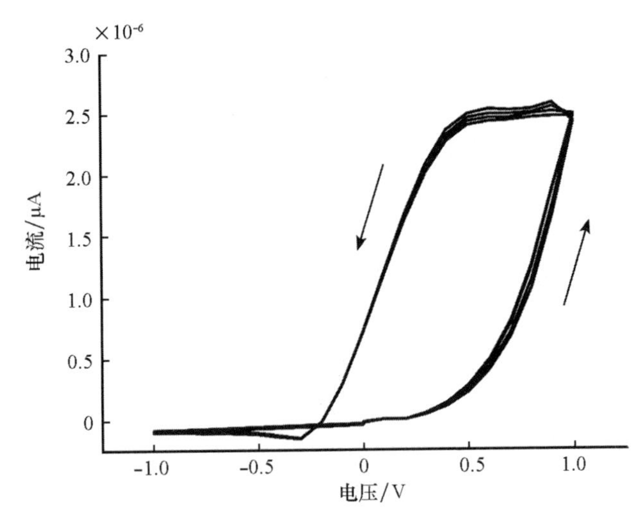

注：箭头方向表示施加电压的方向。

图 2.38 优化后的有机忆阻器第 9、10、11、12 个周期的循环伏安特性

(经 Berzina 等[228]许可转载，版权©归 AIP 出版社所有)

从图 2.38 中可以清楚地看出，经过一定次数的初始循环后，器件特性能够保持稳定。

综上所述，我们可以推断出：使用高分子量强酸（DBSA）作为掺杂剂，在合成阶段掺入聚苯胺中，可以提升器件开/关比及导通状态下的电导率，并大幅降低去掺杂效应的影响；同时，器件使用特殊“三明治”架构时，这一优化效果会更加显著。

2.6.3 电解质对器件特性的作用

2.6.1 和 2.6.2 节专门介绍了活性沟道材料和系统结构对器件最终特性和稳定性的作用。元件的另一个重要组成部分（固体电解质）也会影响器件最终的特性和稳定性[251]。

本节将着重介绍电解质组成对器件特性的影响。聚环氧乙烷基聚合物电解质是一种得到广泛应用的优异固态电解质材料，下面主要以这类电解质为样例进行分析。

早期的试验研究主要探索了链长的作用。研究表明，即使在很高的浓度（高达 60 mg/mL）下，短链（12 ~ 35 ku）的聚合物也无法形成稳定的凝胺[251]。因此，这样的短链聚合物无法在活性沟道中心形成稳定的电解质条带：沉积的液滴倾向于覆盖整个聚苯胺层表面。因此，仅采用高分子量的聚环氧乙烷制备器件。

掺杂剂一般选用如下锂盐：$LiClO_4$、$LiCF_3SO_3$和$LiBF_4$。此外，也有研究尝试过使用LiCl，但由于这种盐的吸湿性较强，无法形成固体形式的电解质条带。

元件的电气特性测试分析通常在完成电解质条带制备后立即进行。特别是，在电解质沉积前后以及连接参比电极后，均会测量器件的电阻。

在使用$LiCF_3SO_3$掺杂的情况下，电解质层沉积后聚苯胺沟道的电阻增加了3个数量级，这与之前使用$LiClO_4$作为固体电解质的所有器件情况类似。而使用$LiBF_4$时，情况却完全不同——器件沟道电阻在电解质沉积后几乎保持不变。在所有试验中，当电解质中含有这种化合物时，电导率值相对初始值降低不到1%，这是由于$LiBF_4$具有弱酸性。因此，去质子化过程发生的概率较小，并且在这种情况下活性沟道不需要额外掺杂。最后一个特征对与随机自组装网络的形成（第二次掺杂会显著改变形成的结构）以及生物体和细胞之间相互作用（第二次掺杂酸会杀死细胞和生物体）的相关应用似乎非常重要。

与固体电解质接触的聚苯胺沟道的扫描电镜（Scannirg Electron Microscopy，SEM）图像如图2.39所示。

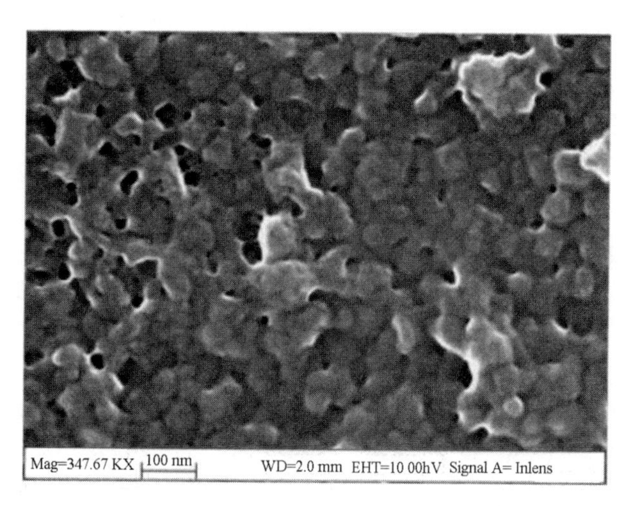

图2.39　48层聚苯胺沟道的SEM图像

（经Berzina等[251]许可转载，版权© （2010）归Elsevier所有）

如图 2.39 所示，聚苯胺沟道呈现不连续的形貌。由于聚苯胺不是两亲分子，在空气 - 水界面上容易形成这种结构，这一点也通过 X 射线反射测试试验获得了直接证实[242]。值得一提的是，这种形态与其说是缺点，不如说是优点。事实上，这种结构的表面能确保聚苯胺和聚环氧乙烷之间更大的接触面积，从而保证所有的电阻切换过程都于此发生。

借助 FTIR 光谱，我们研究了掺杂不同锂盐的活性聚苯胺和 PEO 之间的相互作用，获得了离子掺杂剂对器件电学行为产生不同影响的确凿证据。特别是，我们获得了纯 PEO、掺杂 PEO、导电态和非导电态聚苯胺的 FTIR 光谱，以及忆阻器中 PEO-PANI 异质结的光谱。通过识别分析不同物质的光谱贡献，我们发现，除了 1 100 cm^{-1}处的强峰（这是纯 PEO 样品中的最强峰），异质结中的大部分光谱特征来源于聚苯胺光谱的变化。因此，我们仅需比较 $LiClO_4$和 $LiBF_4$直接处理的聚苯胺的 FTIR 光谱，来确定不同 PEO 掺杂剂对聚苯胺电子态的影响，结果如图 2.40 所示。测得光谱被分为三组，分别以单独的图呈现，以避免混淆。图 2.40（a）展示了聚苯胺样品在导电态和绝缘态下的衰减全反射（Attenuated Total Reflection，ATR）FTIR 光谱；而图 2.40（b）展示了导电态聚苯胺在用 $LiBF_4$处理之前和之后的 ATR-FTIR 光谱。相反，图 2.40（c）展示了导电态聚苯胺在用 $LiClO_4$处理之前和之后的 ATR-FTIR 光谱。需要注意的是，在 1 500 ~ 1 600 cm^{-1}的临界范围内，纯聚苯胺与掺杂 $LiBF_4$的聚苯胺的光谱重合，这与芳香环模型和聚苯胺链中的醌式 - 苯式比有关[214]。此外，1 150 cm^{-1}处的峰也呈现相似强度，这与高电导率和高度的电子离域有关[214]，因此也与聚苯胺氧化态相关。对于掺杂 $LiClO_4$的情况，尽管掺杂前后的光谱呈现相似趋势，但 1 150 cm^{-1}处峰的振荡强度在掺杂后明显减弱，同时类德鲁德

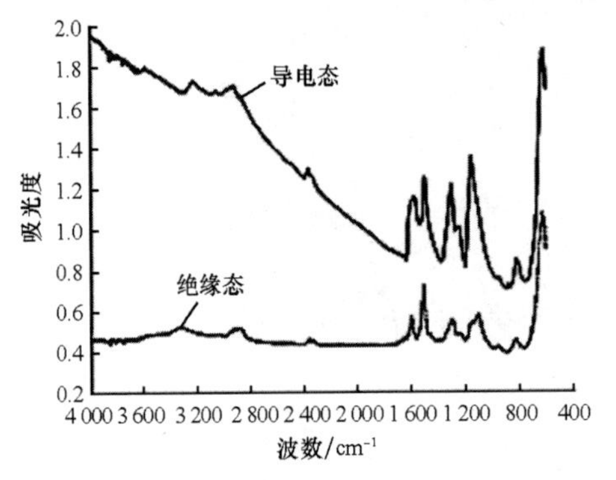

（a）导电态和绝缘态的聚苯胺

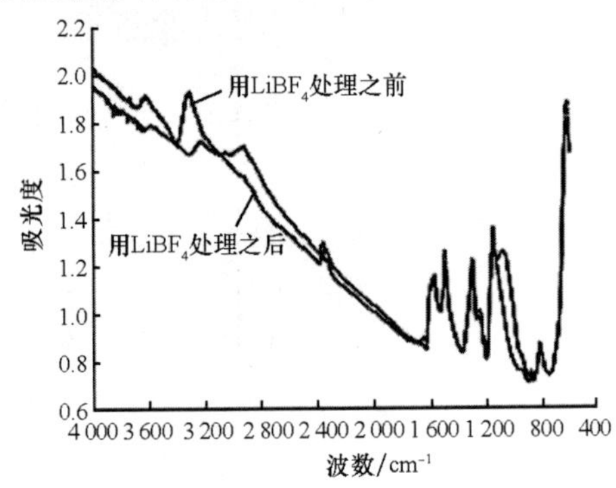

（b）用 $LiBF_4$处理之前和之后的导电态聚苯胺

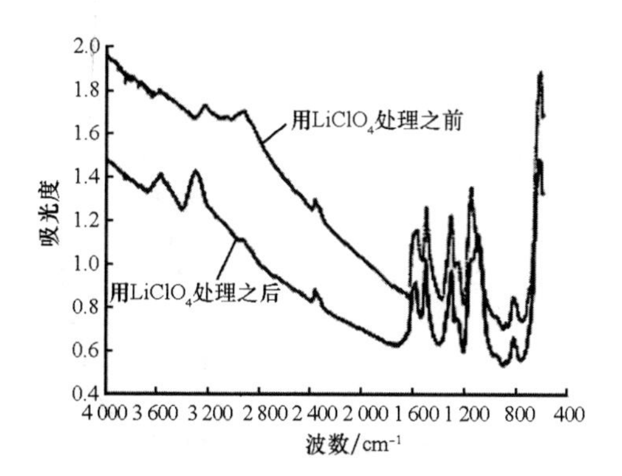

（c）用 $LiClO_4$ 处理之前和之后的导电态聚苯胺

图 2.40　聚苯胺的 ATR-FTIR 光谱

（经 Berzina 等[251]许可转载，版权© （2010）归 Elsevier 所有）

（Drude）模型连续体强度也整体降低，这是样品达到类金属电导的显著特征。这些数据与通过微拉曼表征获得的数据非常吻合，即在掺杂了 $LiClO_4$ 的 PEO 层形成后，观察到聚苯胺立即向绝缘态转变[230]。我们在 PANI-PEO 异质结中也获得了类似的结果，直接证明了离子掺杂剂对器件特性的普适性影响来源于掺杂引起的聚苯胺中与苯式和醌式振动相关的电子态的变化，即氧化态和电荷转移中引起的特定变化。

为了比较基于不同盐类实现网络，更重要的是比较基于不同盐类电解质忆阻器件的伏安特性。基于前面描述三种盐的器件特性如图 2.41 所示。

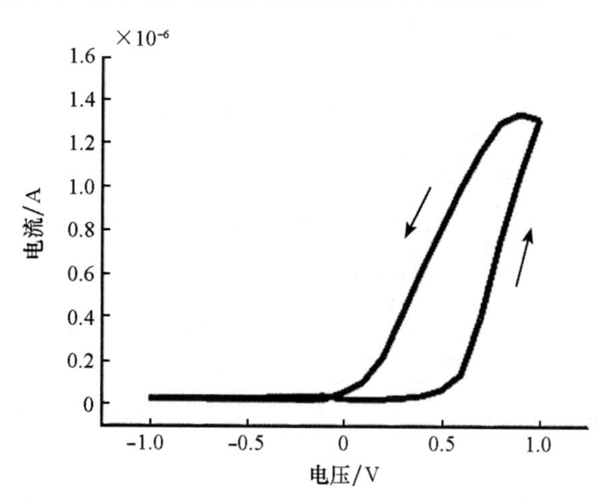

（a）基于 $LiClO_4$ 电解质的有机忆阻器的循环伏安特性

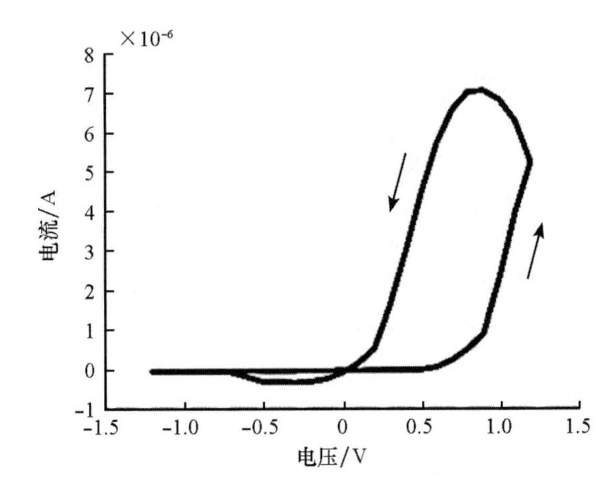

（b）基于 $LiCF_3SO_3$ 电解质的有机忆阻器的循环伏安特性

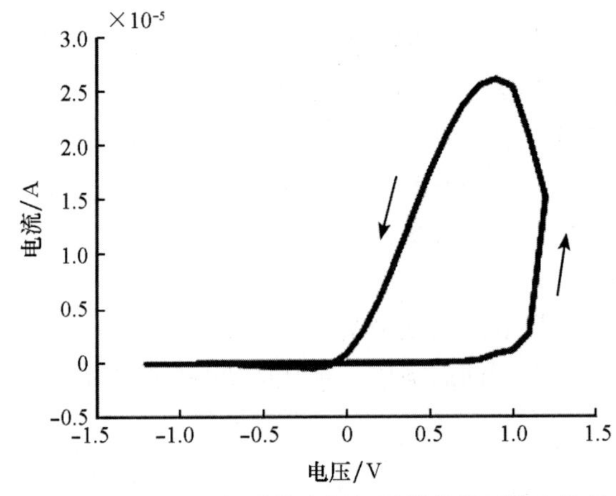

（c）基于 $LiBF_4$ 电解质的有机忆阻器的循环伏安特性

注：箭头方向表示施加电压的方向。

图 2.41　基于 $LiClO_4$、$LiCF_3SO_3$ 和 $LiBF_4$ 电解质的有机忆阻器的循环伏安特性

（经 Berzina 等[251]许可转载，版权© （2010）归 Elsevier 所有）

图 2.41 中器件的所有特性都符合有机忆阻器的特征：存在显著的整流和迟滞现象。通过比较这些器件的特性，我们最终选择基于 $LiBF_4$ 电解质的器件。当器件切换到绝缘态的情况下，我们观察到还原电位值出现了显著变化，此时电压向负值偏移。

上述结果对于设计必须在脉冲模式下工作和/或模拟生物神经系统功能的电路和网络十分重要。根据前述章节介绍的有机忆阻器在脉冲模式下的工作原理可知，必须施加恒定的偏移电压，以防止器件切换到关闭状态。对于呈现图2.41（c）中所示特性的器件，由于零电位不会改变器件的电导率，无须施加上述偏移电压。

综上所述，以上章节中总结了电解质层的材料对器件特性和稳定性的影响规律。

2.7 由逐层法形成的带沟道的有机忆阻器

本书中的大部分研究结果都是基于有机忆阻器获得的，其中沟道是由Langmuir-Schaefer法形成的。选用这种方法制备器件沟道必须满足两个要求：一方面，沟道必须保证器件的高电导率；另一方面，由于电阻切换效果依赖扩散过程（厚层会显著降低电阻切换的速度），所以器件沟道层必须足够薄。试验表明，最佳沟道厚度一般在25~100 nm的范围内。

在上述沉积过程中，聚苯胺溶液在空气-水界面进行扩散。铺展后，用屏障压缩单分子层，直至达到目标表面压力（10 mN/m^2）。压缩之后，根据样品大小，用一个定制的格板分割单分子层，在每个窗口中水平接触样品，并依次转移到样品上。

然而，这种方法有几个缺点，例如沉积过程缓慢、需要特殊的仪器，而且可能最重要的是，沟道只能在具有特殊物理化学特性的平面支撑物上形成。

还有另一种称为聚电解质自组装或“层接层”（Layer-By-Layer，LbL）沉积的方法，也可以用于制备纳米分辨率的薄膜[252]。该方法从溶液中连续沉积聚阴离子和聚阳离子分子层。这种方法非常简单，无须使用特殊设备。它的优点在于，在无须考虑形状和物理化学性质的前提下，能够在任何类型的支撑物上形成具有分子厚度的功能层。使用这种方法构造导电沟道时，需要使用不溶于水的聚苯胺水溶液。为了制备此类溶液，我们使用了M. Rubner提出的方法[253]。首先，沉积聚乙烯亚胺作为第一层，因为这种化合物提供了很强的附着力；随后，按照文献［253］提出的方法——基于聚苯胺溶液和聚苯乙烯磺酸盐（Polystyrene Sulfonate，PSS）制备沟道层。重复该过程，直至达到所需的沟道厚度。该器件的制备方案及其与测量电路的连接方式与上文描述的情况类似。采用该方法制备所得器件的典型尺寸如下：沟道长度为7 mm，沟道宽度为3 mm，沟道厚度在2~30 nm范围内变化。器件中固体电解质层和参比电极的连接方式采用与前文类似的方式。

在探讨器件特性之前，我们讨论了 PANI-PSS 层的电导特性[254]。包含 14 个 PANI-PSS 双层的薄膜在盐酸掺杂前后的伏安特性如图 2.42 所示。图 2.42 中所示的两种伏安特性都具有线性特征。与基于 Langmuir-Schaeffer 法制备的沟道层相反，即使在没有掺杂的情况下，器件沟道也具备高电导特性。这主要源于 PSS 分子的酸性性质，在与聚苯胺分子接触后，PSS 发挥了掺杂剂的作用。因此，导电层在成膜阶段就已经形成。在此基础上，作用于聚苯胺层的掺杂导致电导率进一步增加。图 2.42 中所示的样品未掺杂状态下电导率为 0.36 S/cm，而掺杂后的电导率为 0.83 $S \cdot cm^{-1}$。PANI-PSS 薄膜电导率与沉积双层数量的关系如图 2.43 所示。

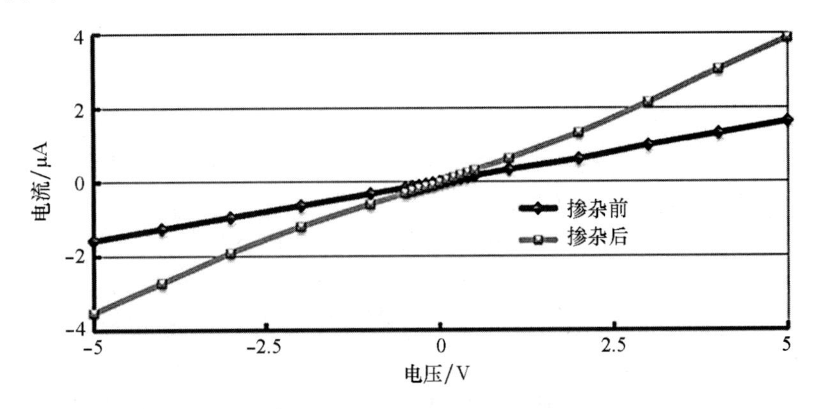

图 2.42 使用盐酸掺杂前后 LbL 薄膜（包含 14 个 PANI-PSS 双层）的伏安特性
（经 Erokhina 等[254]许可转载，版权© （2015） 归 Springer Nature 所有）

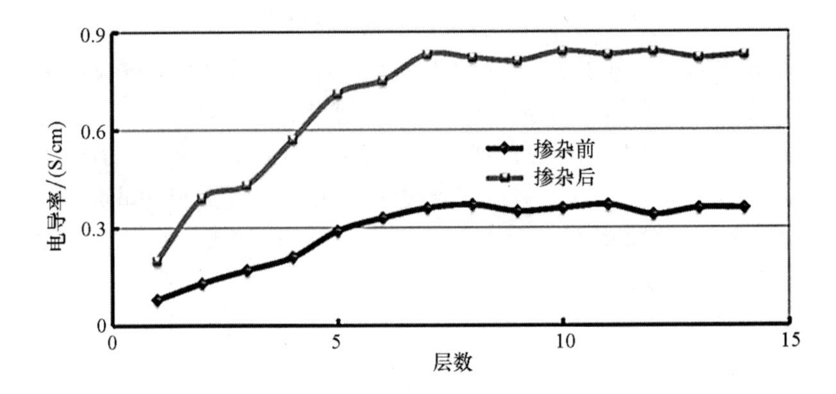

图 2.43 掺杂前后 PANI-PSS 双分子层数量与薄膜电导率的关系
（经 Erokhina 等[254]许可转载，版权© （2015） 归 Springer Nature 所有）

与使用 Langmuir-Schaeffer 沉积的情况类似，当沟道层厚度达到某个临界值时，电导率值会达到饱和状态。由于与支撑材料的相互作用，在达到临界厚度之前，沟道层的不均性导致了上述电导率与厚度之间的关系。当沟道层达到临界厚度时，支撑表面的物理化学性质变得均匀，因此具有相同电学性质的功能层得以重复沉积。

在了解了 PANI-PSS 层性质的基础上，我们研究了基于 PANI-PSS 沟道层的有机忆阻器的特性。这种器件的循环伏安特性如图 2.44 所示。

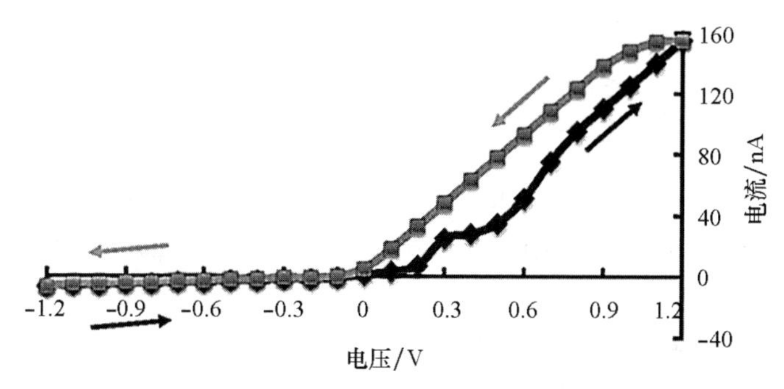

注：箭头方向表示施加电压的变化方向。

图 2.44　由 LbL 法制备沟道的有机忆阻器的循环伏安特性

（经 Erokhina 等[254]许可转载，版权©（2015）归 Springer Nature 所有）

图 2.44 中所示的特性具备有机忆阻器的两个重要特征：整流和迟滞。然而，我们也可以看到一个显著差异：切换到开启状态时的器件电压值较低，约为 0.4 V。这很可能与充当掺杂剂的 PSS 层的存在有关。这种情况下，器件的开/关比约为 20。

表 2.1 比较了分别通过 Langmuir-Schaeffer 法和 LbL 法制备沟道层的有机忆阻器件的电学特性。

表 2.1　由 Langmuir-Schaeffer 法和 LbL 法制备沟道的有机忆阻器的特性

方法	开/关比	最大电导率/（$S \cdot cm^{-1}$）
Langmuir-Schaeffer	100 000	10 ~ 30
LbL	100	0.9 ~ 1.2

从表 2.1 中列出的数据可以看出，由 LbL 方法形成沟道的有机忆阻器的特性比 Langmuir-Schaeffer 方法的特性更有价值。尽管如此，这样的特性还是满

足器件工作的要求。此外，还有一些其他的参数可以作为参考，证明此方法是实现有机忆阻器的得力方法。表 2.2 给出了其中一些参数的对比结果，数据表明，从制备过程技术参数来看，LbL 法是优选的方法。

表 2.2　Langmuir-Schaeffer 法和 LbL 法的技术参数

方法	对基底的理化性质和形态特性是否限制	掺杂是否必要	时间消耗	是否需要特殊设备	是否可以平行沉积	技术兼容性
Langmuir-Schaeffer	是	是	高	是	否	低
LbL	否	否	低	否	是	高

此外，基于 LbL 法制备的电子器件在与活体细胞耦合作用方面也更具有优势，因为它允许研究细胞中的生理过程，并在生长细胞网络的理想区域执行有针对性的外部刺激应用。神经细胞在功能电路上的生长是一项重要的任务。在这一方面，P. Fromherz 研究小组基于 LbL 工艺，开发了多种神经细胞电子器件，其中一种为神经细胞场效应晶体管阵列[252-259]。随着忆阻器领域日益活跃，在忆阻器阵列上生长神经细胞也成为业内的研究热点[260]。然而，实现基于忆阻器（特别是有机忆阻器）这一应用需要满足两个基本条件：第一，与细胞接触的界面具有生物相容性；第二，器件必须在与生理 pH 值相容的液体介质中工作。显然，基于 Langmuir-Schaeffer 法形成沟道的器件不符合上述要求：聚苯胺并非生物相容性材料，将其浸入中性溶液中会导致材料去掺杂。基于 LbL 法制备的器件的活性沟道则是由两种不同聚合物层交替形成，其中一种聚合物层可以作为与生物体相容的功能层。沟道的特殊沉积将提供这种端层与细胞接触的情况。如果该聚合物具有酸性基团，还能发挥额外的掺杂作用，从而加大去掺杂过程的难度。

在一项研究中，我们选用了 PSS、果胶（Pectin，P）和海藻酸钠（Sodium Alginate，SA）三种分子层与聚苯胺层进行交替形成沟道层，这些聚合物层分别沉积在水溶液和含有 0.5 mol/L 氯化钠的溶液中。将这些聚合物层置于盐酸溶液进行掺杂。表 2.3 比较了这些聚合物层的电导率。

表2.3　基于不同聚合物的LbL薄膜的电导率

单位：S·cm⁻¹

聚合物	电导率(沉积在水溶液)		电导率(沉积在NaCl溶液)	
	掺杂前	掺杂后	掺杂前	掺杂后
PSS	0.32	1.58	0.38	1.41
P	0.08	1.88	1.32	1.58
SA	0.15	2.43	0.18	1.01

由表2.3可知，掺杂前，无论是水溶液沉积还是NaCl溶液沉积，含有PSS和SA薄膜的电导率的值接近。掺杂后，这些薄膜的电导率增大。与此不同的是，含有P分子的薄膜掺杂前后的电导率变化与初始溶液基质高度相关。当在水溶液沉积时，掺杂会使电导率增加二十多倍；而在NaCl溶液沉积时，掺杂前后的电导率值接近。与PSS和SA分子相比，P分子的酸性基团较少，导致其在盐酸掺杂后电导率显著提升。而对于在NaCl溶液沉积的情况，Cl^-能够对薄膜进行自掺杂，从而使得盐酸的掺杂效果微乎其微。

综上所述，为了与活细胞接触，活性沟道在生理溶液中的电导率应维持不变。图2.45显示了基于PANI-PSS的LbL膜的电阻与溶液pH值的关系。如图2.45所示，在pH值为4.0～8.0的范围内（对应细胞生长的生理溶液），电阻无显著变化。

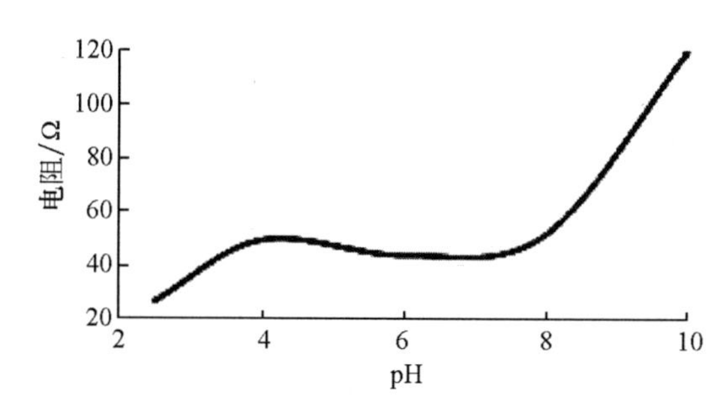

图2.45　基于$(PANI\text{-}PSS)_{30}$的LbL膜的电阻与溶液pH值的关系

综上所述，本节说明了LbL法在构筑有机忆阻器及其自适应网络方面的优越性。此外，基于此法制备的薄膜，其电导率与溶液的pH值无关，因此能够兼顾生物细胞的生长。

第 3 章　基于有机忆阻器的振荡器

本章我们将讨论使用有机忆阻器实现产生系统自振荡的可能性。

所有生物体都具有一个重要特征：即使在固定的外部环境下，内部也存在有节律的周期性过程。正如薛定谔所说："生命要避免平衡态。"[14]在实现信息处理系统时，也必须满足节律性过程的存在这一要求。除此之外，这一要求对于传统的计算系统（时钟发生器）和生物体的神经系统（中枢模式发生器——一个负责生成尖峰的系统）同样有效。我们可以通过静水椎实螺的神经系统说明这一点：该系统的某一部分会在单次刺激后生成相当长的尖峰序列。

因此，如果想在神经形态网络中有效使用有机忆阻器，就必须找到一种能在尽量不改动忆阻器结构的情况下实现系统在自振荡模式下工作的方法。

当然，自振荡发生器可以很容易地使用三端晶体管类元件制造。然而，为了能实现模仿突触特性，有机忆阻器必须作为两端元件与外电路连接。因此，实现系统在自振荡模式下工作的唯一可能方法是修改有机忆阻器结构，使得参比电极处的电位值不再固定，而是会在器件运行过程中发生变化。

在参比电极链中引入能够积累电荷的元件似乎是达到这一要求的最简单方法。因此，常见的做法是将一个外部电容器连接到参比电极链中[261]，如图 3.1所示。

在图 3.1 所示配置中，器件电解质中存在的离子电流会促使所连接的电容器充电或放电，进而改变参比电极处的实际电位值。因此，活性区中聚苯胺沟道电导的变化将取决于其相对于参比电极可变电位的实际电位差。式（3.1）给出了聚苯胺沟道区电位值 V 的范围：

$$\begin{cases} V < 0.1\ \mathrm{V} \\ 0.1\ \mathrm{V} \leqslant V \leqslant 0.3\ \mathrm{V} \\ V > 0.3\ \mathrm{V} \end{cases} \tag{3.1}$$

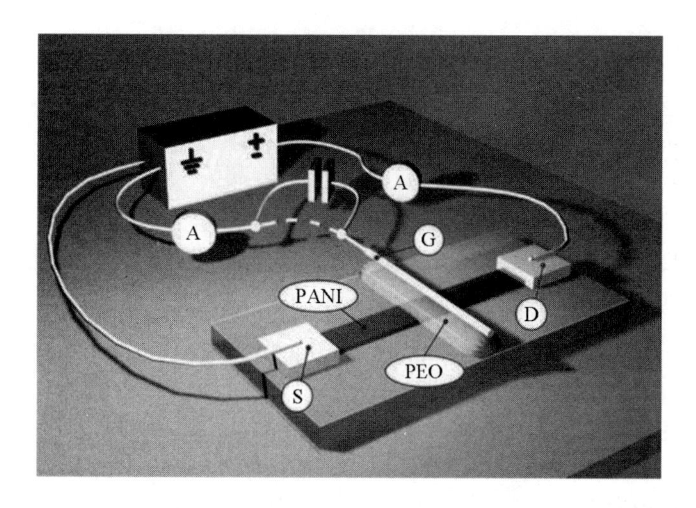

图 3.1　在自振荡模式下工作的有机忆阻器示意图及其与外电路的连接
（经 Erokhin 等[261]许可转载，版权© （2007）归 IOP 出版社所有）

如式（3.1）所示，相对参比电极电位，活性区中聚苯胺的电位有 3 个范围：当电位小于 0.1 V 时，活性区中的聚苯胺可转为绝缘态；当电位大于 0.3 V 时，活性区中的聚苯胺可转为导电态；当电位在 0.1～0.3 V 范围内时，活性区中的聚苯胺导电状态不变。

图 3.2（a）和图 3.2（b）分别显示了在固定偏置电压下，带有外加电容的忆阻器的漏极和参比电极电路中电流的试验测量值与时间的关系。图 3.2（c）对比了图（a）和图（b）中所示的关系。

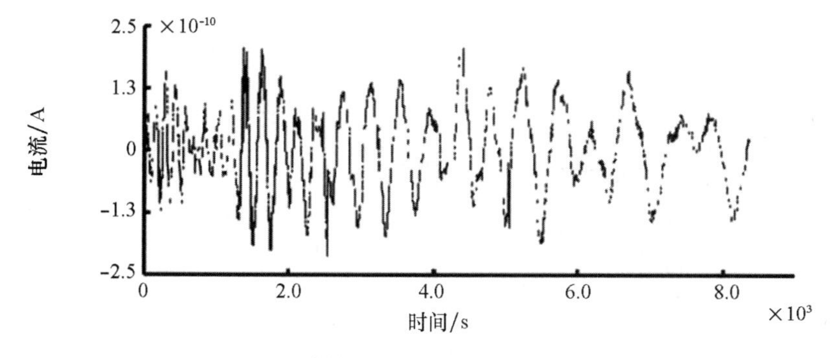

（a）漏极的电流随时间的变化

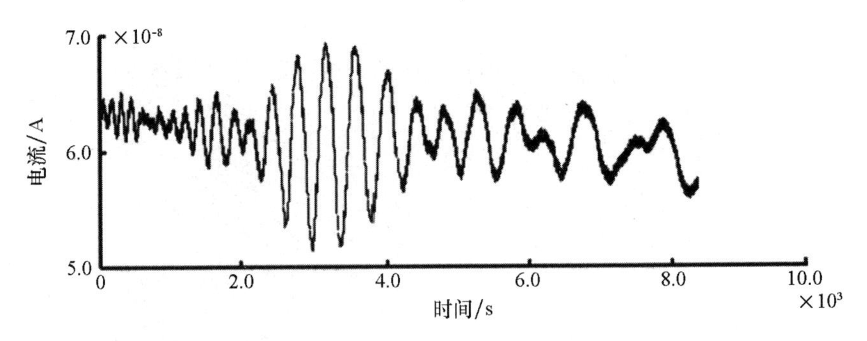

(b) 参比电极的电流随时间的变化

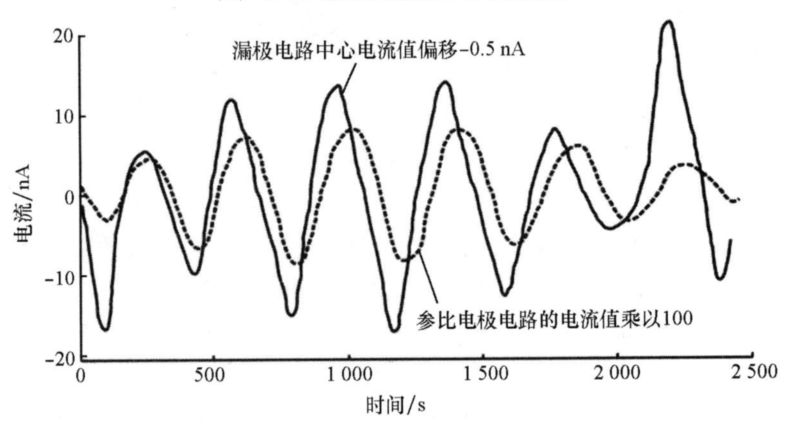

(c) 两种特征的电流随时间变化的比较

注：将参比电极电路的电流值乘以 100，漏极电路中的电流值偏移 -0.5 nA（外部电容为 1.0 μF，外加电压为 1.0 V）。

图 3.2 有机忆阻器漏极和参比电极电流随时间的变化

（经 Erokhin 等[261]许可转载，版权© (2007) 归 IOP 出版社所有）

从图 3.2 中可以观察到，两个电路中的电流均会产生自振荡，且它们之间存在相移。通过对数据进行分析可以得出以下结论：漏极电路中的振荡与参比电极电路中的时间振荡积分直接相关。这一结论与 2.4 和 2.5 节中讨论的对工作机制的定性解释一致。

对振荡行为进行定性解释时，至少需要考虑两个过程，且这些过程必须在系统内同步发生：第一个过程与活性区中聚苯胺沟道和固体电解质之间的离子运动（由活性区和参比电极之间的实际电位差引起）有关，参比电极电路中的电容器可以积累电荷，从而导致参比电极处实际电位发生变化；第二个过程与活性区中聚苯胺层沿沟道长的电阻分布（基于沟道的特定区段相对于参比电极的实际电位差）随时间的变化有关。

因此，接下来我们将对所观察到的行为进行定性解释[261]。我们以对导电态器件施加负电压为例（这一情况与对绝缘态器件施加正电压的情况类似）。图3.3显示了导致自振荡产生的过程。在施加漏极电压之前（图3.3（a）），活性区中的聚苯胺处于绝缘态，施加的漏极电压沿沟道长呈线性分布。因此，靠近漏极的区域的电位比氧化电位高。聚苯胺氧化过程首先从这些区域开始，过程中伴随着正离子（Li^+和质子）从沟道向电解质的运动，从而导致电容器充电。当靠近漏极区域的聚苯胺发生氧化（导电性更强）时，施加电压的曲线会发生变化，使得中心区域也达到氧化电位（图3.3（b））。此时，它们开始转为导电态，这个过程中仍伴随着正离子的运动。需要注意的是，栅极下方区域聚苯胺中的正离子运动速度更快，这是由于该区域栅极与聚苯胺沟道部分之间的距离比外围区域小了几个数量级，且电场值是电压除以距离所得。这一点的试验证据参见本书4.4节。离子运动进一步增加了电容器上积累的电荷，因此栅极电压也有所增加。在某个时刻（图3.3（c）），电容器上积累的电荷会导致栅极电位显著增加，因而活性沟道中的一些聚苯胺区域处于还原电位（施加的漏极电压减去栅极电位而导致的区域的实际电位）。此时，聚苯胺开始转为绝缘态，同时正离子从电解质向聚苯胺层移动，使得电容器放电和栅极电位降低。这些过程导致聚苯胺沟道的绝缘区域从源极持续向漏极位移（图3.3（d））。最后，整个沟道实际上都将转为绝缘态（图3.3（e））。此时，电容器放电，这一情况与图3.3（a）中所示情况非常相似。

综上所述，可以通过三个同时进行的过程对自振荡产生机制进行定性描述。一方面，电位曲线沿活性区中聚苯胺的长重新分布（最高电位差将集中在导电性较低的区段）；一方面，外部电容器将根据参比电极与聚苯胺沟道活性区之间的实际电压进行充放电；另一方面，活性区电阻的重新分布会导致部分区域的电位低于还原电位，同时电容器会发生放电，并伴有正离子回流。这种离子流将改变电阻分布，进而改变电位分布。

从图3.2中可以清楚地看出，参比电极电路中的电流振荡发生在零值附近。因此，每一时刻的离子流都有一个优先方向。鉴于这个原因，器件总电导率的增加或降低取决于聚苯胺-聚环氧乙烷结中离子运动的方向。参比电极电路中电流的积分为零。总电流和离子电流的振荡之所以产生相移，是因为器件电阻取决于转移的离子电荷（离子电流的时间积分）。对于器件的总电流，其平均值不等于零，因为在此情况下，有载流子从源极向漏极定向移动，而不是

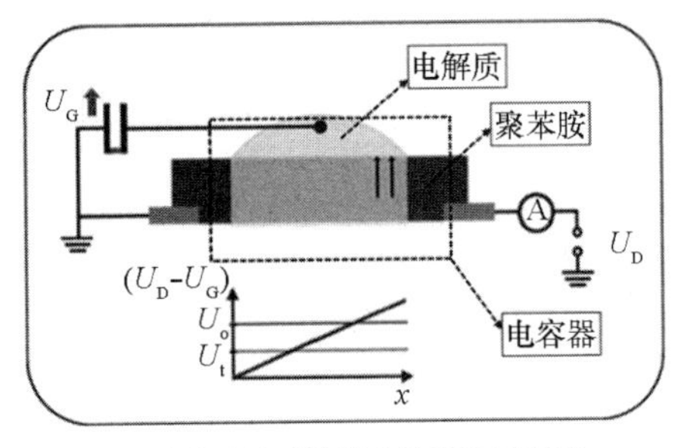

(a) 聚苯胺处于绝缘态的器件示意图

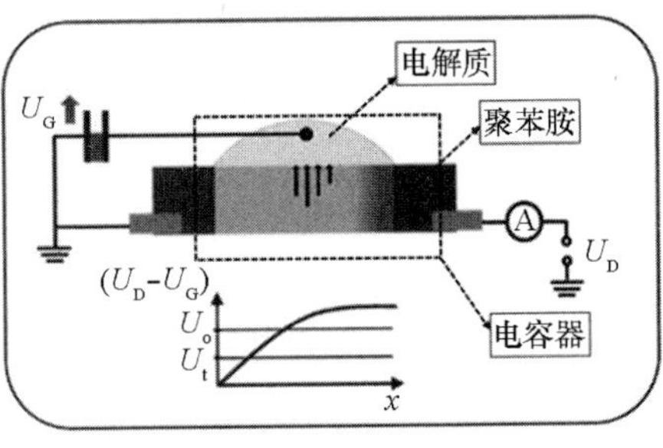

(b) 聚苯胺开始转变为导电态的器件示意图

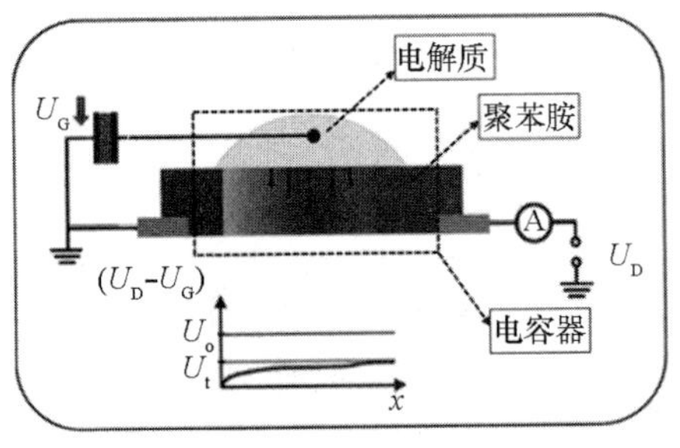

(c) 聚苯胺开始转变为绝缘态的器件示意图

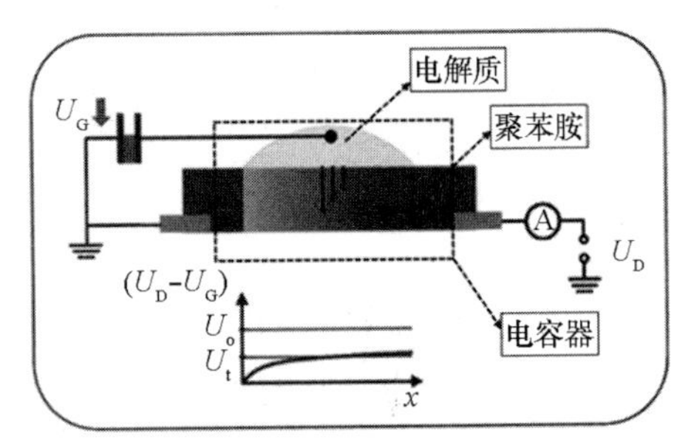

(d) 聚苯胺的绝缘区域从源极持续向漏极转移的器件示意图

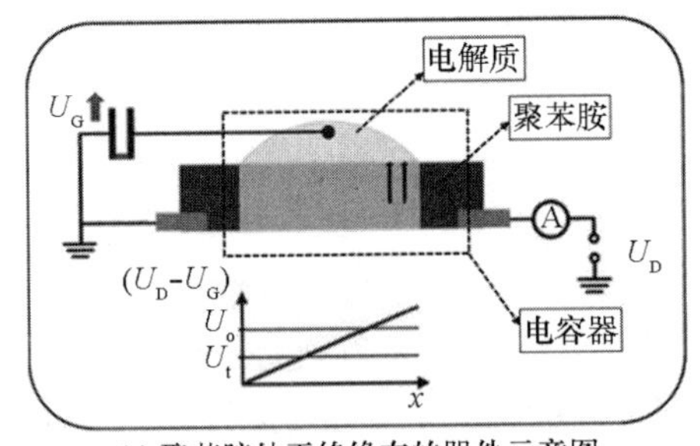

(e) 聚苯胺处于绝缘态的器件示意图

注：活性区中聚苯胺的颜色代表导电状态（颜色越深，导电性越高）。灰色区域代表固体电解质。左上角深色区域的面积代表积累的电荷。箭头表示栅极电压（由电容器充电或放电产生）增加或减少。聚苯胺活性区中的箭头表示正离子（Li^+和质子）的运动，箭头长度对应离子运动的强度（数量和速度）。底部坐标图显示了电位分布（施加的漏极电压减去电容器充电产生的栅极电压）。U_o表示开态电压，U_f表示关态电压。

图 3.3　自振荡产生的过程示意图

离子在活性区和参比电极之间周期性运动。

这些过程的定性解释与著名的 Belousov-Zhabotinsky 反应[262]类似，其在描述生物体内发生的过程时尤为重要[263]。为了实现这类循环反应，必须至少同时进行三个过程：氧化、还原（反应中至少有一个必须是自催化，即在反应过程中产生催化剂）和催化剂抑制过程。我们的研究中也包括氧化和还原反应，而参比电极上电位的变化和沿活性区的电位分布分别发挥催化剂和抑制剂的作用。

此外，大多数关于 Belousov-Zhabotinsky 反应的已发表的文献都报道了反应介质颜色和/或黏弹性的周期性变化。然而，我们在研究中还发现了类似生物体某些特性的电特性变化，这对器件的应用非常重要。

上述器件需要使用外部电子元件——电容器。但是，对有机忆阻器的进一步研究揭示了可以不再使用外部元件。为此，需要用能够存储离子的材料代替银线作为参比电极。出于这个原因，我们选择了高定向热解石墨，因为它可广泛用作可充电电池中的电极[264]。随着离子在石墨晶格平面之间渗透，电荷不断积累。

修改后的器件架构与第 2 章中描述的有机忆阻器非常相似。唯一的区别是：参比电极由新裁的高定向热解石墨制成。图 3.4 展示了施加不同恒定电压后总电流随时间的变化。

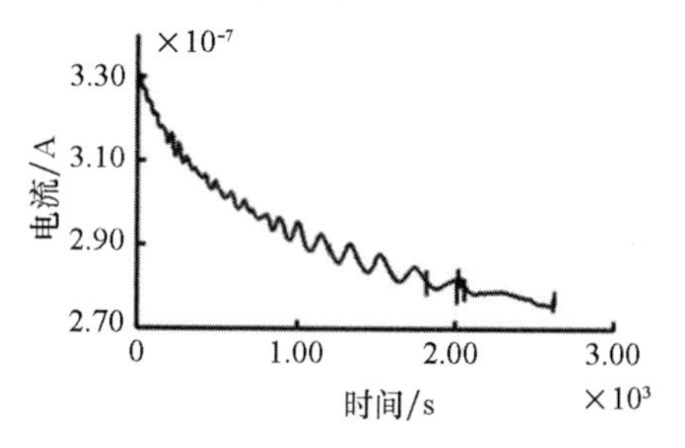

（a）施加 5.0 V 的恒定电压期间

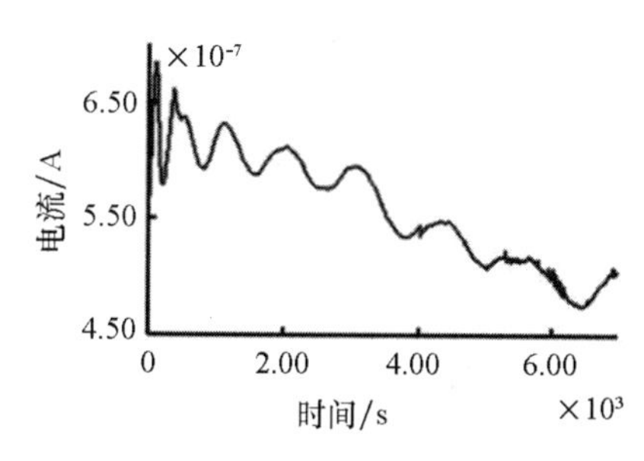

（b）施加 −5.0 V 的恒定电压期间

图 3.4　在施加 5.0 V 和 −5.0 V 的恒定电压期间有机忆阻器总电流随时间的变化

（经 Erokhin 等[261]许可转载，版权© （2007）归 IOP 出版社所有）

综上所述，本章描述了能够在固定施加电压下产生电流自振荡的器件架构和特性，并基于活性区中聚苯胺沟道电阻的周期性变化（由沟道电位分布的连续变化和参比电极电路中的电容器循环充/放电引起）对这种行为进行了定性解释。这些结果为模型开发奠定了基础，并揭示了器件的工作原理。下一章将对这些模型展开描述。

第4章　模　型

基于前几章节提供的试验数据，我们需要建立理论模型来描述所有观察到的现象，不仅需要解释从导电态转为绝缘态与从绝缘态转为导电态的显著动力学差异，还要解释自振荡的产生。

在本章中，我们将考虑唯象模型、有机忆阻器功能的简化模型和电化学模型这三种模型的构建方法。首先，我们针对在不同电位下进行氧化还原反应时活性区中沿聚苯胺沟道长的电位分布变化过程建立了第一个模型（唯象模型）。该模型很好地描述了基于有机忆阻器获得的大部分结果。然而，由于参数数量较大，即使计算单个器件中发生的过程也相当耗时，所以该模型难以计算包含大量器件的电路的参数。因此，我们开发了第二种简化模型，不再考虑器件活性区不同区段的微观过程，而是仅考虑输出电流值，具体取决于器件的历史运行情况。本章可以帮助读者更好地理解后续章节中讨论的网络工作。最后一个模型不做任何假设，仅基于基本物理定律。

4.1　唯象模型

本节讨论的模型基于几个假设。第一个假设：在聚苯胺沟道与固体电解质交界处活性区发生的所有过程（造成电阻变化的原因）都是由氧化还原反应引起的。不与聚环氧乙烷直接接触的两个聚苯胺区可被视为固定电阻器。可变电阻器对应活性区中的聚苯胺和聚环氧乙烷区域。

模型中的元件如图 4.1 所示。

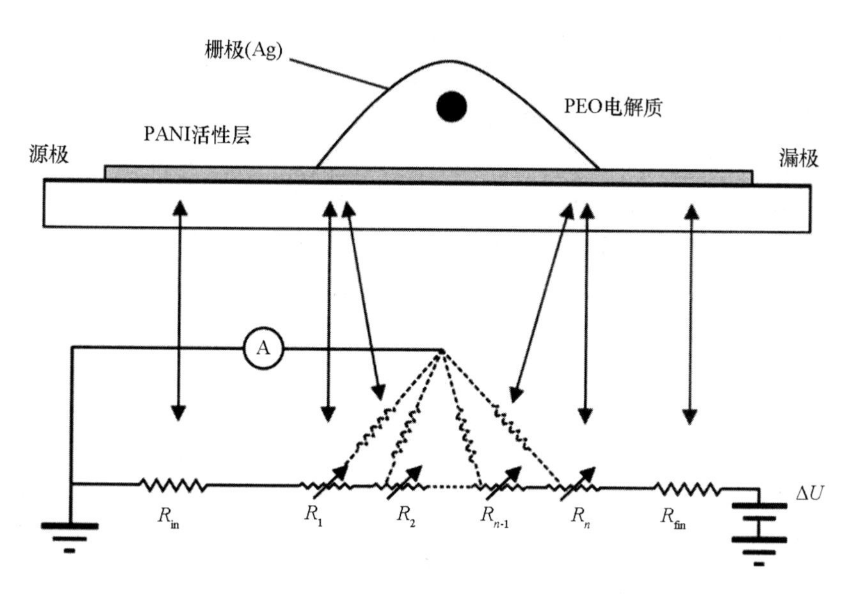

图 4.1　有机忆阻器及其等效电子电路示意图

（经 Smerieri 等[265]许可转载，版权©归 AIP 出版社所有）

第二个假设：在整个聚苯胺活性区中，从源极到漏极的轴线上具有相同线性坐标的区域电位均相同。因此，唯一的空间变量是从源极到所考虑区段的距离。

在该模型的框架中，将器件的整个活性区分成多个窄条，并假设每个条带内的所有点的电位均相同[265]。因此，我们假设条带内不存在电位差，且所有条带中发生的过程具有同步性和均匀性。每个条带都有自己的电阻，我们将此电阻称为漏极电阻，以区别于稍后将要提及的参比电极电路电阻。该电阻值可以根据相应条带具有的电位（相对于参比电极电位）高于氧化电位或低于还原电位的时间间隔而变化。假设器件从导电态转为绝缘态这一过程在整个活性区长度上是同时进行的，因此将试验数据与这一过程的指数函数进行拟合，可以得到电阻变化的时间依赖性。原则上，这一假设并不正确，我们将会在构建第三个模型时加以考虑。然而，该模型却能很好地解释所获得的结果。

每个条带都通过电阻器（与固体电解质的交界处）连接到参比电极。这些电阻器的分量分为恒定分量和可变分量。电阻器的恒定分量值取决于相对应参比电极的长度（其值在中心部分最小，在活性区末端最大，这是由于与中心条带相比，边缘聚苯胺条带内聚环氧乙烷的相对厚度有所增加）。电阻器的可变分量与电解质离子含量的变化（由氧化还原反应引起，可以增加或减少固体电解质中可移动离子的浓度）有关。

器件总电流随时间的变化与每个条带中的氧化还原反应有关，该反应需每个条带的电位（相对于参比电极）高于氧化电位或低于还原电位。如第 2 章所述，这些过程伴随着离子在聚苯胺层和聚环氧乙烷层之间运动。如前所述，我们使用器件从导电态转为绝缘态这一过程的试验数据进行模型开发，因为该过程在活性区整体上可被看作是均匀运动的。由于我们的其中一个假设是每个条带内的反应动力学具有均匀性，因此我们使用该动力学（负偏压，从导电态转为绝缘态）进行还原和氧化过程的建模。

接下来我们将探讨当器件在初始时刻处于导电态时（器件在初始时刻处于绝缘态时，结果相似），外置电压增加或减少会使活性区中的条带电阻发生什么变化。如果某一条带和参比电极之间的电压达到还原电位阈值（0.1 V），并且施加到器件的电压继续降低时，该条带的电阻开始增加。同理，如果某一条带和参比电极之间的电压达到氧化电位阈值（0.3 V），并且施加的电压继续增加，则该条带的电阻开始降低。在模型中，每个条带上都配备了一个计时器，从其电位高于氧化电位或低于还原电位的那一刻开始跟踪每个条带导电状态的变化。当条带电位达到其中一个阈值时进行计时器的重置（每次循环的时间“0”都表示达到氧化电位（和电位增加）或还原电位（和电位下降）），说明电阻开始发生改变。

在模型开发过程中，活性区中每个条带的时间常数和电阻值彼此独立。参比电极电路中的电阻（活性区内聚苯胺沟道条带与参比电极之间的电阻）与固体电解质中的离子电流有关。参比电极电路中的电阻值也必须可变。事实上，氧化还原反应的发生表明了聚苯胺层和聚环氧乙烷层交界处的离子运动，正如第 2 章所述。因此，当固体电解质中迁移率较高的离子（Li^+和质子）的浓度增加或减少时，电解质的电导率将发生变化。在该模型的框架中，假设参比电极电路中电流值的变化与活性区中聚苯胺的电导率成正比。该假设基于 X 射线荧光测量的试验结果（参见第 2 章），可用于确定电阻切换机制。对于固体电解质（如果是凝胶电解质，则由 Li^+ 代替），聚苯胺忆阻器可以改写为以下形式：

$$PANI^+ : Cl^- + Li^+ + e^- \rightleftharpoons PANI + LiCl \tag{4.1}$$

该模型的开发和应用是为了解释两个试验结果。

在第一种情况下，向漏电极施加恒定电压，参比电极电路中配备或未配备电容器。建模期间采用离散时间间隔（通常为 1 s）计算器件参数。建模过程包含5 000～40 000个离散时间间隔。

当施加正电压时，我们假设在初始时刻活性区中的所有聚苯胺条带都处于绝缘态。当施加负电压时，我们假设在初始时刻活性区中的所有条带都处于导电态。

建模过程中使用了两个子程序，分别为包络程序（Envelop Program）和活动程序（Active Program）。这两个程序是由Anteo Smerieri博士在其博士论文中编写的。

包络程序会读出和存储各条带的电阻值，计算和存储沿活性区长度的电位分布曲线，并计算和记录参比电极电路总电流和电流的线性分量的值。完成所有这些操作后，活动程序启动。活动程序会检查一些条带是否达到了阈值条件（达到氧化或还原电位）；如果达到阈值，该程序将计时器的时间值设为“0”，将条带的初始电阻值传递给新条件，并计算参比电极电路电流的非线性分量。之后，包络程序存储参比电极电路中的电流值。这些操作不断循环，直到达到预定的计算循环次数。结束后，我们绘制了总电流和参比电极电路电流与时间的关系。对于结构中包含电容器的情况，我们还绘制了电容器电荷与时间的关系。

我们基于试验数据或先前文献来设定模型构建过程中使用的物理值。R_{max}和R_{min}与活性区中聚苯胺沟道的总电阻有关。当所有条带处于高导电态时，总电阻为500 kΩ；而当所有条带处于高绝缘态时，则总电阻为1 000 MΩ。源极和活性区之间聚苯胺沟道的电阻值为200 kΩ，活性区和漏极之间聚苯胺沟道的电阻值为100 kΩ。我们假设参比电极电路中电阻的恒定分量为50 MΩ，参比电极电路中电流的非线性分量的比例系数为-6×10^{-13} A·s/Ω；还假设还原电位和氧化电位分别为0.1 V和0.3 V。通过分析试验结果，我们得到了电阻值呈指数变化所对应的时间常数，其值为10^4 s。

用于模型构建的其他参数，如条带数、施加电压和电容器电容，与我们器件的物理特性没有直接关系。施加电压的变化范围为－2.0～20.0 V，容量变化范围为0.1～100.0 μF。活动区中的条带数为100，这是确保良好空间分辨率和可接受计算时间的最佳折中值。

所有模型选用的时间步长为1 s，但容量值小于1.0 μF的情况除外。在这些情况下，时间步长有所减少。

该模型应用的第一步是解释在施加正电压值和负电压值期间电阻切换动力学的差异（试验结果参见第2章）。为此，对施加电压的固定值进行建模。

图4.2显示了施加电压为0.6 V时，总电流变化的试验和理论关系。

对于施加负电压的情况，试验数据和理论数据的比较是没有意义的，它们完全一致，因为我们在模型开发过程中使用的时间常数是从施加负电压的试验中获取的，试验中假设在活性区内整个沟道长上所有条带的还原过程均同时发生。因此，我们的任务是建立正电压的动力学模型，并解释其与负电压动力学模型的差异。

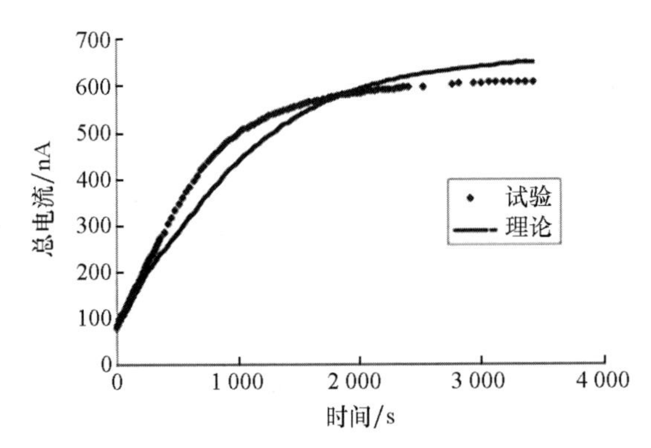

图 4.2　向有机忆阻器施加 0.6 V 时总电流随时间的变化
（经 Smerieri 等[265]许可转载，版权©归 AIP 出版社所有）

从图 4.2 中可以看出，我们构建的模型很好地预测了试验数据。该模型预测，当施加电压为 -0.1 V 时，总电流相对于初始值在 100 s 内下降了 50%，在500 s 内下降了 90%；当施加电压为 0.6 V 时，总电流在 1 700 s 内达到最大值的 50%，在 2 700 s 内达到最大值的 90%。这与第 2 章中给出的试验结果十分吻合。

模型应用的下一步是解释器件在产生自振荡模式下的运行情况（与参比电极电路中是否包含能积累电荷的元件相关）。如上所述，这一步可以通过连接外部电容器或使用石墨作为参比电极材料来实现。对于该模型，重要的不是选用哪种方法（两者均可），而是该电路中的有效容量值的大小。

我们观察到总电流和离子电流均发生了自振荡，且存在相移，如图 4.3 所示。

当施加 5.0 V 电压时，包含 5 μF 电容的有机忆阻器总电流随时间变化的建模结果如图 4.4 所示。

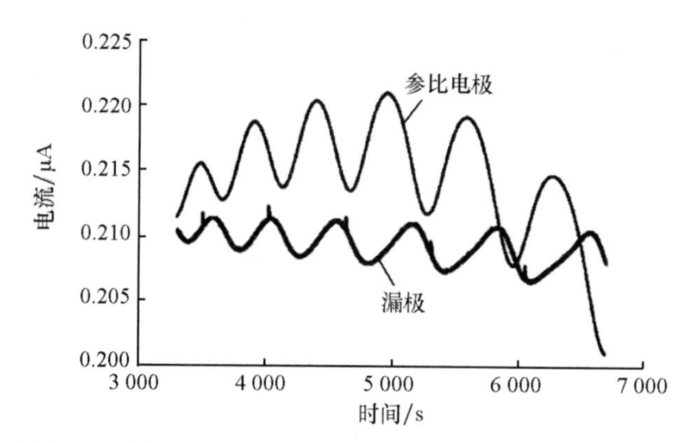

注：为方便起见，将参比电极电路中的电流值乘以 10 并偏移 0.21 μA。

图 4.3 漏极和参比电极电路中电流随时间的变化
（经 Smerieri 等[265] 许可转载，版权©归 AIP 出版社所有）

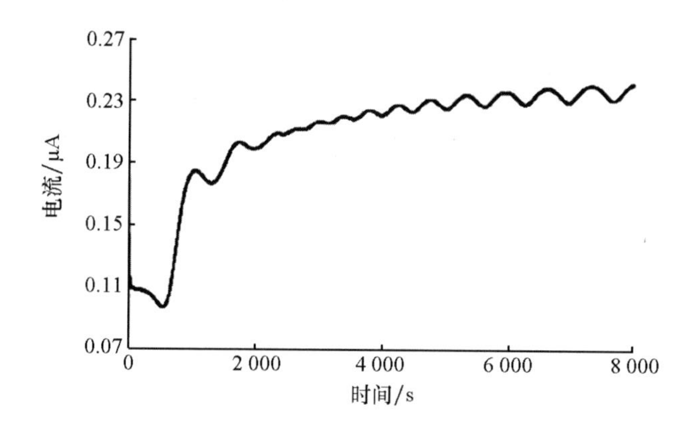

图 4.4 有机忆阻器总电流随时间变化的建模结果
（经 Smerieri 等[265] 许可转载，版权©归 AIP 出版社所有）

从图 4.4 可以清楚看出，该模型可以定性解释自振荡模式下有机忆阻器的特性。试验结果和理论结果并不完全一致，但该模型很好地描述了试验中观察到的几个器件特性：首先，总电流的振荡比参比电极电路中的电流振荡约晚半个周期达到最大值；其次，振荡周期并不恒定；最后，振荡幅度也不是恒定的。

通过研究不同变量参数对有机忆阻器在振荡模式下工作特性的影响，我们对该模型的有效性进行了进一步验证。模型中使用的每个参数都是变化的，其变化范围通常约为 2 个数量级。控制其中一个参数变化，其他所有参数在计算过程中都设为固定值。经过计算，我们分析了可变参数对振荡特性（如振荡幅度和周期）和总电流最终值的影响。据观察，不同参数对器件产生自振荡能力的影响存在显著差异。这一事实与试验结果吻合：当对包含特定电容器的样品施加特定电压时，仅在个别样品上能观察到振荡。

计算结果与试验结果的唯一显著差异是总电流值会随时间不断增加。这一差异归因于模型中缺少沟道电导率的退化参数。为了解决这个问题，我们在模型中引入了一个新参数，使沟道电阻随时间逐渐增大。我们在优化器件结构和组成之前从试验数据中获得了电阻随时间的变化规律[47,192]。模型的其他参数固定不变。图 4.5 显示了该改进模型的漏极和参比电极电流随时间的变化。

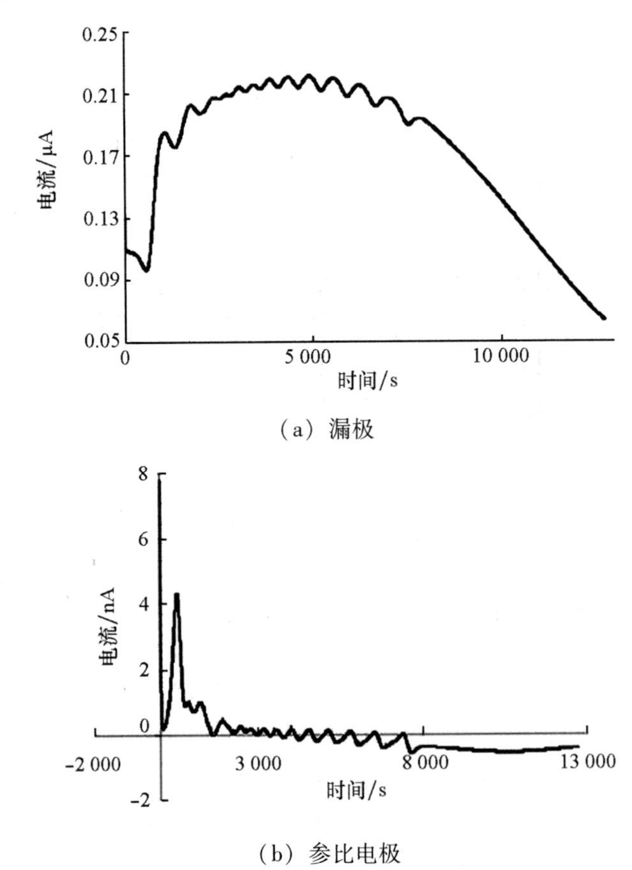

（a）漏极

（b）参比电极

注：本次计算将有机忆阻器活性区的电性能退化考虑在内。

图 4.5　使用改进模型计算得出的漏极和参比电极电路电流随时间的变化

（经 Smerieri 等[265]许可转载，版权©归 AIP 出版社所有）

综上所述，我们可以得出结论：该模型很好地描述了有机忆阻器的特性。建立该模型是为了解释两个试验效应：施加正/负电压下电阻切换的动力学差异，以及当参比电极电路包含能够积累电荷的元件时，器件在自振荡模式下的运行情况。该模型基于聚苯胺沟道的电阻的变化现象，考虑了活性区（由导电聚合物和固体电解质接触形成）中的所有电流，以及施加电压在沟道长上分布的变化，这些取决于在活性区中特定段聚苯胺沟道暴露于特定电位（高于氧化电位或低于还原电位）的持续时间。

这一模型描述了在施加正电位和负电位期间电阻切换的动力学差异，定量结果与试验数据相吻合。当器件在自振荡模式下工作时，定性结果与试验数据也能较好吻合。

4.2 有机忆阻器功能的简化模型

我们在上一节中建立的模型很好地描述了有机忆阻器的特性。除了数值解释，该模型还对这些器件（在正/负偏置电压下测得的器件特性不同）运行的初始阶段进行了直观假设。然而，该模型相当复杂，即使在单个电路的情况下也需要大量的计算时间。实际上，如果电路由多个此类器件组成，则其计算将无法完成。因此，有必要开发一个简化模型，用以计算由多个器件组成的系统的特征[233]。

根据定义，任何忆阻系统都可以描述为电流 $i(t)$ 和电压 $u(t)$ 与内部参数的关系，其不仅与时间相关，还与电流和电压值相关。因此，可以考虑由电流或电压决定特性的忆阻器，如式（4.2）和式（4.3）所示。

$$i(t)=G(x,u,t)u(t) \tag{4.2}$$

$$\dot{x}=f(x,u,t) \tag{4.3}$$

式中，G 为电导率。

图4.6显示了用于开发有机忆阻器简化模型的等效电路[233]。

图4.6中采用可变电阻器表示活性区中的聚苯胺层，因为它可以根据聚苯胺薄膜的氧化程度（氧化的聚苯胺占总量的百分比）改变其电阻。导电聚合物与固体电解质交界处面积由电容表示，因为两者交界处能够积累电荷。

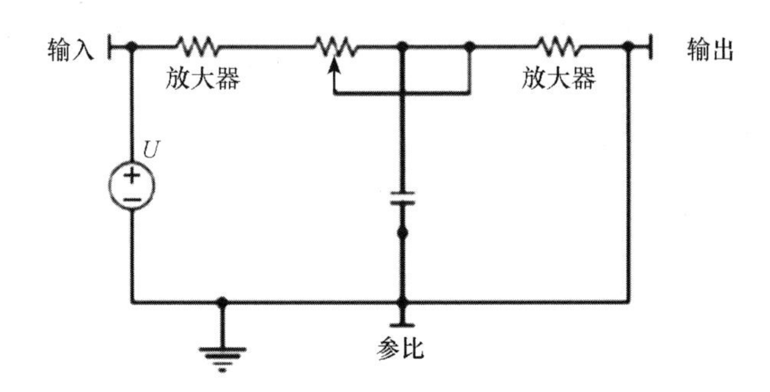

图 4.6　用于开发有机忆阻器简化模型的等效电路

（经 Pincella 等[233] 许可转载，版权© （2011） 归所有 Springer Nature 所有）

由于器件的电阻取决于氧化程度，因而取决于聚苯胺链中的电荷 q，我们可以用式（4.4）来表示器件电阻：

$$R(q)=R_{off}+\frac{q}{q_{max}}R_{ox}+\left(1-\frac{q}{q_{max}}\right)R_{red} \tag{4.4}$$

式中，q_{max}是氧化发生区段总数乘以离子电荷，R_{ox}和R_{red}分别是完全氧化或完全还原状态对应的电阻，R_{off}是活性区外聚苯胺层的残余电阻。在我们的案例中，q 表示在聚苯胺和电解质之间移动的 Li^+ 的数量。因此，该值的导数就是离子电流。图 4.6 中电容器的充放电必须通过等效电阻 R_{eq}（式（4.5））进行：

$$R_{eq}=\frac{R_{in}\cdot R_{out}}{R_{in}+R_{out}} \tag{4.5}$$

R_{eq}包含两个电阻器：R_{in}和R_{out}。因此，等效电压 U_{eq}可由式（4.6）表示：

$$U_{eq}=\frac{R_{out}}{R_{in}+R_{out}}\cdot U \tag{4.6}$$

电容器充电对应的离子电流可以用式（4.7）表示：

$$\dot{q}=\frac{U_{eq}-q/C}{R_{eq}(q)}=\frac{\Delta U(q)}{R_{eq}(q)} \tag{4.7}$$

式中，$\Delta U(q)$是电容器充电时活性区和电容器之间的电压，C 为电容。为了确保显示完整，上述等式必须引入两个因素才能完成，如式（4.8）所示：

$$\dot{q}=\frac{\Delta U(q)}{R_{eq}(q)}\cdot n(q)\cdot P(\Delta U,U_{ox},U_{red}) \tag{4.8}$$

式中，因素一 $n(q)$ 为氧化还原反应可用状态的数量，而因素二 $P(\Delta U,\ U_{ox},\ U_{red})$ 表示如需启动离子电流活性成分，电压必须高于U_{ox}或低于U_{red}。上述两个因素对于器件的非线性行为都必不可少。其中，$n(q)$决定了电导率的饱和度，而P（ΔU，U_{ox}，U_{red}）则考虑了活化电位的必要性。通过器件的电流由式（4.9）表示：

$$i(t)=\frac{U(t)}{R(q)} \tag{4.9}$$

基于式（4.8）和式（4.9），我们得到了一般忆阻器部分所描述的式（4.2）和式（4.3）。在这种情况下，氧化态数量q是系统内部变量参数。

需要注意的是，离子电流的值通常比聚苯胺沟道中的电流低大约2个数量级，而且参比电极连接至源极，因此器件可被视为相对于外电路的两端元件。电流的离子分量可以写成式（4.10）：

$$\dot{q}=\alpha(t)\cdot i(t) \tag{4.10}$$

式中，$\alpha(t)$为累积函数。电阻由式（4.11）表示：

$$R(q)=R\left[\int_{-\infty}^{t}\alpha(\tau)\cdot i(\tau)\mathrm{d}\tau\right] \tag{4.11}$$

首先，我们验证此简化模型的有效性，以解释采用液体或凝胶形式的电解质时器件特性的变化；然后，使用该模型描述包含多个忆阻器系统的特性。

4.3 电化学模型

图4.7为用于开发电化学模型的有机忆阻器示意图[266]（未按比例显示）。

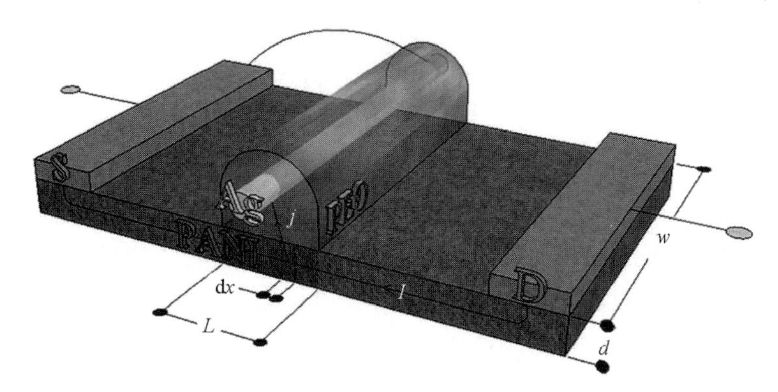

图4.7 用于开发电化学模型的有机忆阻器示意图
（经Demin等[266]许可转载）

器件分别通过源极（S 极）和漏极（D 极）连接至外电路。考虑到器件结构的对称性，两极中可任选一极接地。具体设计为：我们采用源极接地，漏极接外部电压源（$-1.0 \sim 1.2$ V）；长度为 L 的聚苯胺活性层内的电子电导率取决于通过它的离子电流，该参数对应参比电极电路中由活性层的氧化还原反应所决定的离子电流积分；当离子电流通过聚苯胺层和银线间电解液时，聚苯胺可作阳极或阴极，分别通过阳极氧化反应或阴极还原反应来提高或降低沟道活性层的电导率。氧化还原反应可以用式（4.12）表示[266]：

$$\begin{cases} \mathrm{PANI^+:Cl^-}（\text{祖母绿盐}）+\mathrm{Li^+}+\mathrm{e^-} \rightleftharpoons \mathrm{PANI}（\text{氧化态聚苯胺}）+\mathrm{LiCl} \\ \mathrm{Ag}+\mathrm{ClO_4^-} \rightleftharpoons \mathrm{AgClO_4}+\mathrm{e^-} \end{cases} \tag{4.12}$$

假设电阻仅在与固体电解质接触的聚苯胺区域发生改变，相对于同时作为对电极和参比电极的银线电极，聚苯胺的氧化和还原分别在约 0.3 V 和 0.1 V 电压下发生[214]。

从物理的角度来看，氧化和还原过程可以用活化能（或能垒）表示，如式（4.13）所示：

$$\begin{cases} E_{\mathrm{ob}} = eV_{\mathrm{ob}} \\ E_{\mathrm{rb}} = eV_{\mathrm{ob}} \end{cases} \tag{4.13}$$

式中，e 是元电荷，E_{ob} 为氧化过程中的活化能，E_{rb} 为还原过程中的活化能，V_{ob} 为氧化过程中的电位，V_{rb} 为还原过程中的电位。

当电位 V^* 施加到聚苯胺/电解质结时，由于存在外加电荷，聚苯胺氧化态的能量移动了 $-eV^*$。根据论文[266]，反应速率可以用式（4.14）表示：

$$\begin{cases} v_{\mathrm{ox}} = k_{\mathrm{PANI}} \cdot n_{\mathrm{NH}} \cdot n_{\mathrm{Cl}} \exp\left(-\dfrac{eV_{\mathrm{ob}}}{k_{\mathrm{B}}T}\right) \exp\left[\dfrac{(1-\alpha)eV^*}{k_{\mathrm{B}}T}\right] \\ v_{\mathrm{red}} = k_{\mathrm{PANI}} \cdot n_{\mathrm{NHCl}} \cdot n_{\mathrm{Li}} \exp\left(-\dfrac{eV_{\mathrm{rb}}}{k_{\mathrm{B}}T}\right) \exp\left(\dfrac{\alpha eV^*}{k_{\mathrm{B}}T}\right) \end{cases} \tag{4.14}$$

式中：n_{NH} 和 n_{NHCl} 分别是聚苯胺薄膜中还原（氨基团 $\mathrm{NH^-}$）和氧化（$\mathrm{NHCl^-}$ 基团）位点的体积浓度；n_{Cl} 和 n_{Li} 分别是 $\mathrm{Cl^-}$ 和 $\mathrm{Li^+}$ 的体积浓度；k_{PANI} 是聚苯胺的氧化还原速率常数；α 为反应传递系数，取值范围为 $0 \sim 1$；k_{B} 为玻尔兹曼常数；T 为温度。经过进一步考虑，我们将 n_{NHCl} 定义为 p，$p_{\max}$ 是氧化位点的最大值。

不含氯原子的聚苯胺的所有氨基团均可被氧化。体积单位中这类基团的最大可能数量为 $2p_{\max}$。因此，$n_{\mathrm{NH}} = 2p_{\max} - p$。我们使用玻尔兹曼因子（$\beta = e/$

（$k_B T$)），可得出总氧化还原反应速率，如式（4.15）所示：

$$
\begin{aligned}
v_{\mathrm{redox}} &\equiv \dot{P} \\
&= k_{\mathrm{PANI}} \cdot (2p_{\max} - p) n_{\mathrm{Cl}} \mathrm{e}^{\beta[(1-\alpha)V^{*} - V_{\mathrm{ob}}]} - k_{\mathrm{PANI}} \cdot P \cdot n_{\mathrm{Li}} \mathrm{e}^{-\beta(\alpha V^{*} - V_{\mathrm{rb}})}
\end{aligned}
\tag{4.15}
$$

式中，P 为体积单位中基团的数量，$\dot{P}$ 是总氧化还原反应速率。

此外，我们没有考虑银/聚环氧乙烷界面处的电压差，因为相较于聚苯胺－聚环氧乙烷界面处的电压差，它可以忽略不计[267]。这种近似操作应该是正确的，因为银电极由于其快速的化学反应动力学被广泛用作参比电极[268]。

接下来我们将集中在聚苯胺层中发生的氧化还原反应上。掺杂 $LiClO_4$的聚环氧乙烷固体电解质中含有过量的 Li^+。由于最初掺杂了 HCl，聚苯胺层中存在 Cl^-。当一半的氨基团被氧化时，聚苯胺主要处于导电态，称为“双醌式聚苯胺”[214]。我们使用了这种形式的聚苯胺，这就是为何要在$p_{\max}$之前引入因子 2（即所有氨基的总量是氧化位点数的两倍）。

在器件运行期间，Li^+ 还参与聚苯胺/电解质结电容器的电荷积累，其下极板由聚苯胺形成，所带电荷与电解质的体积电荷相反。我们将聚苯胺/聚环氧乙烷结的电容视为沿整个活性区的常数。该电容器并非一个理想的电容器：氧化还原反应会发生离子电流泄漏，进而导致电容器放电。根据论文［136］中介绍的术语，我们的器件（由于上述有源电容器的存在）可以被视为一个扩展的忆阻器。

一方面，当活性区中聚苯胺沟道某些部分电位高于银丝材料的平衡氧化还原电位的正电位V^*时，Li^+进入带负电的电解质（主要由 ClO_4^- 组成）时会产生静电排斥；另一方面，Cl^- 与聚苯胺分子中未被氧化的氨基团发生反应，导致电容器上积累的基本单元电荷 e 减少。

当电位V^*低于还原电位时，Li^+ 可以进入聚苯胺层，并通过与 Cl^- 的静电耦合参与还原反应。在这种情况下，所需的电子来自外电路。

当所有电极断开连接时，聚苯胺电极处的电荷由开路电压U_{red}决定。当银电极连接到附着在聚苯胺层上的其中一个电极时，该器件将在原电池模式下工作；电容不断放电，直至活性区聚苯胺完全还原，使器件进入高阻状态。需要注意的是，新制备的器件在施加任何电压之前始终处于绝缘态。

考虑到电容器的非理想特性，还应包括其他元件，如图 4.8 所示。

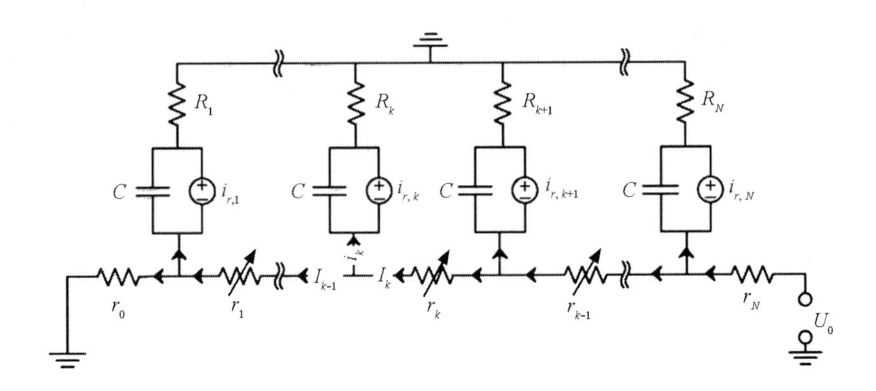

图 4.8　用于电化学模型的有机忆阻器等效电路

（经 Demin 等[266] 许可转载）

重要的是，该电路中的漏电流是由电流发生器而不是由无源电阻器表示。这是因为离子电流的值与电容器上的电压并不线性相关，可以用式（4.16）表示：

$$I_{\text{redox}} = e\int_0^d v_{\text{redox}}(y)\,\mathrm{d}y \tag{4.16}$$

式中，e 为电荷量，v_{redox} 为氧化还原速率，y 为薄膜厚度，I_{redox} 为离子电流密度，沿着垂直于聚苯胺层的方向（穿过该层整个厚度）取积分（图 4.7）。

反应速率在聚苯胺层厚度上的分布是未知的。因此，我们假设该机制具有均匀性。当活性区中某区段的电位低于还原电位时，离子电流主要取决于 Li^+ 在聚苯胺层中的渗透，相当均匀地注入该层的整个厚度，从而导致聚苯胺还原。

聚苯胺层的厚度较薄，验证了氧化还原反应在整个厚度上的均匀性假设（通常聚苯胺沟道的厚度在 20 ~ 100 nm 范围内）。因此，离子电流的密度可以表示为式（4.17）：

$$I_{\text{redox}} = e\dot{P}y \tag{4.17}$$

为了估计反应速率的可能性，必须先评估n_{Cl}和n_{Li}的浓度值。结合的 Cl^- 的密度由氧化位点的数量 p 决定。在还原过程中，Cl^- 从聚苯胺中分离出来，并与 Li^+ 形成静电络合物，进而导致游离 Cl^- 浓度的增加（式（4.18））：

$$n_{\text{Cl}} = p_{\max} - p \tag{4.18}$$

根据反应在聚苯胺沟道整个厚度上的均匀性假设，Li^+ 浓度可以写成式（4.19）：

$$n_{Li} = n_{Li,0} \tag{4.19}$$

式中，$n_{Li,0}$是聚环氧乙烷中 Li^+ 的已知浓度。我们将验证这一假设的有效性，并分析模拟结果。

根据图 4.8，该器件是由大量电路元件串、并联组成。与第一个模型类似，其中每个元件都可以对应于图 4.7 所示活性区中的特定聚苯胺条带 dx (L/N)。每一个元件都包含一个电荷为q_k的电容器 C 和一个对应于电解质电阻的电阻器R_k。由于氧化还原反应，条带电阻r_k是可变的，具体取决于通过该区域的离子电荷。恒定电阻器r_0和r_N对应于活性区外的聚苯胺区域。施加到器件的电压V_0根据可变电阻器r_k的实际值沿沟道长分布。因此，沿聚苯胺沟道的氧化还原反应速率并不恒定。

第 k 段的基尔霍夫方程组可以写成式（4.20）：

$$\begin{cases} i_k = \dot{q}_k + i_{redox,k} \\ V_k = i_k R_k + \dfrac{q_k}{C} \end{cases} \tag{4.20}$$

将这些方程组合可得出式（4.21）：

$$\begin{cases} \dot{q}_k = \dfrac{V_k}{R_k} - \dfrac{q_k}{R_k C} - i_{redox,k} \\ I_k = I_{k-1} + i_k \\ V_{k+1} - V_k = I_k r_k \end{cases} \tag{4.21}$$

式中，V_k是条带的电位，I_k 为条带的电流。其他值可以通过条带的长度 $\Delta x = L/N$ 表示，如式（4.22）所示：

$$\begin{cases} q_k = \gamma(x)\Delta x \\ R_k = \eta(x)/\Delta x \\ r_k = \rho(x)\Delta x \\ C = \zeta\Delta x \\ i_{redox,k} = j_{redox}(x)\Delta x \\ i_k = j(x)\Delta x \end{cases} \tag{4.22}$$

离子电流的线性密度和氧化还原相关密度分别为 j 和j_{redox}（两者单位：A/m）。宽度为 w_0（单位：m）的区段上电流i_{redox}（单位：A/m^2）的表面密度可由式（4.23）给出：

$$j_{redox} = w_0 i_{redox} \tag{4.23}$$

基于上述方程，我们可以得到极限情况（条带数趋于无穷大）对应的方程（对应 δ/δx，点对应 δ/δt），如式（4.24）所示：

$$\begin{cases}\dot{\gamma}=\dfrac{V}{\eta}-\dfrac{\gamma}{\eta\zeta}-j_{\text{redox}}\\ I'=j=\dot{\gamma}+j_{\text{redox}}\\ V'=I\rho\\ j_{\text{redox}}=e\dot{P}w_0y\\ \dot{P}=k_{\text{PANI}}\mathrm{e}^{-\beta V_{\text{ob}}}(2p_{\max}-p)(p_{\max}-p)\mathrm{e}^{(1-\alpha)\beta(\gamma/\zeta)}-\\ \quad k_{\text{PANI}}\mathrm{e}^{-\beta V_{\text{rb}}}pn_{\text{Li},0}\mathrm{e}^{-\alpha\beta(\gamma/\zeta)}\end{cases}\tag{4.24}$$

系统的非线性取决于氧化还原反应相对于电荷密度 γ（x，t）的非线性速率。在没有j_{redox}的情况下，系统将是线性的。如果施加的电压V^*高于V_{ox}或低于V_{red}，系统为非线性系统。

上述等式可以简化为式（4.25）：

$$\begin{cases}I'=\dfrac{V}{\eta}-\dfrac{\gamma}{\eta\zeta}\\ V''-V'\dfrac{\rho'}{\rho}-V\dfrac{\rho}{\eta}=-\dfrac{\gamma}{\zeta}\dfrac{\rho}{\eta}\\ \dot{\gamma}=\dfrac{V}{\eta}-\dfrac{\gamma}{\eta\zeta}-e\dot{P}w_0y\\ \dot{P}=\tilde{k}_{\text{PANI}}\mathrm{e}^{-\beta(V_{\text{ob}}-V_{\text{rb}})}(2p_{\max}-p)(p_{\max}-p)\mathrm{e}^{(1-\alpha)\beta(\gamma/\zeta)}-\\ \quad \tilde{k}_{\text{PANI}}pn_{\text{Li},0}\mathrm{e}^{-\alpha\beta(\gamma/\zeta)}\end{cases}\tag{4.25}$$

因此，我们只有三个变量：p、γ 和 V。

可以添加初始条件和边界条件，如式（4.26）所示：

$$\begin{cases}p(x,0)=P_0(x)\\ \gamma(x,0)=\gamma_0(x)\\ V(0,t)=0\\ V(l,t)=V_0\end{cases}\tag{4.26}$$

需要强调的是，试验结果分析表明，电压施加过程中的电流减小符合两个指数相关性[268]。如果电容器充电时间 $\eta\xi$ 明显低于氧化还原反应时间 $1/\tilde{k}_{\text{redox}}$（其中$\tilde{k}_{\text{redox}}\sim k_{\text{PANI}}n_{\text{Cl}}\exp\{\beta[(1-a)V^*-V_{\text{ob}}]\}$或$k_{\text{PANI}}n_{\text{Li}}\exp[-\beta(aV^*+V_{\text{rd}})]$），则可以在电容器向准平衡值松弛（由式（4.27）确定）时将式（4.25）简化：

$$\gamma\approx\zeta V-\eta\zeta e\dot{P}wy\tag{4.27}$$

该等式表明，特征时间为 $1/\tilde{k}_{redox}$ 且区段电阻变化时，电位分布曲线也会发生变化。这段时间过后，电容器上的电荷值取决于式（4.27）中导致氧化还原过程中 p、I 和 V 变化相当缓慢的分量。

考虑到初始条件和边界条件，能够以预定的精度对所提出的系统进行数值求解。首先计算 $p(x, t)$、$\gamma(x, t)$ 和 $V(x, t)$，然后可确定器件的所有其他动态特性。

根据式（4.28），器件中的总电流可分为两个分量：电子电流（I_e）和离子电流。

$$I(x) = I_e + \int_0^x j(\xi)\,d\xi \tag{4.28}$$

将式（4.28）代入前面的表达式中，我们可以得出式（4.29）：

$$V_0 = I_e \int_0^L \rho(x)\,dx + \int_0^L \rho(x) \int_0^x j(\xi)\,d\xi\,dx = I_e R + V_i \tag{4.29}$$

式中，R 是活性区中聚苯胺沟道的总电阻，而 V_i 是由离子电流导致的整个聚苯胺层的总电位差。因此，通过器件的电子电流可以表示为式（4.30）：

$$I_e = \frac{V_0 - V_i}{R} \tag{4.30}$$

用于计算的参数包括：活性区中聚苯胺层的长度 $L = 1$ mm，聚苯胺层宽度 $w = 5$ mm，聚苯胺层厚度 $d = 20$ nm，$V_{ob} - V_{rb} = 0.3$ V，$\rho_{off} = 10^8$ Ω/cm，$\rho_{max} = 2.5 \times 10^{21}$ cm^{-3}，$\rho_i = 10^{-3} p_{max}$，$n_{Li,0} = 6.02 \times 10^{19}$ cm^{-3}，$k_{PANI} n_{Li,0} = 0.47$ s^{-1}，$\alpha = 0.5$[269]，运行容量 $\zeta = 200$ μF/cm，电解液电阻 $\eta = 2\,000$ Ω · cm。所有这些参数均直接从试验数据中获取或通过计算获得。

初始条件对应于新制备样品的活性区内绝缘聚苯胺层的试验观察情况。

电子电流和离子电流伏安特性的计算结果分别如图 4.9 和图 4.10 所示。为了进行比较，Demin 等[26]将试验数据呈现在小图中。与试验条件一样，所有点的时间延迟均为 1 min。

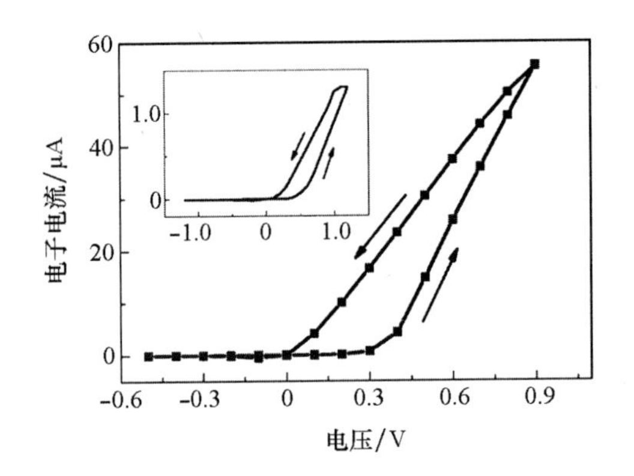

注：箭头方向表示电压变化的方向，点对应于计算得到的电压值。

图 4.9　电子电流的伏安特性计算结果

（经 Demin 等[266] 许可转载）

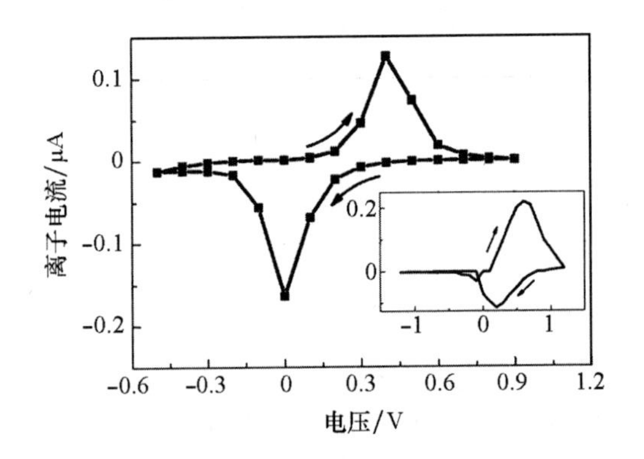

注：箭头方向表示电压变化的方向，点对应于计算得到的电压值。

图 4.10　离子电流的伏安特性计算结果

（经 Demin 等[266] 许可转载）

计算结果的开/关比为 3 个数量级，与试验数据吻合较好。

该模型还可以跟踪活性区内聚苯胺沟道长上电位分布曲线的变化。当施加 0.4 V 电压时，器件从绝缘态转为导电态的情况如图 4.11（a）所示，电阻分布如图 4.11（b）所示。正如上一章所述，从直观上看，电位较高的区段会较快变成导电态。

图 4.11 中的虚线表示聚苯胺/电解质界面处电容器上的电位差。

从导电态转为绝缘态（施加电压为 －0.2 V）情况下的特性与上述特性类似，如图 4.12 所示。

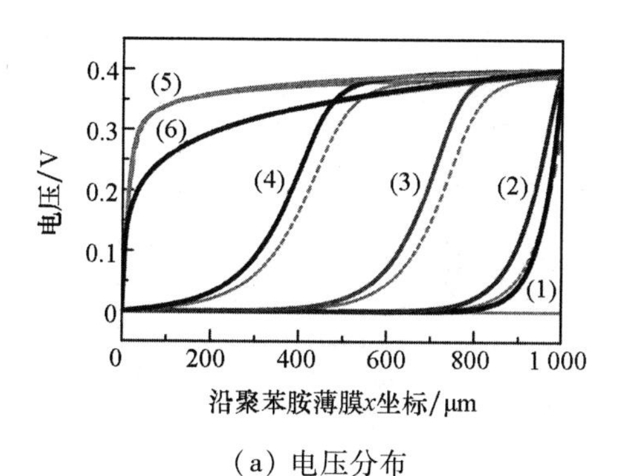

（a）电压分布

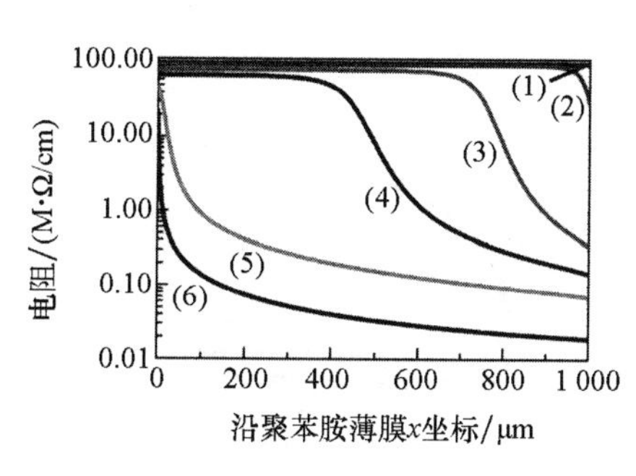

（b）电阻分布

注：(1) 0 s；(2) -0.5 s；(3) -3 s；(4) -6 s；(5) -12 s；(6) -60 s。(从绝缘态转为导电态；施加的电压为0.4 V)

图4.11 器件运行不同时刻活性区聚苯胺薄膜的电压和电阻分布
(经 Demin 等[266]许可转载)

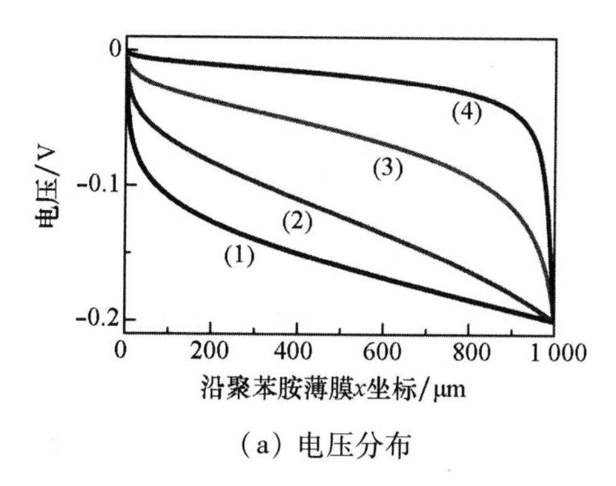

（a）电压分布

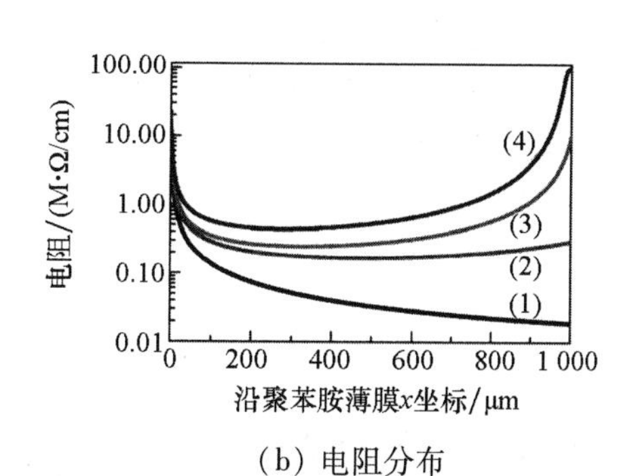

（b）电阻分布

注：(1) 0 s；(2) -12 s；(3) -20 s；(4) -60 s。(从导电态转为绝缘态；施加电压为 -0.2 V)

图4.12 器件运行不同时刻活性区聚苯胺薄膜的电压和电阻分布
(经 Demin 等[266]许可转载)

这一模型还解释了电源关闭时会发生什么。在这种情况下，我们可以假设电容器放电，且聚苯胺转变为还原态。当施加电压从0.9 V变为零时，结果与图4.13中所示的仿真结果一致。

如图4.13所示，在电容器放电（过程相当迅速）之后，我们可以观察到聚苯胺还原过程比较缓慢。这意味着器件转为绝缘态所需的时间大约在5 min内，这与试验数据相差大约两倍。

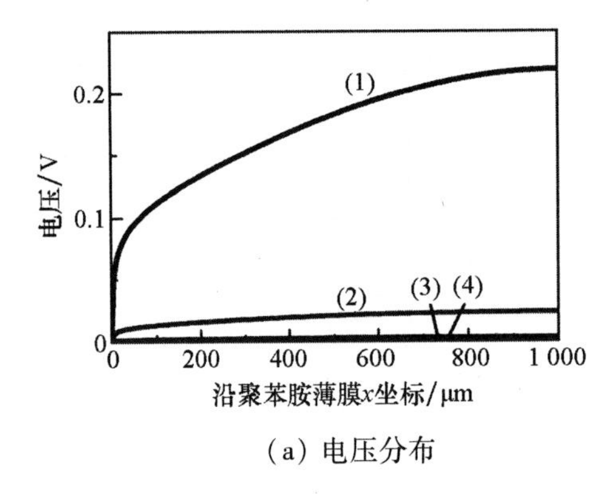

(a) 电压分布

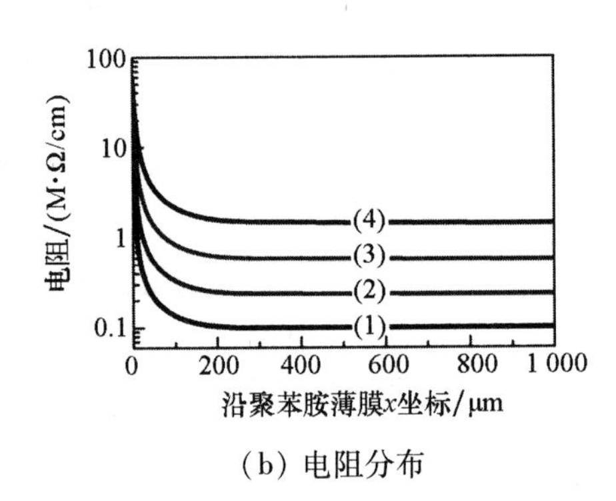

(b) 电阻分布

注：对于（a）图，(1) 0 s；(2) -0.1 s；(3) -1 s；(4) -60 s。对于（b）图，(1) 0 s；(2) -20 s；(3) -40 s；(4) -60 s。

图 4.13　器件断开电源后不同时刻沿活性区聚苯胺薄膜的电压和电阻分布（经 Demin 等[266]许可转载）

综上所述，这一模型几乎考虑了有机忆阻器活性区中的所有过程。经证明，它与伏安特性和电阻切换动力学的试验数据具有良好的定量对应关系。因此，它可以用于进一步优化器件（材料和结构）和基于这些器件进行电路设计。

然而，关于活性区中沿聚苯胺薄膜长的电阻分布变化的最新试验数据[270]表明，即使是这一模型也需进一步发展。结果将在后续章节中讨论。

4.4　电阻状态的光学监测

我们利用聚苯胺根据其电阻状态改变其颜色的特性[271-272]。试验装置如图4.14 所示[270]（图 4.14（b）小图中显示了通过银栅极的电流（离子电流））。用发光二极管（Light Emitting Diode，LED）照射样品，并用配备电荷耦合器件（Chang Coupled Device，CCD）相机的光学显微镜采集图像。

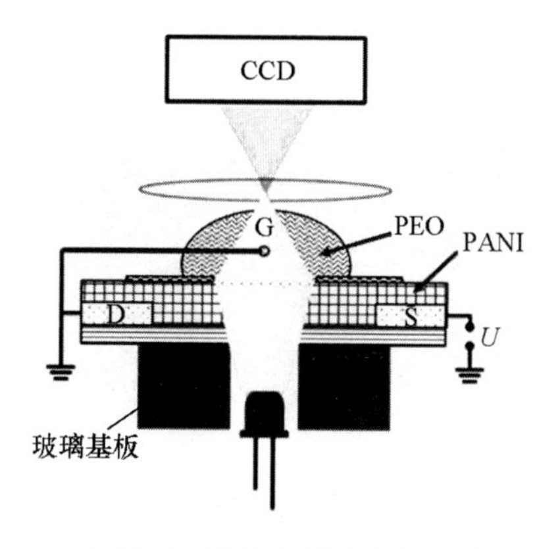

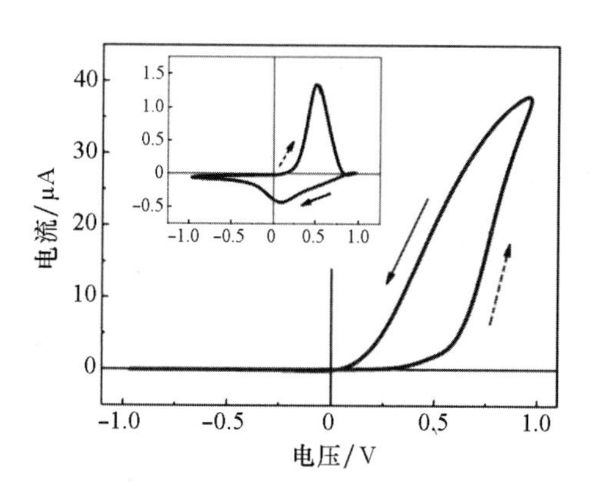

（a）吸光度空间分辨映射的试验方案　　　　（b）典型伏安曲线

注：（a）来自 LED 的光穿过忆阻器的活性区，并在下游被光学显微镜的 CCD 相机记录。基于聚苯胺的忆阻器件的组装和电路连接方案：带有钛（Ti）电极（点填充）的玻璃基板（横线填充）和包含银（Ag）线（G 下面的圆圈处）的电解质层（之字形填充）上的聚苯胺薄膜（网格填充）。电压施加到其中一个基板电极，另外两个接地。（b）虚线箭头方向代表扫描开始方向，实线箭头方向代表扫描返回时的方向。

图 4.14　基于聚苯胺的忆阻器吸光度空间分辨映射的实验方案和典型伏安曲线
（经 Lapkin 等[270]许可转载，版权© （2020） 归 Wiley-VCH GmbH 所有）

颜色分布的映射与电学特性的表征同时进行（图 4.14（b））。在 0.7 V（从绝缘态变为导电态）和 −0.2 V（从导电态变为绝缘态）两个特征电压下进行光学测量。

聚苯胺导电掺杂形式呈绿色，施加 −0.2 V 电压还原后变为黄色（绝缘态），施加 0.7 V 电压可使器件电阻变回导电态。器件在导电态和绝缘态下的活性沟道光谱如图 4.15（a）所示。

从图 4.15（a）中可以清楚地看出，在 500 ~ 850 nm 的波长范围内，器件在导电态和绝缘态下的光学特性存在显著差异。因此，我们使用了波长为 660 nm 的 AlGaA 基红色 LED，该波长下吸光度的变化与聚苯胺中的极化子的产生有关，且与材料的电导率直接相关。在试验过程中，我们获得了样品的光学显微照片（如图 4.15（b）所示），并计算了器件活性区内沿施加电场的每个空间点的吸光度。结果如图 4.16 所示，包括光学吸光度的空间分辨图、电导率以及电导率增强—下降循环期间通过的栅极电荷。

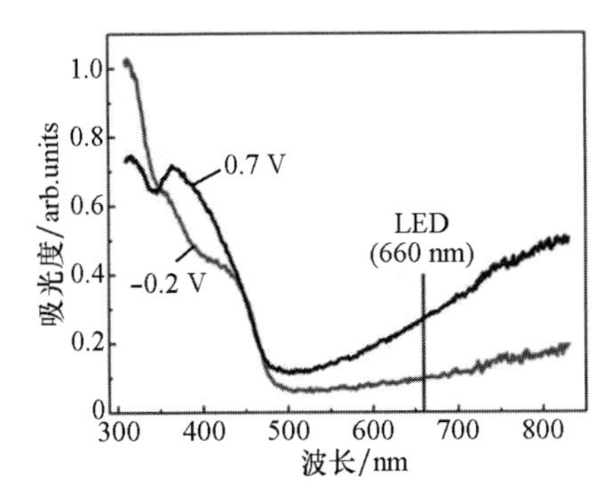

(a) 聚苯胺薄膜在 0.7 V 和 -0.2 V 施加电压下的紫外-可见光谱

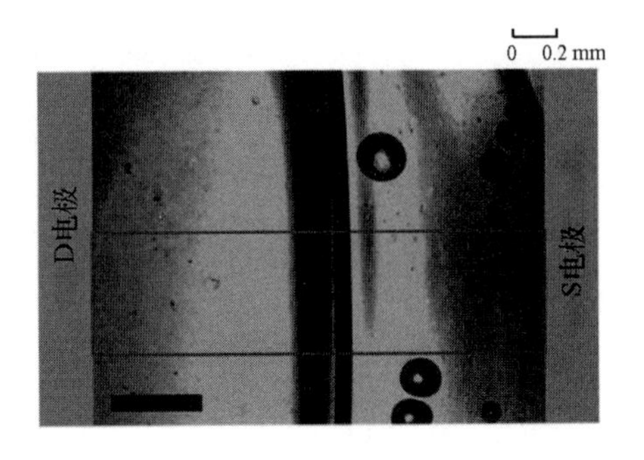

(b) 用于空间分辨吸光度映射的活性区光学显微镜图像

注：(a) 用于研究颜色变化的 LED 波长用竖直线表示；(b) 中间框为提取吸光度值的区域，竖线表示银线，圆圈是电解液层中的气泡。

图 4.15　聚苯胺忆阻器的光学研究

(经 Lapkin 等[270]许可转载，版权© (2020) 归 Wiley-VCH GmbH 所有)

从图 4.16 中可以清楚地看出，施加 -0.2 V 电压会导致活性区中的聚苯胺快速变为绝缘态，但转变并不均匀。还原反应从靠近银线的区段开始，然后沿两个方向传递到源极和漏极。然而，在活性区内大部分聚苯胺被还原之前，我们可以看到电阻显著增加。显然，活性区沟道的总电阻主要取决于最绝缘的部分。

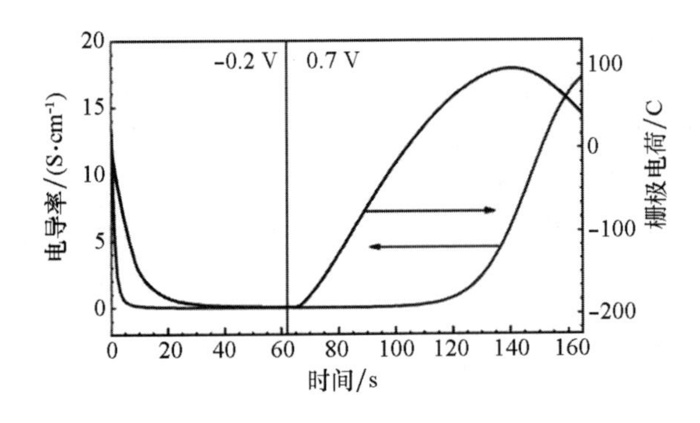

(a) 电导率、电荷随时间的变化

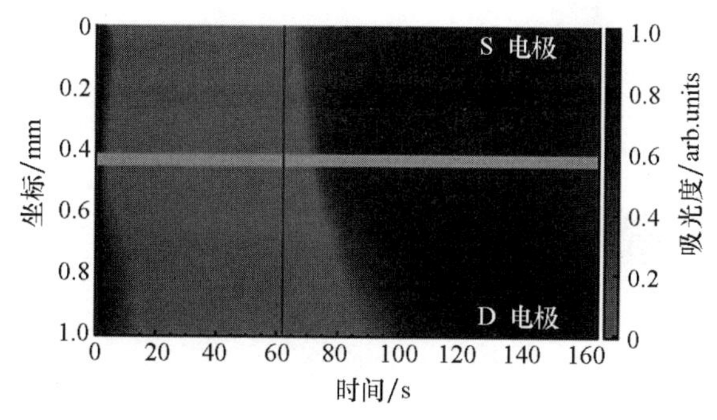

（b）吸光度随时间的变化

注：（a）垂直线表示电压变化；（b）水平线表示银线，源极在顶部，漏极在底部。

图4.16 在 -0.2 V 和0.7 V 的施加电压下电导率、电荷和活性区吸光度随时间的变化（经 Lapkin 等[270]许可转载，版权© （2020）归 Wiley-VCH GmbH 所有）

当我们施加0.7 V 电压诱导聚苯胺从绝缘态向导电态转变时，情况有所不同。此时，氧化反应从更接近电压施加点的区段开始。然而，当电位分布的前沿达到中心部分（银电极下方）的氧化值时，这些中心区段向导电态转变的速率开始明显提高。

当施加 -0.2 V 电压时，银电极下方聚苯胺区段的还原速率更快，很可能是由于电解液中 Li^+ 的电流密度限制了反应速率。这是因为银电极和聚苯胺薄膜之间的距离（约40 μm）比银电极和源/漏极之间的距离（约400 μm）小约1个数量级。因此，银电极附近 Li^+ 的电流密度（或漂移速度）比源/漏极附近（此处会发生聚苯胺中的还原反应前沿传递）高5～10倍。

当施加0.7 V 电压时，首先在电压施加点附近会满足氧化反应条件（超过电位0.4 V）。在这种情况下，沿活性聚苯胺沟道分布的电压会随时间重新分配（它主要位于沟道的低导电黄色部分）。因此，当中心区段达到氧化电位时，由于电场值的增加（上一段落中的几何因素），这些区域的离子流将更加密集。

本节通过试验证明了，负责有机忆阻器电阻切换的电化学反应在活性区内会发生不均匀现象。还原和氧化反应前沿在电极之间传递，其速度一方面因聚苯胺层活性区中电位分布而受限，另一方面因 Li^+ 漂移速度（该速度取决于与银电极之间的距离）而受限。

我们开发的光学监测方法可以完整和连续地测量各种电子电路中基于聚苯胺的忆阻器的电阻状态，例如具有记忆功能的传感器或人工神经网络的物理实现。此外，本节提出的氧化还原反应前沿传递相关的试验数据表明，即使是最后提出的模型也必须进行一些修正。

第 5 章　逻辑门元件和神经元网络

在本章中，我们将基于忆阻器（尤其是有机忆阻器）考虑具有记忆功能和简单人工神经网络（感知器）的逻辑门元件的硬件实现。

一般来说，生物体不遵循布尔逻辑的规律。像分类和决策等操作不仅取决于实际输入刺激，还取决于生物体过去积累的经验。因此，神经形态逻辑门元件还必须包括记忆功能。这样一来，其架构的实现与神经系统的结构类似，即具有同样能用于处理和记忆信息的功能元件。不过，实现这种架构需要寻找具有类似突触特性的电子元件。

例如，我们可以考虑逻辑门元件“与”门（and）。对于生物体而言，当拥有两种或两种以上基本属性时，即可用此元件识别物体。物体的识别例子如图 5. 1 所示。

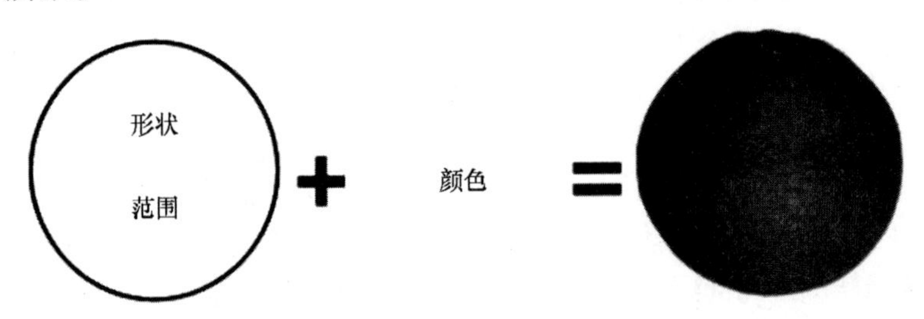

图 5. 1　逻辑门元件“与”门在生物体中的作用示意图（在存在两个属性的情况下进行对象识别）

将形状和颜色这两个属性作为输入参数，而输出则为识别对象。因此，根据布尔逻辑，当输入“球形”和“橙色”时，将始终识别对象为橙子。不过，对生物体而言，这种输入信息必须叠加在其过往经验上。换句话说，随着输入信号越来越有效（由基于味觉反馈系统确认），这些属性与识别对象的关联性将会增加。相反，如果味觉感受器显示这个对象不是橙子，这一联系就会被抑制。

5.1 具有记忆功能的逻辑门元件

在本节中，我们将介绍在忆阻器上实现的具有记忆功能的逻辑门元件。一方面，这些元件必须执行主要逻辑功能，例如“与”门（and）、“或”门（or）和“非”门（not）；另一方面，这些元件的输出信号不仅取决于输入信号，还应取决于他们的历史应用时长和频率[88,273-274]。此外，在输入端没有出现增强或抑制信号的情况下，逻辑门元件内的输出信号值必须保持恒定。因此，这些元件将传统计算机的逻辑特性与突触记忆（在某种程度上模仿大脑功能）相结合，得到的决策不仅基于实际可实现的刺激，还依赖于过去积累的经验。

本章提及的所有系统都基于有机忆阻器的特性，即在施加一定值的恒定电压时，他们的电阻会持续发生变化。这一特性在第2和3章中有详细讨论。此处我们仅说明一点：输出信号值的变化可以用式（5.1）来表达，其与试验数据[268]相对应。

$$I_{ex} = A_1 e^{-\frac{t}{T_1}} + A_2 e^{-\frac{t}{T_2}} + C \tag{5.1}$$

式中：T_1和T_2是时间常数；C是一个常数，其值取决于器件在饱和状态下的电阻值。

如第2和3章所述，这一关系在电导率增加和降低时均有效。但是，系数A_1和A_2则不同。如第3章所述，两个指数的存在与两个过程有关：电容器的充电/放电和由氧化还原反应引起的缓慢离子运动。

5.1.1 具有记忆功能的“或”门元件

“或”门元件是有机忆阻器能实现的最简单的逻辑门元件，如图5.2所示。该元件包含两个连接忆阻器的D电极的独立输入（即电压源），而S极电路中的电流值则为输出信号。由于忆阻器内电压值的输入会导致其电导率的增大，因此任何输入信号都会增强器件的导电性。这种情况下，器件电导率的值将取决于施加到任一输入端的信号的持续时间。图5.3为试验测量的输出信号值与输入电压随时间变化的示意图。

在未施加输入信号时，保持偏移电压恒定可以维持元件稳定的状态。

该元件执行逻辑功能“或”。虽然输出信号不是二进制代码，但可以在0

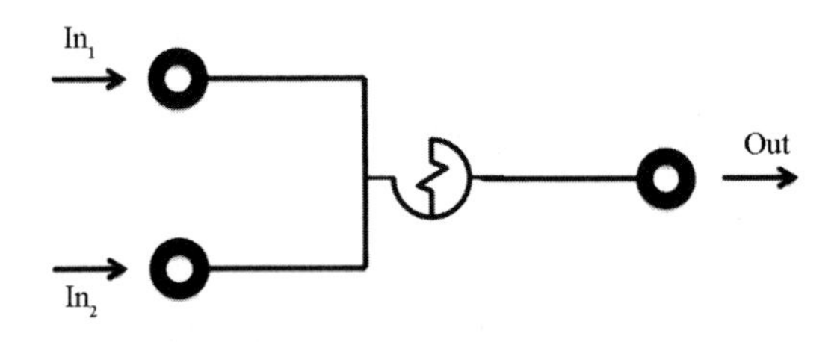

图 5.2　基于有机忆阻器的带记忆功能的“或”门元件示意图

（经 Erokhin 等[273] 许可转载，版权© （2021）归世界科学出版社有限公司所有）

和 1 之间取中间值，其具体数值取决于施加输入信号所持续的时间，如式（5.2）所示。

$$S_{out}(t) = \frac{I_{out}(t_1 + t_2)}{I_{out}(\infty)} \tag{5.2}$$

式中，t_1 和 t_2 分别表示信号施加到输入端 1 和输入端 2 所用的时间，I_{out}（∞）表示饱和状态下的电流值。

激活输入端后，忆阻器的电导率以及整个逻辑门元件的输出值都会增加（归一化后从 0 增加到 1）。该状态将一直保持不变，直到施加了下一个刺激信号。这种刺激可以增加或减少输出信号值（通过施加负输入电压实现输出信号值的减少）。

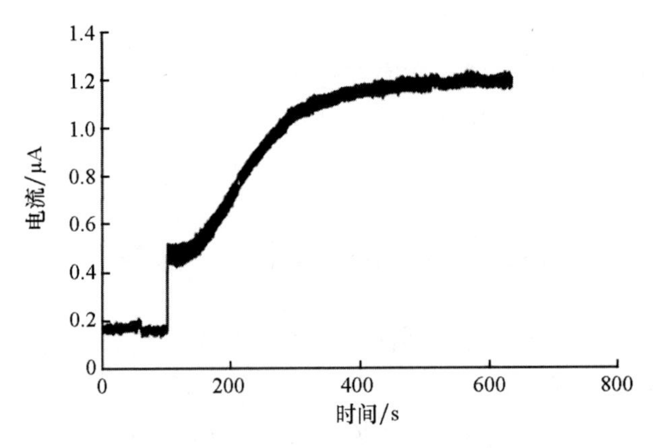

（a）具有记忆功能的“或”门元件输出信号值随时间的变化

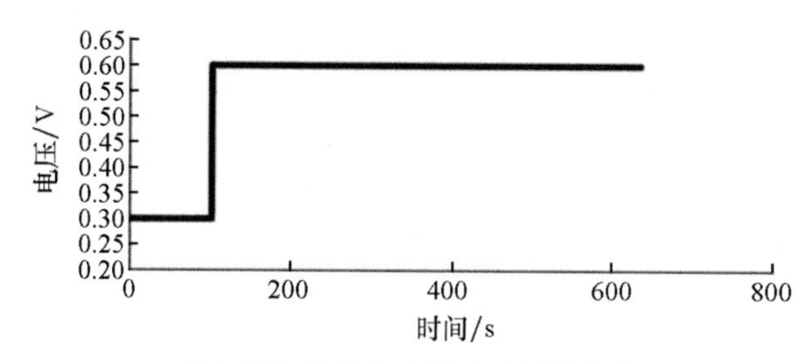

（b）施加的输入电压随时间的变化

图5.3　具有记忆功能的“或”门元件输出信号及施加的输入电压随时间变化的示意图
（经 Erokhin 等[273]许可转载，版权©（2021）归世界科学出版社有限公司所有）

5.1.2　具有记忆功能的“与”门元件

“与”门元件的实现比“或”门元件稍微复杂一些，且需要利用到一些额外的电子元件。具有记忆功能的“与”门元件示意图如图5.4所示。

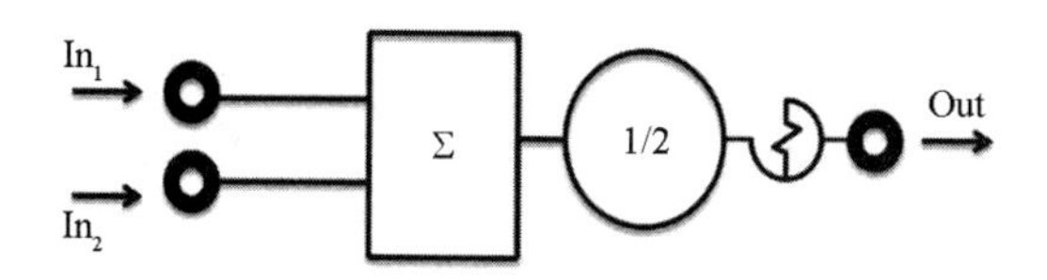

图5.4　具有记忆功能的“与”门元件示意图
（经 Erokhin 等[273]许可转载，版权©（2021）归世界科学出版社有限公司所有）

电路的两个输入端连接至求和器（运算放大器，输入电压会经过具有相同电阻的电阻器）。求和器能提供输出电压，即两个输入电压的总和。为了具有与“或”门元件相同的输出值（输入信号值与“或”门元件的输入信号值相同），该电路还加入了一个分压器，将忆阻器元件上的输入电压总和分为两半。分压器是基于电阻相等的两个电阻器串联而成，并从两者连接处读出电压。通过运算放大器进行连接，可以将这些电阻与输入端/输出端分开。

具有记忆功能的“与”门元件输出信号以及对输入端1和输入端2施加电压随时间的变化如图5.5所示。

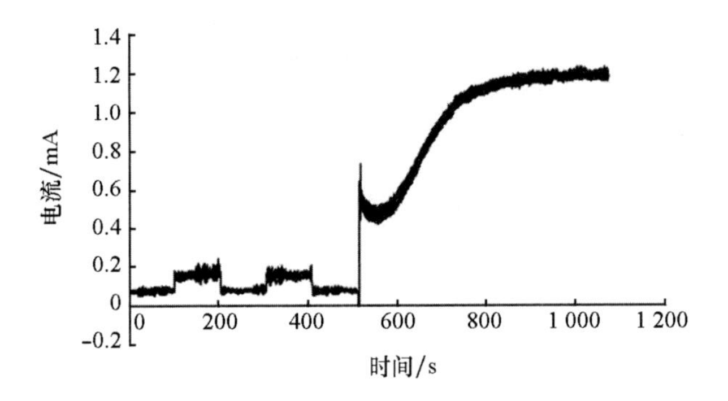

（a）“与”门元件输出信号随时间的变化

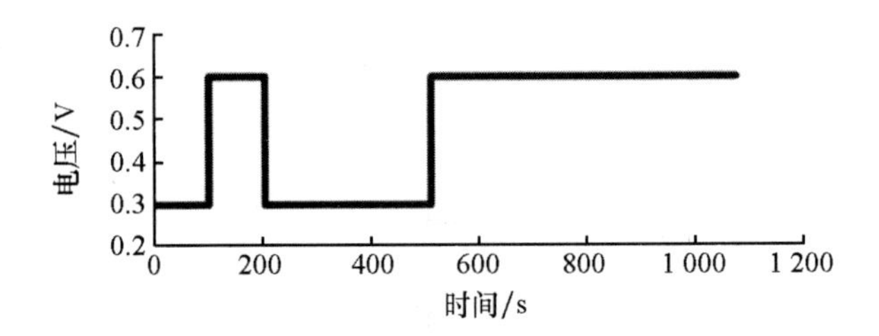

（b）对输入端 1 施加电压随时间的变化

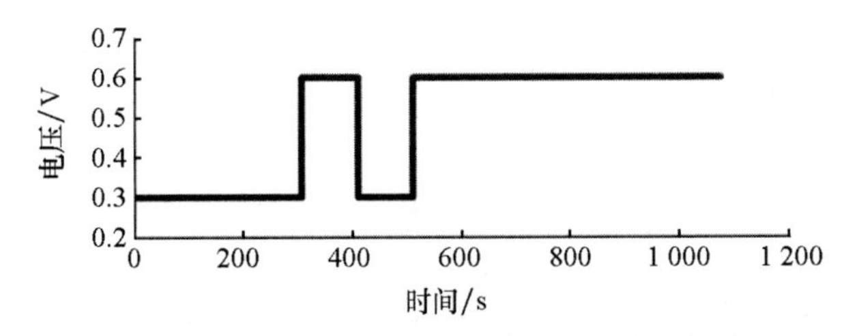

（c）对输入端 2 施加电压随时间的变化

图 5.5　具有记忆功能的“与”门元件输出信号以及对输入端 1 和输入端 2 施加电压随时间的变化

（经 Erokhin 等[273] 许可转载，版权© （2021）归世界科学出版社有限公司所有）

由欧姆定律可知，向任何一个输入端施加信号都会导致其输出信号值呈小幅可逆性增加。然而，当同时施加两个输入信号时，情况就大不相同：输出信号值会随时间而增加。因此，该元件此项功能与联想突触学习行为非常相似。在这种情况下，输出信号增强的前提是同时施加两个输入信号。每个输入与输出之间的连接将增强，即使并未同时激活两个输入端，此连接仍保持不变。具有记忆功能的“与”门逻辑元件的输出信号值的状态可以用式（5.3）来表示。

$$S_{\mathrm{out}}(t)=\frac{I_{\mathrm{out}}(t_{\mathrm{comm}})}{I_{\mathrm{out}}(\infty)} \tag{5.3}$$

式中，t_{comm}是同时激活具有记忆功能“与”门元件的两个输入端所需要的持续时间。

5.1.3 具有记忆功能的“非”门元件

具有记忆功能的“非”门元件电路示意图如图 5.6 所示。

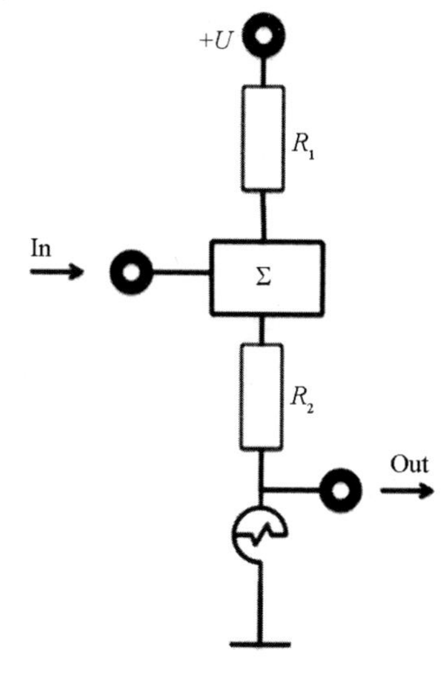

图 5.6 具有记忆功能的“非”门元件示意图

（经 Erokhin 等[273]许可转载，版权© （2021） 归世界科学出版社有限公司所有）

图 5.6 所展示的“非”门元件包含 2 个额外的电阻器、1 个求和器以及 1 个外部电压发生器（区别于用于施加输入信号的电压发生器）。电阻器R_2的值必须介于忆阻器导电态和绝缘态下的电阻值之间。由于忆阻器在导电态和绝缘态下的典型电阻值分别 10 kΩ 和 1 000 MΩ，因此将R_2设为 10 MΩ。R_1的值并不严格要求，但必须小于R_2。而 + U 的值必须相对较小，避免发生忆阻器切换到导电态的情况。

在施加输入信号之前，由于忆阻器电阻比R_1和R_2的电阻高 2 个数量级，整个外部电位差将集中在忆阻器上。这样一来，将导致输出电流值会较高。施加输入信号（其值与具有记忆功能的“与”门元件和“或”门元件的情况一致）会导致忆阻器切换到导电态，进而重新分配忆阻器和电阻器R_1、R_2之间的电压。输出信号值可由式（5.4）确定。

$$S_{\text{out}}(t)=\frac{R_{\text{M}}(t)}{[R_1+R_2+R_{\text{M}}(t)]} \tag{5.4}$$

式中，$R_{\text{M}}(t)$ 是忆阻器的实际电阻值。

在使用电阻器的情况下，“非”门元件电路施加输入信号前后的输出信号大约相差 2 个数量级。“非”门元件电路中输出信号和输入信号随时间的变化如图 5.7 所示。

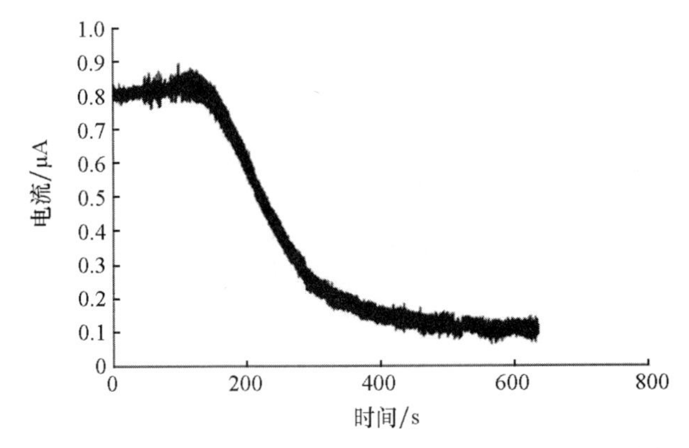

（a）具有记忆功能的“非”门元件输出信号随时间的变化

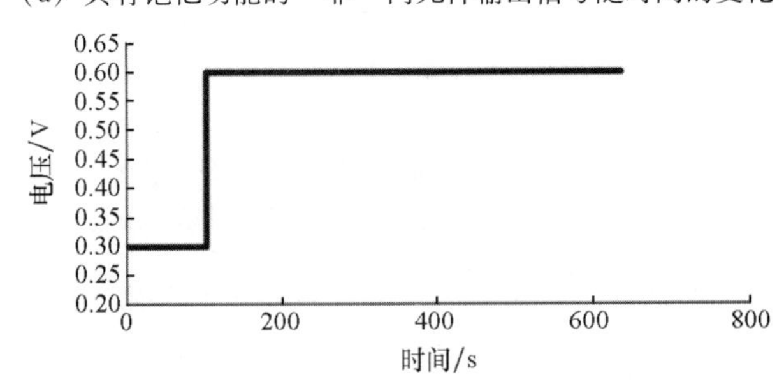

（b）具有记忆功能的“非”门元件输入信号随时间的变化

图 5.7　具有记忆功能的“非”门元件输出信号和输入信号随时间的变化

（经 Erokhin 等[273]许可转载，版权©（2021）归世界科学出版社有限公司所有）

我们得出的结论是：尽管该元件是具有记忆功能的“非”门元件，但它也可以被视为一种抑制突触的模拟行为。得出这样的结论主要有以下两方面原因：一方面，在这种情况下，施加输入信号会抑制输出信号的强度；另一方面，输出信号的抑制程度取决于施加输入信号持续的时间。

综上所述，我们采用上述 3 种具有记忆功能的逻辑门元件是为了能实现一位全加器系统[273]。

5.1.4 基于有机和无机忆阻器的具有记忆功能的逻辑门元件的比较

虽然本书旨在描述基于有机忆阻器的系统，但仍然有必要与使用无机忆阻器实现的类似电路的特性进行比较。为此，我们使用 Al_2O_3 薄膜作为活性层，实现并研究了具有记忆功能的“与”门逻辑元件[88]。其元件的底部电极由 Pt 组成，而顶部电极由通过掩模蒸发的 Ti 形成，因此布局较规整，如图 5.8 所示。

图 5.8 用于实现具有记忆功能的“与”门逻辑元件的 $Pt/Al_2O_3/Ti$ 夹层结构组成的样品
（经 Baldi 等[88]许可转载，版权© (2014) 归 IOP 出版有限公司所有）

对于大多数无机系统而言，在系统开始表现出忆阻特性之前，应先进行电铸（顺便说一下，无须进行电铸是有机忆阻器的一个重要优势）。在电铸过程中，应在顶部电极和底部电极之间施加几分钟 15 V 电压（底部 Pt 电极接地）。而电铸开始之前，两者连接部分的电阻约为 10^{10} Ω。这一结构的典型循环伏安特性曲线如图 1.3 所示。

以上特性证明了忆阻器的双极电阻切换机制：当施加约 7.5 V 电压时，器件将切换到高导电态；相反，当施加电压约为 −2.0 V 时，器件则切换到低导电态。导电态下的电阻为 250 Ω，而绝缘态下的电阻约为 30 kΩ。因此，在此情况下，器件电阻开/关比约为 2 个数量级。

图 1.3 所示的特性曲线表明，具有记忆功能的“与”门逻辑元件是可以实现的，它类似于基于有机忆阻器制造的“与”门逻辑元件（如图 5.4 所示）。这种基于 $Pt/Al_2O_3/Ti$ 系统的具有记忆功能的“与”门逻辑元件的计算结果如图 5.9 所示。

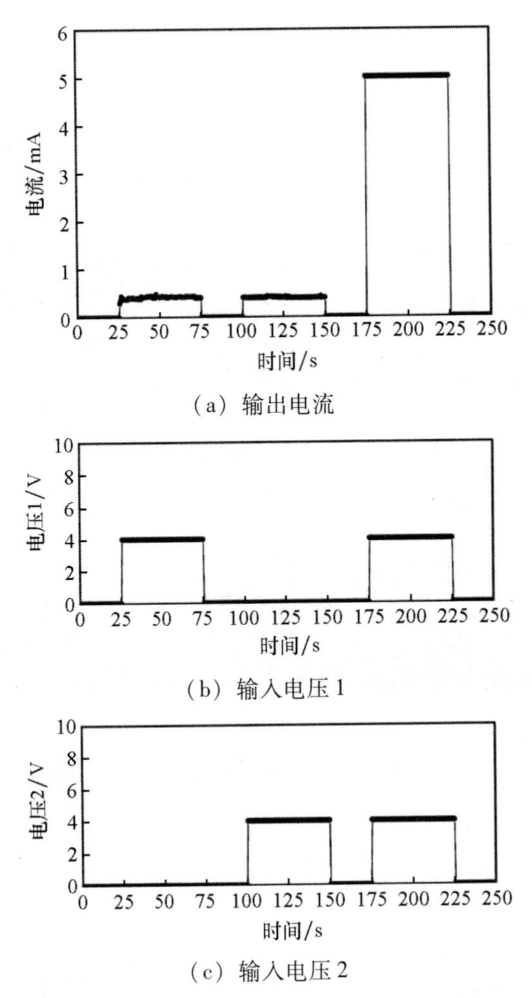

（a）输出电流

（b）输入电压 1

（c）输入电压 2

图 5.9　基于无机忆阻器的具有记忆功能的“与”门元件中输出电流以及施加到两个输入电极上的输入电压随时间变化的示意图

（经 Baldi 等[81]许可转载，版权© （2014）归 IOP 出版有限公司所有）

对于图5.8和5.9中所示的电路，逻辑“0”对应施加0 V电压，而逻辑“1”对应施加4.0 V电压。应根据如下情况选择逻辑“1”的值：仅在同时施加两个输入信号的情况下器件才有可能切换到导电态（单独施加任何一个输入信号均不会导致器件电阻状态的变化）。

表5.1比较了基于有机和无机忆阻器实现的具有记忆功能的“与”门元件的主要特征。

表5.1　基于有机和无机忆阻器实现的具有记忆功能的“与”门元件的特征比较

逻辑输入	无机忆阻器输出/mA		有机忆阻器输出/μA	
	1 s后	15 min后	1 s后	15 min后
$In_1=0$, $In_2=0$	0	0	0	0
$In_1=1$, $In_2=0$	0.4	0.4	0.32	0.63
$In_1=0$, $In_2=1$	0.4	0.4	0.32	0.63
$In_1=1$, $In_2=1$	5.0（达标）	5.0（达标）	0.70	2.25

从表5.1中可以清楚地看出，基于无机和有机忆阻器实现的具有记忆功能的“与”门元件的特点有很大区别。它们的共性是：只有当同时施加2个输入时，输出电流值才会显著增加，并且输出电流的增加量会被存储。然而，在使用无机忆阻器的情况下，其电流值变化非常快：在1 s内即可达到饱和水平。而且即使只施加1个输入，该电导率也会被存储并保持这个水平状态。因此，我们可以进行假设：当存在两个重要刺激时，基于无机忆阻器实现的具有记忆功能的此类逻辑门元件的应用区域将会被连接至自适应电路（适应系统特性的变化）。然而，由于这些元件仅仅只模仿神经形态系统的特性，所以在已实现神经形态系统的应用中非常有限。值得关注的是，开关速率较高是传统电子器件的一个优点，但对于神经形态系统的应用却产生了不利影响，主要是因为器件开关动力学具有较弱的可控性。因此，基于无机忆阻器的电路目前已被视为一种难以解析中间态的数字系统。

与无机忆阻器不同，有机忆阻器的输出信号值不仅取决于同时施加的2个输入端信号，还取决于它们同时施加信号所持续的时间和/或频率。这种行为更类似于生物体神经系统中发生的行为。不过，这种系统看起来工作速度相当缓慢。然而，由于此类器件的开/关比可以达到 10^5 且噪声水平相当低，所以其两种清晰的导电状态（如有必要，可转换为二进制代码）之间可以进行快速转换（特征时间将为纳秒级）。此外，正如第 2 章所述，有机忆阻器的开关时间在很大程度上取决于其结构尺寸的大小。因此，当尺寸达到亚微米级时，将有助于我们进一步提高开关速率。

综上所述，本节的结果证明了神经形态系统硬件实现的可能性，其中信息存储和处理由同一元件完成，这为仿生信息的处理奠定了良好的基础。我们将在下一节中聚焦感知器的实现，感知器是能够在适当学习后对对象进行分类的人工神经网络。

5.2 感知器

感知器是一种被设计用于对象分类的特殊人工神经网络。神经网络由非线性阈值节点层组成，只有当输入信号的积分高于定义的阈值水平时，才提供信号的进一步传播。每一层中的各个节点都与其前后各层所有节点连接。节点之间形成的连接具有类似突触的特性——它们的权重函数会随着训练过程而发生变化。目前，由于阈值节点和具有可变权重函数的节点连接比较容易实现，所以大多数人工神经网络仅基于软件层面的算法来实现。此外，软件实现有利于了解所有节点连接的权重函数的状态，这对于系统的有效训练是非常重要的。尽管如此，人工神经网络的软件实现仍具有较大的局限性。目前传统计算机一次只能进行一次运算（多核计算机情况则稍微好一些，可以同时进行与核数相对应的多项运算）。因此，在这样的系统中无法并行处理信息，而人工神经网络的硬件实现可以为神经形态信息处理方面提供真正的突破。图 5.10 为人工神经网络（尤其是感知器）的示意图。

由于忆阻器具有类似突触的特性，因此其在文献中被广泛认为可用作具有可变权重函数的连接[275-279]。换句话说，首次报道的基于忆阻器的人工神经网络的实现是在单层感知器实现的基础上完成的[79]。最初设计的感知器[2,280]是用在进行足够的训练程序后执行分类任务的器件上[280-281]。而基于有机忆阻器[178]的单层基本感知器（本书的主题）仅在无机忆阻器出现的几个月后便成功实现。

单层基本感知器的局限性在于它只能对线性可分离的对象进行分类。为了

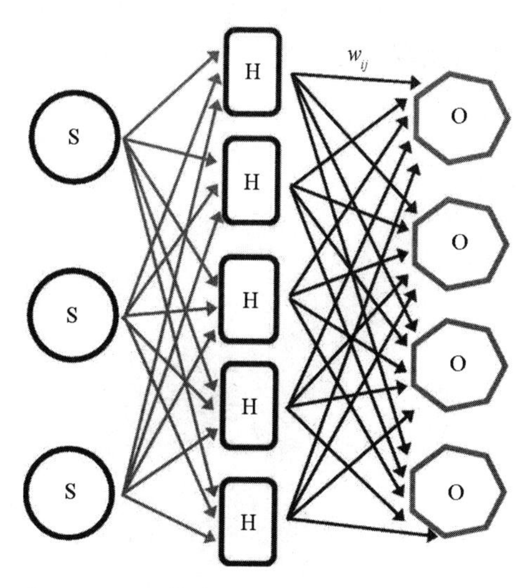

注：w_{ij}为权重，S为Sigmoid函数或其他S型激活函数，H为隐藏层，O为输出。

图5.10　人工神经网络示意图

对不可分离的对象进行线性分类，感知器必须为双层结构。据报道，此类系统的硬件实现不仅涉及有机忆阻器[282-283]，还涉及无机器件[284]。近期出版物广泛介绍了将忆阻器运用于人工神经网络领域的研究活动，这表明了该应用的重要性[285-293]。

在详细介绍基于有机忆阻器的感知器之前，我们必须提及另外一种类型的人工神经网络——储备池计算系统[294]。该系统根据输入信号的时间序列变化进行分类，它可以作为感知器的辅助系统，将研究对象属性的时间变化考虑在内。到目前为止，关于忆阻器的研究较少涉及这一主题[295]。不过，有机材料似乎是此类系统的良好候选材料。至于这其中的原因，我们将在第6章介绍完随机架构网络之后再讨论。

5.2.1　单层感知器

基于有机忆阻器的人工神经网络的首次实现是在Wasserman引入的单层基本感知器基础上完成的，其中每个传感器神经元直接连接到关联层中的每个神经元[280]。这种类型的感知器不需要中间神经元，它只包含一层具有可变权重函数的连接。

我们的任务是基于“与非”（Nand）逻辑函数进行对象分类。之所以进行这项任务，是因为在这种情况下，对象是线性可分的，如图 5. 11 所示[178]。

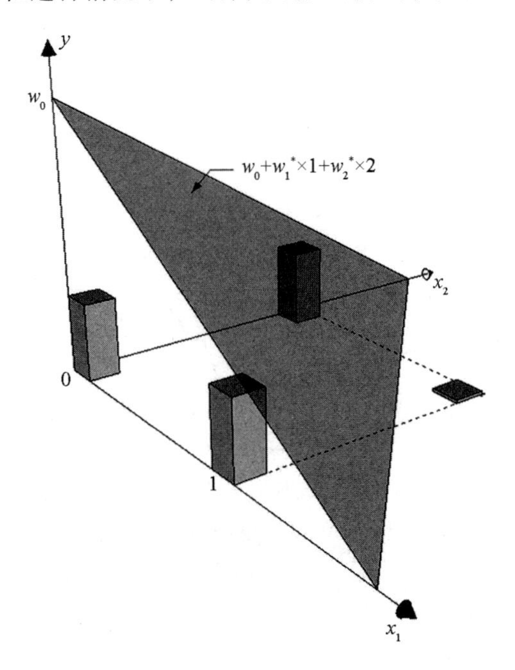

注：w_0 表示平面的偏移量，w_1 和 w_2 表示 y 轴与 x_1 和 x_2 坐标相交直线的斜率。

图 5. 11　对应“与”非逻辑函数的对象线性可分性的几何表示

（经 Demin 等[178]许可转载，版权© （2015） 归 Elsevier 所有）

图 5. 12 为所实现的感知器示意图。

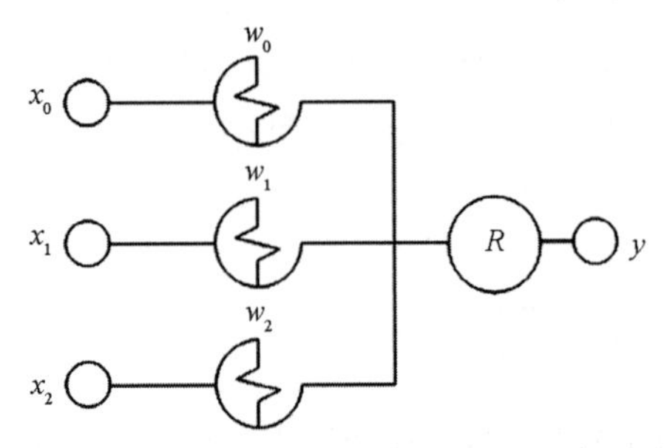

图 5. 12　基于有机忆阻器的基本（单层）感知器示意图

（经 Demin 等[178]许可转载，版权© （2015） 归 Elsevier 所有）

传感器层包含x_1和x_2两个输入，对应需要进行分类的对象的特征。它还包含一个永久偏置输入x_0，其提供对象分离时所必需的偏移量。当然，这一简单系统只能区分两类对象：如果输出信号是 1，则该对象属于 A 类；若输出信号是 0，则该对象属于 B 类。而且，我们也可以通过在输出层添加神经元并提供适当的突触连接来增加分类的种类。

当电路实现后，需要对训练算法进行识别测试。在此情况下，我们决定使用 Rosenblatt[282]提出的最简单方法——误差校正。该算法表明，每个迭代步骤中所有活性连接的变化方式都相同，其取决于输出信号实际值和期望值之间的误差符号，而非误差大小。

如上文所述，该感知器必须根据与非逻辑函数对对象进行分类。因此，输入信号的值用 1 和 0 表示。输出信号也采用二进制代码：当输出信号值为 1 时，对象属于与非类；而输出信号值为 0 时，对象不属于与非类。例如，如图 5.11 所示，对于与非函数，向量（0，0）、（0，1）和（1，0）属于“1”类，而向量（1，1）属于“0”类。由于这种感知器中存在一个一阶平面，进而可以将这些对象进行分类。

以施加的电压作为输入信号，电流值作为输出信号。在使用感知器之前，需要确定哪些输入值不会改变电路中忆阻器的导电状态。根据试验和仿真信息（第 2 和 4 章），我们设 0.4 V 为逻辑“1”，0.2 V 为逻辑“0”。因而，我们通过以下方式对感知器进行训练。首先，建立真值表（表 5.2），其中预期输出信号的理论值对应输入信号的所有可能组合。

表 5.2　与非函数的真值表

In_1	In_2	Out
0	0	1
1	0	1
0	1	1
1	1	0

在训练过程的每个阶段，向系统连续施加输入信号（x_1和x_2）的所有可能配置（4 种可能的组合）。经过测量得到输出信号后，计算出误差符号，再将实际信号值与真值表进行比较。如果误差为负，则需要继续对忆阻器施加增强刺激；如果误差为正，则需要施加抑制刺激；如果误差为零，则无须采取任何操作。

一般情况下，一个训练阶段包括以下过程：首先连续施加所有可能存在的4个输入向量，再将输出值与真值表进行比较，必要时可以在施加每个输入向量后进行权重调整，直至所有施加的输入向量误差值均为0，训练过程停止（实际上，为了确保训练成功，训练过程会重复2次以上）。

除了使用对应输入“1”和“0”的电压，我们还采用了另外2个用于增强（0.7 V）和抑制（-0.2 V）权重函数的电压。我们基于所用器件的电阻切换实验动力学（参见第2和4章）来设定此类权重函数变化所需的时间间隔。因此，在施加增强刺激时，所需的时间间隔为400 s，对于施加抑制刺激来说仅为50 s（但是，这些间隔所持续时间会发生变化）。

对于上述感知器，其输出信号是电流值。为了获得输出信号的二进制代码，我们确定了两个电流值：阈值电流I_t和分界电流I_d。如果输出信号的电流值小于$I_t - I_d$，则输出为“0”；如果输出信号的电流值大于$I_t + I_d$，则输出为“1”。为了避免在输出信号的电流值约为I_t时出现分类错误，我们引入分界电流。其中感知器的I_t和I_d的值分别为3.0 μA和0.5 μA。

图5.13显示了施加不同增强和抑制刺激的训练时间获得的训练结果。

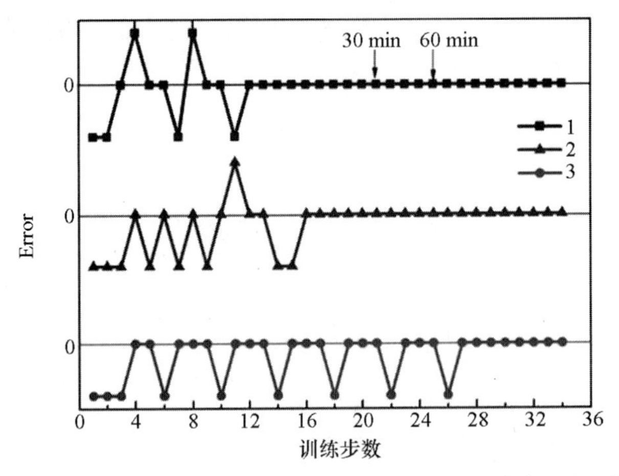

注：增强/抑制时间分别为（1）600/30 s，（2）200/20 s，（3）150/15 s。

图5.13　执行与非函数的感知器训练过程中的误差符号对施加增强和抑制刺激持续时间的训练步数的影响

（经Demin等[178]许可转载，版权©（2015）归Elsevier所有）

如果施加增强刺激和抑制刺激的训练时间分别为600 s和30 s，基于与非函数的对象分类则需要15个步长来完成。从图5.13中可以清楚地看出，若减少训练时间，则相应的要增加训练步长。因此，当完成整个训练过程的耗时较短时，就能得到一个最佳的增强刺激或抑制刺激的持续时间。在我们的例子中，这个施加增强刺激最佳的持续时间是200 s。I_t和I_d的值也会影响所需的训练步长。所以，当这两个电流值增加时，所需步长也会增加。训练结束后，所实现的电导率至少可以在几个小时内保持恒定。

当训练感知器进行与非函数分类时，我们也尝试了基于或非（nor）函数再次训练感知器进行分类。在这种情况下，所使用的所有电压值和电流值均相同。表5.3为我们使用的或非函数真值表。

表5.3　或非函数的真值表

In_1	In_2	Out
0	0	1
1	0	0
0	1	0
1	1	0

在这种情况下，只需要2个步长，施加增强刺激阶段的训练时间为200 s。这两个步长对应（0，1）和（1，0）两个输入信号组合，因为仅这两个组合的与非和或非函数之间的输出值存在差异（比较表5.2和5.3）。经过这两个步长之后，两个输入信号组合的输出误差为0。

由于已成功证明了基于有机忆阻器的感知器的训练能力，因此我们可以更好地理解图5.11中所示的分类事件示意图的含义。此图中的条形对应与非函数的每个输入向量的输出值。图中平面是一个一阶平面，可以描述为$y(x)=w_0+w_1x_1+w_2x_2$，它可以将符合和不符合与非逻辑函数标准的对象分开，而将永久偏置忆阻器的电导率w_0定义为该平面的偏移量。另外两个忆阻权重分别表示$y(x)$轴与x_1和x_2坐标相交直线的斜率，直到该平面移动到可以将所选择的输入信号类别分开，感知器的训练才会停止。与非到或非函数的再训练过程意味着平面倾斜度的增加，从而使得点（0，1）和（1，0）在分类对象之外。

综上所述，本节展示了基于有机忆阻器实现人工神经网络（尤其是单层感知器）的可能性。然而，这种类型的感知器只能对线性可分离对象进行分类。因此，下一节将专门讨论没有这种限制的双层感知器。

5.2.2 双层感知器

单层基本感知器的相关研究逻辑延续可以用于双层感知器的实现，其可以对线性不可分离对象进行分类。基于双层感知器的这个特点，可以使用异或（Xor）逻辑函数训练此类感知器。具体参考图 5.11，双层感知器的两个对角线值必须为 1，而其他两个值必须为 0。显然，一阶平面无法分开这些不同类别的对象。

图 5.14 为双层感知器的示意图。该双层感知器包含 2 个输入（x_1，x_2）、位于隐藏层中的 2 个神经元（数量可以增加）和 1 个输出神经元（数量同样也可以增加）[282]。

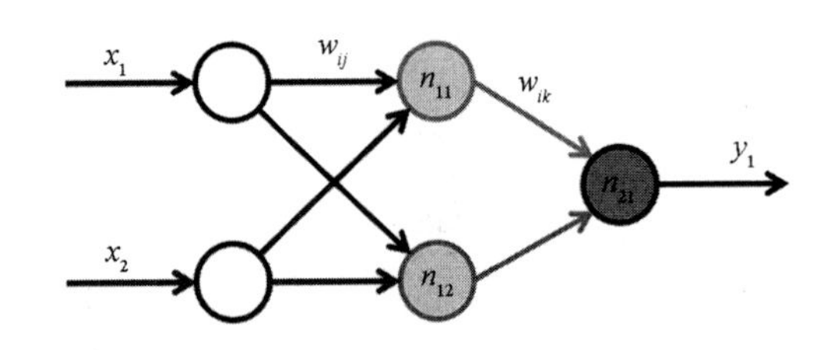

图 5.14　双层感知器示意图

（经 Emelyanov 等[282]许可转载）

即使双层感知器从表面看来似乎并不复杂，但其内部电路的实现非常复杂，接下来我们将会对其内部电路进行具体介绍。

隐藏层中的输入和神经元通过突触权重（w_{ij}，w_{jk}）进行连接，因而基于有机忆阻器的网络电路图如图 5.15 所示。该图中圆圈内区域对应图 5.14 中的圆圈（神经元）。

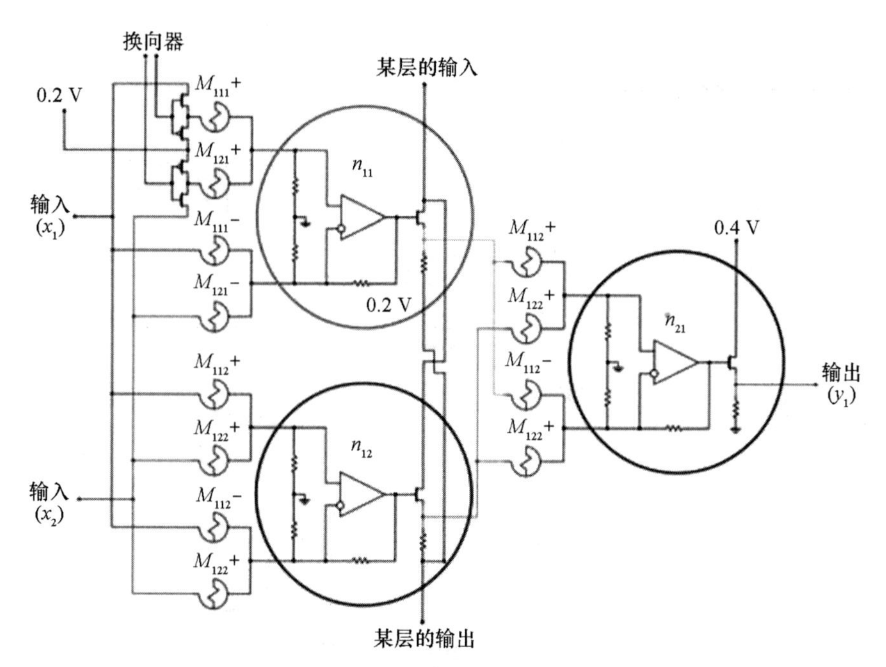

注：神经元用圆圈标记，由微分求和器和激活函数组成。忆阻连接编号 M_{nij}（+/-）包括 n 个层，连接到第 i 个输入和第 j 个输出神经元。符号说明此部分权重是正或负。仅显示 M_{111}+和 M_{121}+忆阻器的存取系统，为简单起见，省略了其他器件的存取系统。

图 5.15　基于有机忆阻器的人工神经网络硬件电路图

（经 Emelyanov 等[282]许可转载）

每个突触权重都由 2 个忆阻器表示。对网络进行训练时必须确保每个忆阻器电阻（即突触权重）不受到其他忆阻器的影响。为此，我们开发了一种基于互补金属氧化物半导体器件晶体管且可通过改变电压控制开关的存取系统。该系统可以执行两个操作：在信息处理期间读取电压以及在训练过程中将电压施加到所选定的忆阻器上。将 1 个 8 选 1 模拟开关组成的（主）整流器和另外 2 个（从）整流器串联连接，可以实现用 5 个逻辑输入控制电路中 12 个开关（图 5.16）。

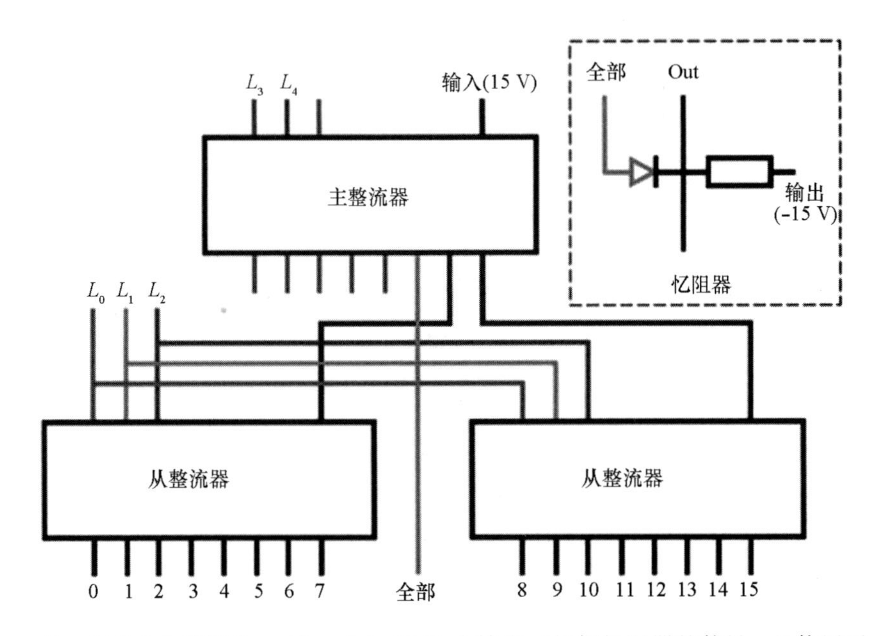

注：包含5个逻辑输入（$L_0 \sim L_4$）和16个输出（根据忆阻器的数量，只使用了12个输出）。单独的输出"全部"（All）对应将控制电压（15 V）施加到所有忆阻器存取系统（在感知器读取某些输入向量期间）。在没有控制电压的情况下，由于需要向所有忆阻器施加0.2 V电压，因此将－15 V电压施加到存取系统。

图5.16　整流器逻辑电路示意图

（经 Emelyanov 等[282]许可转载）

人工神经元（Soma）的主体具有求和及阈值两个重要功能，可以由一个基于运算放大器的差分加法器和一个由求和器输出控制的分压器（带有金属氧化物半导体场效应晶体管（Metal Oxide-Semiconductor Field-Effect Transistor, MOSFET））去实现。根据式（5.5），我们可以通过差分求和器来分离不同类别的输入组合：

$$y_A = \sum w_i x_i \tag{5.5}$$

式中，y_A是求和器的输出电压，x_i和w_i分别是输入电压和相应的权重。

该双层感知器还可以通过成倍增加忆阻器的数量来实现负突触权重。这一点对于大多数任务中的训练算法的收敛至关重要。其中，使用两个连接到运算放大器输入端的兴奋性和抑制性忆阻器来模拟每个突触。第i个突触的权重可由式（5.6）所示：

$$w_i = R_{fb}(G_i^+ - G_i^-) \tag{5.6}$$

式中，R_{fb}是反馈电阻，G_i^+ 和G_i^- 分别是第 i 个兴奋性和抑制性忆阻器的电导。

将输出电压 y 施加到分压器中的场效应晶体管的栅极上。当分压器启动时，将神经元输出端连接到逻辑“1”；当分压器关闭时，将神经元输出端连接到逻辑“0”。分压器的阈值电压取决于所用的 MOSFET 的特性，我们在本书中选用 1.8 V 电压作为阈值电压，其典型的传递函数（激活函数）如图 5.17 所示。

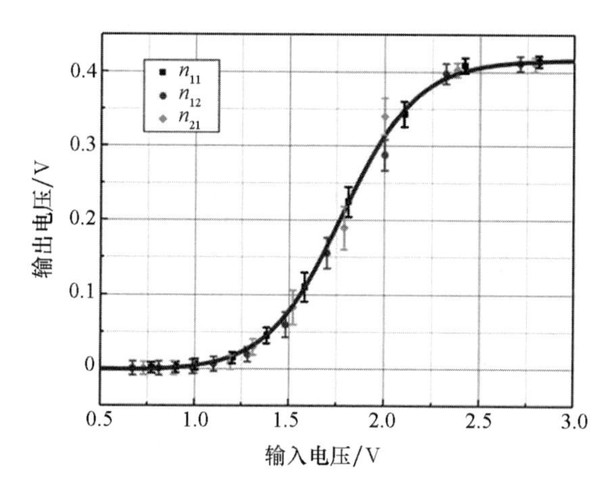

图 5.17　实现神经元激活函数的三个分压器的传递函数
（经 Emelyanov 等[282]许可转载）

与单层感知器类似，我们将 0.4 V 的电压视为逻辑“1”，0.2 V 的电压视为逻辑“0”。0.6 V 和 −0.2 V 的电压分别用于增强和抑制刺激。

由于双层感知器能够解决线性不可分离的问题，因此我们选择基于异或逻辑函数的分类方法进行网络训练。因为单层感知器是基于每个输出神经元形成的一个超平面对不同类别的对象进行分离，所以单层感知器无法完成对象线性不可分离的问题。然而，由双层感知器形成的人工神经元网络中的第二层神经元可以在第一层空间中进行分离，实现了网络隐藏层中突出神经元的并、交、差运算。

在机器学习中，带有批量校正学习算法的反向传播[296]被广泛用于实现非线性可分离任务中。该算法包括对网络中所有权重的平方误差函数进行梯度计算。将所得梯度数据反整合到优化方法中用于更新权重，以实现平方误差函数的最小化。因此，它需要非常精确的权重变化。这一项对于基于感知器的硬件实现至关重要，主要是因为统一数学模型下忆阻器的电阻开关动力学不够相似。因此，我们可以只遵循权重校正方向（符号）而非其值，选择基于经验确定的训练脉冲持续时间。这种对反向传播学习算法的修正使收敛所需步长与初始权重分布呈强相关性：它越接近最终分布，所需的步长越少。需要注意的是，并非网络的所有初始状态都会表现收敛。为了解决这个关键问题，采用STDP规则[210-217,297]实现其他算法，或者实现在电路中使用非接触式分光光度法测量每个元件的电导率[270-271]。

训练过程的每一步操作都包括连续施加整组向量$\boldsymbol{x}(k)$（$k=1, 2, 3, 4$）、实际权重测量（施加“读取”脉冲）和权重校正（施加“写”脉冲）。我们选定校正脉冲持续时间值，以实现训练步长持续时间的最小化。该值在整个学习过程的所有步长中保持恒定（但在施加抑制和增强脉冲的情况下有所不同，该过程会在收敛后停止）。图5.18（a）和（b）显示了异或逻辑函数在第一次和最后一次迭代中的训练结果。训练后权重值的变化如图5.18（c）所示。

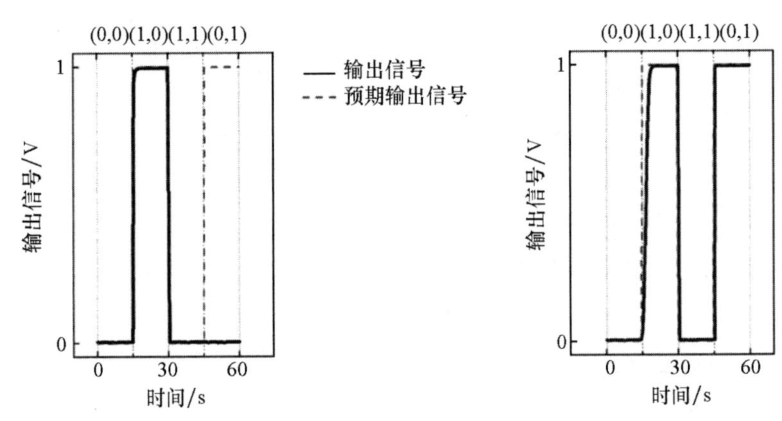

（a）训练前各阶段内的输出信号　　（b）训练后各阶段内的输出信号

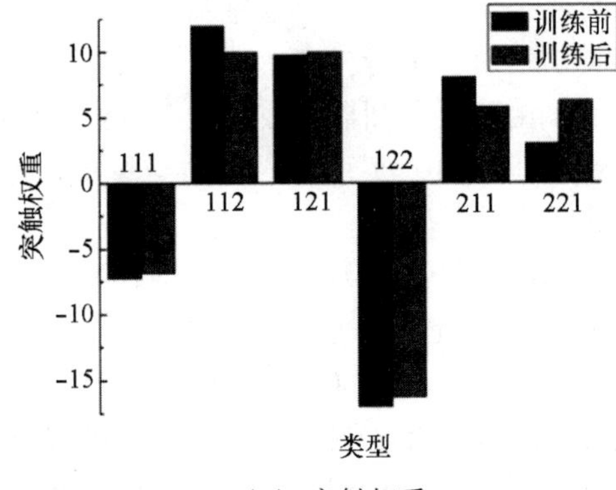

（c）突触权重

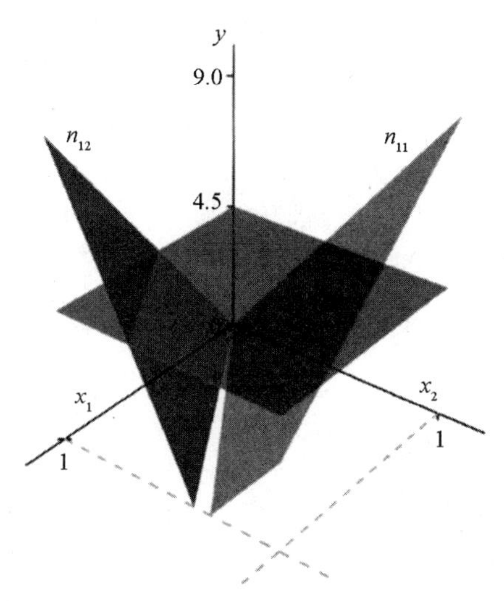

（d）相应的特征平面分区（平面 $y=4.5$ 上方和下方的区域分别对应“1”类和“0”类）

注：获得的分离平面由第一层中的相应神经元实现。

图 5.18　试验数据

（经 Emelyanov 等[282] 许可转载）

如前所述，每个权重由两个忆阻器进行调整（它们的电导并未单独显示），并且可以设置为任意单位。如图 5.18（c）所示，调整权重值，使特征空间内两个输出类信号被两个平面分离。

双层感知器通过超平面组合将特征空间分成不同的类别。鉴于这一特性，此感知器不仅能通过二进制代码进行对象分类，在输入值介于“1”和“0”之间时也能实现对象分类。换句话说，它可以对模拟的输入信号进行分类。这一点已经通过模拟简单多边形——三角形的分类得到证明。模型系统包含两个输入，对应平面上点的平面坐标。由于隐藏层中的一个神经元表示为一条直线，因此可以得到第一层包含三个神经元。第二层（最后一层）只包含一个神经元，其输出结果对应对象是在确定的三角形内部还是外部。我们使用真实有机忆阻器的试验测量特性来模拟该电路。

通过 Sigmoid 函数（式（5.7））拟合试验数据（图 5.18），我们可以得到第 i 个神经元的激活函数：

$$y_i = 1/\{1+\exp[(\Sigma_i - 4.5)/0.5]\} \tag{5.7}$$

式中，Σ_i是第 i 个神经元输入的加权求和，0.4 V 为逻辑“1”。

我们通过简化反向传播算法进行训练，将激活函数的导数替换为常数

0.5，以加快训练的收敛速度。

图5.19（a）显示了隐藏层中神经元形成的分隔线可能存在的位置，以及通过计算得出的输出信号图。

选择输入数据的矢量点（白色方块）来训练感知器，让其对三角形中的模拟信号进行分类。三角形内的点被归类为“1”，而其他点则被归类为“0”。图5.19（b）显示了不同初始条件下平方误差与Epoch数的关系。其中，Epoch数收敛到0表明了双层感知器适用于不同初始权重值下模拟对象的分类。

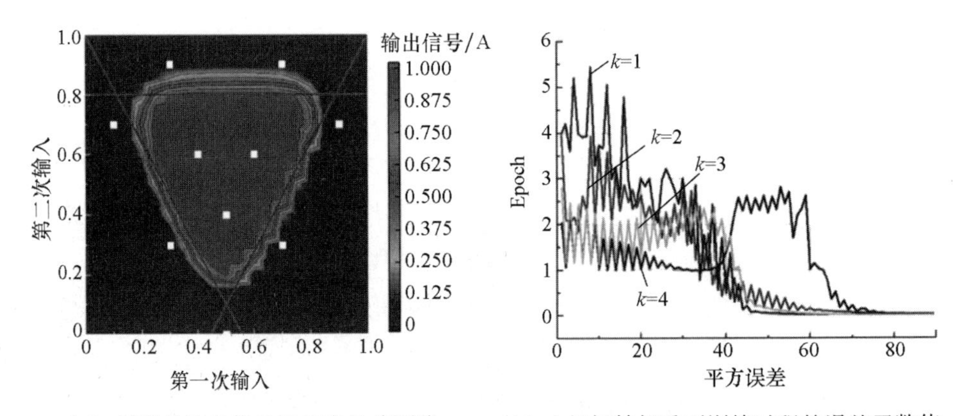

（a）模拟的输出信号及相应的分隔线　（b）4组初始权重下训练过程的误差函数值

图5.19　模拟结果

（经Emelyanov等[282]许可转载）

综上所述，本节通过试验证明了实现基于有机忆阻器的双层感知器的可能性，其能够对线性不可分对象进行分类。而基于这些器件表现出来的真实特性所建立的模型，已经证明双层感知器主要适用于对模拟信号进行分类。这项研究的进一步发展计划包括探讨在此类器件中对氧化还原反应前沿传递进行无干扰实时光学监测（第4章末尾所述）的可能性。此类监测不仅可以揭示网络中每个权重的电导率状态，还可以跟踪它们的变化动力学。

第 6 章　神经形态系统

本章将介绍有机忆阻器神经形态的应用。根据引言中所述的标准，此处使用术语“神经形态”。

6.1　基于单个忆阻器的电路学习

6.1.1　直流模式

神经形态系统的主要特征是使其具备学习能力。换句话说，实现的网络必须在不修改系统架构的情况下，根据训练过程（监督学习）或基于积累的经验（无监督学习），对可变的外部刺激作出反应。因此，首先需要测试有无可能将单个忆阻器（神经系统中生物突触的模拟）用作此类网络中的关键元件。

为了证明这种可能性，有研究选用了包含两个输入电极和一个输出电极的系统[298]。该系统可以使用一种非常简化的方式与巴甫洛夫狗学习（经典条件反射）进行简单比较，这一方法后来在多项研究[153,209,242,297,299-303]中都有使用。假设两个输入分别对应食物和铃声。在训练之前，声信号（中性刺激）并没有导致与唾液等相关的重要输出信号的产生。然而，当同时施加两种刺激（食物和铃声）时，将引发条件反应（学习）。在这种条件反射之后，原本的中性刺激会导致重要输出信号的出现。在这种情况下，学习即是将中性信号（铃声）与食物关联了起来。

图 6.1 显示了我们为了实现这种学习而采取的电路方案。

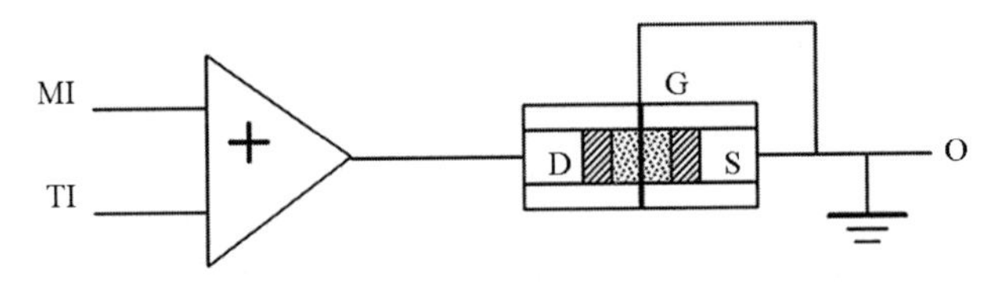

图 6.1　有机忆阻器学习能力的试验方案

(经 Smerieri 等[298]许可转载，版权© (2008) 归 Elsevier 所有)

由图 6.1 可知，该电路包括两个输入：MI（主输入）对应声音刺激，TI（训练输入）对应食物的存在。与第 5 章（该章节主要讨论人工神经元网络）类似，采用电压作为输入刺激。由于这些电压值（0.3 V）是单独施加的，电位差不足以将忆阻器切换到高导电态。当两个输入都施加到求和器上时，输出信号值等于输入电压之和。将忆阻器的源极 - 漏极电路中的电流值作为输出。我们假设只有当输出信号值高于某个阈值时，才有可能执行预先定义的功能（在巴甫洛夫狗学习模仿的案例中为分泌唾液）。

以图 6.1 所示电路为例，其训练过程中输出电流随时间的变化如图 6.2 所示。

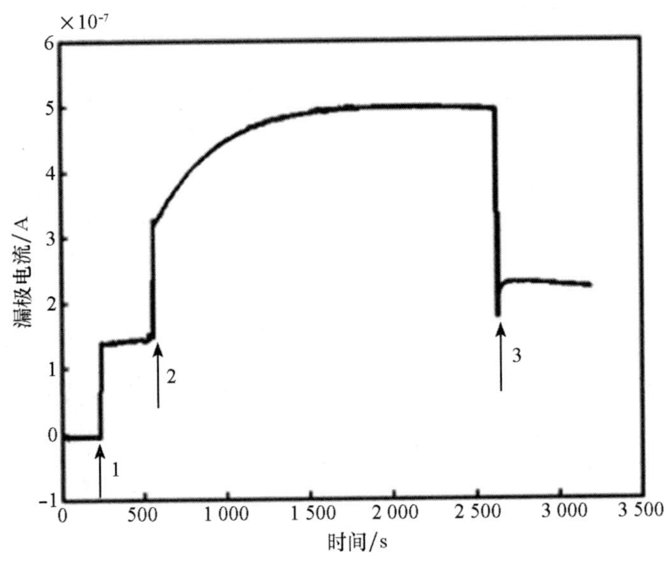

注：箭头代表开始施加输入电压的时间点。1. 施加 MI，未施加 TI；2. 施加 MI，同时施加 TI；3. 施加 MI，未施加 TI。

图 6.2　输出电流随时间的变化

(经 Smerieri 等[298]许可转载，版权© (2008) 归 Elsevier 所有)

试验开始时，两个输入电压均为0。250 s后（点1），仅向电路施加与声音刺激相对应的MI。选择MI值时，应确保其不会改变忆阻器的导电状态。它会带来约0.14 μA的电流，且该值随时间恒定。试验开始后的550 s（点2），对应同时施加MI（声音刺激）和TI（食物存在）的情况。学习过程即从此刻开始。我们可以清楚地看到，输出电流从0.32 μA逐渐增加到0.5 μA。在达到饱和（点3）后，仅对电路再次施加MI刺激。在相同的输入电压下，观测到的电流值为0.23 μA，约为训练前系统观测值的160%。

如果我们假设功能执行（分泌唾液）所需的阈值为0.2 μA，则系统仅在训练前不会对声音刺激作出反应，而在训练后，可以将这声音—刺激与食物关联起来，进而触发分泌唾液的功能。结果表明，即使电路中仅包含一个忆阻器，也可以实现最简单的训练。

当然，学习越复杂，需要设计的系统也越复杂，即系统应包含大量忆阻器。特别是，基于具有随机架构的有机忆阻器（这一点将在后续部分中进行讨论），可以让系统在有限空间中实现类突触元件极高程度的集成。在这些系统中，我们无法确定源极和参比电极的电位是否相同，这与网络中材料的随机分布有关。因此，我们向参比电极施加不同的电位，对配有三个电极的有机忆阻器进行了专门研究[298]。

向参比电极施加不同的电压时，器件总电流和电子电流随时间的变化如图6.3所示。

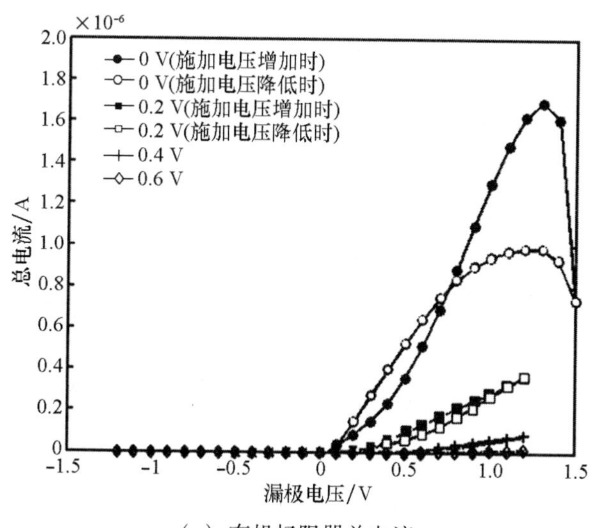

（a）有机忆阻器总电流

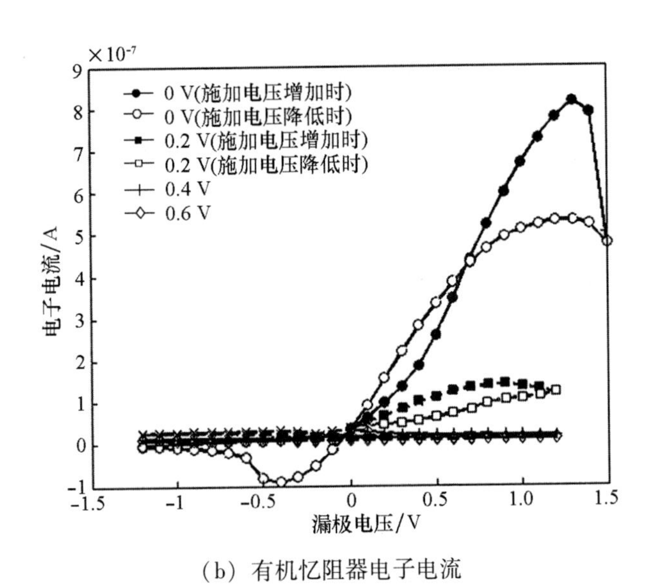

(b) 有机忆阻器电子电流

图 6.3　向参比电极施加不同电位时有机忆阻器总电流和电子电流随时间的变化
(经 Smerieri 等[298] 许可转载，版权© (2008) 归 Elsevier 所有)

从图 6.3 中可以清楚地看出，随着施加到参比电极正电位值的增加，器件电阻也显著增加。这一行为的出现是因为相对于参比电极，活性区中聚苯胺的负电位值更大，因而其转变为了绝缘态（还原态）。图 6.4 显示了最大总电流与施加到参比电极上的电位值的关系。

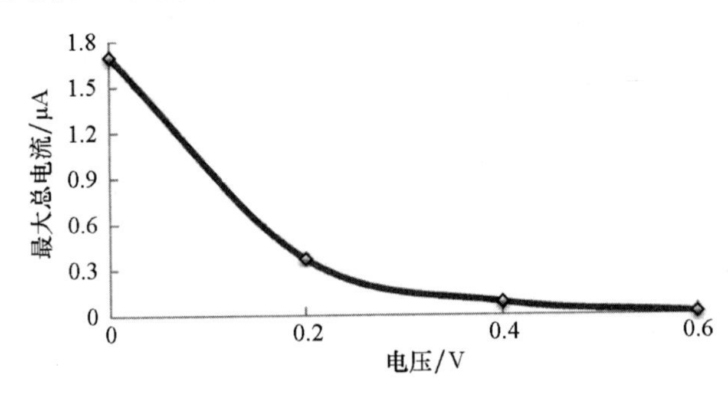

图 6.4　有机忆阻器的最大总电流与施加到参比电极的电位值的关系

向参比电极施加 0.6 V 正电位时，器件的最大电导率相对于参比电极接地时降低了 2 个数量级以上。并且，当整个循环结束时，器件的电阻值约达 9 MΩ。这导致必须在 HCl 蒸气中对器件进行额外的掺杂，才能使其恢复导电态。

向参比电极施加负电位时，则无这一明显效果。特别是，当施加电位值为 −0.2 V 时，最大电流值减少了 20%，而当施加电位值为 −0.6 V 时，最大电流值减少了 50%。

离子电流的循环伏安特性分析揭示了从导电态切换到绝缘态及从绝缘态切换到导电态时峰值位置的偏移。这种偏移是由活性区中聚苯胺的实际电位与施加到参比电极的电位不同引起的。

6.1.2 脉冲模式

如前一小节所述，即使是基于单个忆阻器的简单电路，也可以对此类系统进行调整和训练。模仿生物体学习过程的下一步是研究他们在脉冲模式下训练的可能性。

我们再次与巴甫洛夫狗学习的简化模型类比（不考虑脉冲的时序，本节将专门讨论 STDP 学习算法）。我们可以将声刺激对应输入电位V_1，与基本电平V_0（器件导电状态不变的情况）相比。我们将在系统训练期间使用两种类型的输入信号：强化关联的正向训练（食物的存在），将由V_2表征；抑制关联的负向训练（例如，当施加声信号时，不提供食物而殴打狗），将由V_3表征。在正向训练的情况下，施加的脉冲幅值高于V_1，而在负向训练的情况下，施加负电位脉冲。与直流模式类似，将器件的总电流值视为输出信号[243]。

试验中，交替进行训练和测试。在训练阶段，我们应用了 5 个脉冲序列，幅值为V_0+V_2或V_0-V_3，而在测试阶段，同样应用了 5 个脉冲，但幅值为V_0+V_1。脉冲间隔时间等于脉冲持续时间。不同阶段之间时间间隔通常为 15 s。在详细表征后，设定每个器件的V_0、V_1、V_2和V_3值。通常情况下，这些值分别为$V_0=0.3$ V、$V_1=0.1$ V、$V_2=0.3$ V 和$V_3=0.6$ V。

图 6.5 显示了有机忆阻器经过 15 次周期训练和测试后的试验结果。

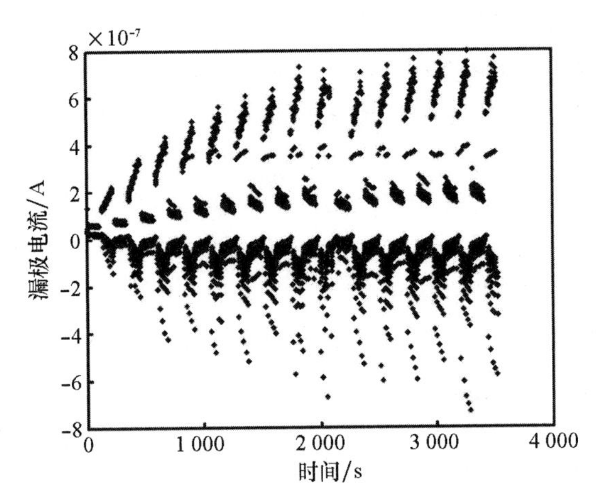

图 6.5　脉冲模式下有机忆阻器的训练和测试结果

（经 Smerieri 等[242] 许可转载，版权©归 AIP 出版社所有）

图 6.5 中靠上部分的点对应训练脉冲，中间部分的点对应测试脉冲，底部的点对应基本电位。在试验开始时，施加声刺激作为输入信号，得到的输出信号值约为 151 nA，经过 10 个训练周期后该值增至 270 nA。

试验首先进行 30 个测试周期，随后进行了 15 个训练—测试周期。试验结果如图 6.6 所示。

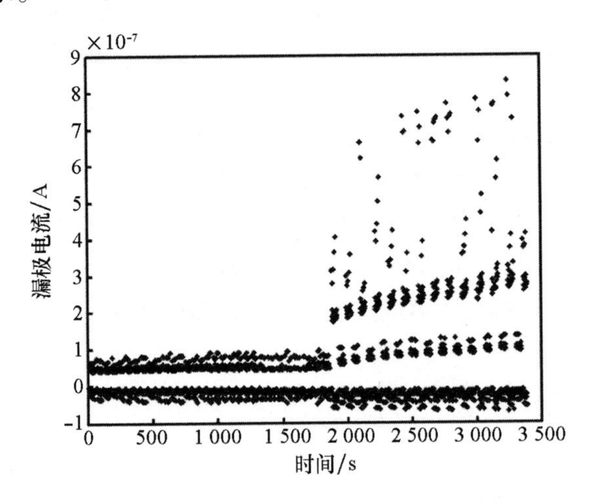

图 6.6　有机忆阻器输出电流的时间依赖性

（经 Smerieri 等[242] 许可转载，版权©归 AIP 出版社所有）

图6.6的左侧部分表示测试脉冲和基本电位所对应的两组试验点，右侧部分为训练脉冲所对应的第三组试验点。从图中可以清楚地看出，仅施加测试周期实际上并不能改变输出信号的值，而在训练阶段，输出信号的值从45 nA不断增至97 nA。

强化和抑制训练周期内的试验结果如图6.7所示。试验首先进行15个周期的强化训练—测试（左侧部分），输出电流值从45 nA增加到107 nA。然后，再进行15个周期的抑制训练—测试（中间部分），输出电流值下降至59 nA。最后，连续进行15个周期的强化训练—测试（右侧部分），最终输出电流值增加至150 nA。

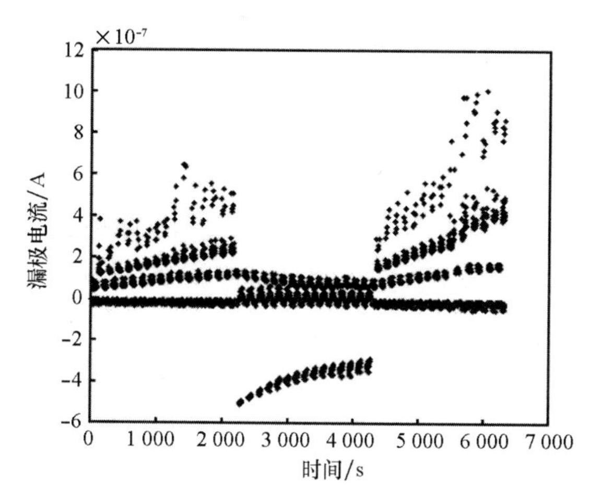

图6.7　试验结果

（经Smerieri等[242]许可转载，版权©归AIP出版社所有）

本节的试验结果表明，有机忆阻器的训练（以理想的方式进行电阻切换）在直流和脉冲模式下都非常有效，这说明系统可以实现类似于生物神经系统的信号传递模式。

6.2　基于多个忆阻元件的网络训练

为了证明自适应网络实现（监督学习）的可能性，我们基于有机忆阻器（突触模拟）实现并测试了图6.8所示的包含8个有机忆阻器的网络[247,304]。

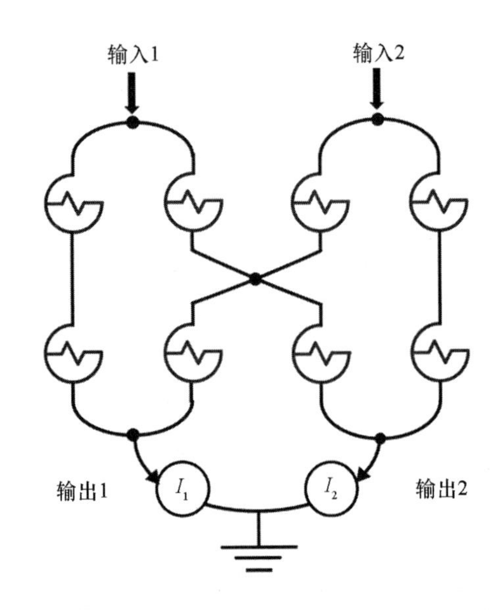

图 6.8　基于 8 个有机忆阻器的自适应网络方案

从图 6.8 中可以清楚地看出，该电路中每个输入端和输出端之间可以形成多种信号通路。

向两个输入端施加 0.6 V 的偏置电压。在将 0.6 V 偏置电压施加到第一输入电极期间，分析每个输出电极的电流值。测量结果见表 6.1。

表 6.1　图 6.8 所示电路的训练结果

阶段	输出端 1 的电流/nA	输出端 2 的电流/nA
训练前	120	32
训练后	65	124

在输出端 1 和输出端 2 测得的输出电流初始值有明显差异，这是各个忆阻器的属性和初始条件不同所致。此外，对网络中的元件（有机忆阻器）分布进行分析，表明了连接输入端 1 和输出端 1 的通路一定比连接输入端 1 和输出端 2 的通路导电性更强（如果我们假设整个电路中所有有机忆阻器的初始电阻相等）。

从表 6.1 中可以清楚地看出，初始情况下，如果施加输入信号，第 1 个输出端的信号值较高。然而，经过训练，情况则相反。若将信号施加于第 1 个输入端，第 2 个输出端的信号值较高。

训练方法如下：在第1个输入端和第2个输出端之间施加5 min的1.2 V电压，而在第1个输入端和第1个输出端之间施加-0.5 V的电压。训练结束后，对系统进行测试。与训练前的测试情况类似，将0.6 V电压施加到第1个输入端，并测量输出端1和2处的电流值，结果如表6.1所示。从表6.1可以清楚地看出，训练是成功的，信号通路的导电性出现了反转。需要强调的是，在这种情况下，信号通路导电性的变化是在电路无任何修改情况下完成的，只与适当的训练过程相关。

系统训练是一个可逆的过程：充分改良的算法不仅可使系统达到初始条件，还可以在必要时抑制第1输入端和第2输出端之间更多的信号通路。

更重要的一点是，使用有机材料还可以改善系统的功能特性。尤其是，图6.8所示电路的实现方式较灵活。该电路采用聚酰亚胺（Kapton）薄膜作为基底，图6.9为所实现柔性自适应网络结构的图像。

图6.9　柔性自适应网络结构（含有8个忆阻器）的实现
（经Erokhin等[304]许可转载，版权© (2010) 归Elsevier所有）

由图6.9可知，在任意输入端和输出端之间测量的系统的循环伏安、动力学特性与刚性系统的完全相同。

6.3 训练算法

即使传统神经网络的常规训练算法相当成熟，也不能直接用在神经形态系统上。事实上，即使是双层感知器这种相当简单的结构，训练算法也需要能监测所有连接的权重函数及其变化动力学，并能改变这些权重函数，从而对网络中任何忆阻器（负责权重函数的变化）执行必要操作。神经元网络在软件层面的实现相当容易，模拟所有元件，并且可以在不干扰其他元件的情况下接入所有元件（读取当前电阻值，并施加刺激以增加或减少这些值）。然而，神经（和神经形态）系统则并非如此。在这类系统中，无法接入中间层元件，并且只能向输入和输出电极施加必要的电压（或电流）。

本节将讨论由 27 个有机忆阻元件组成的模型电路的训练，模型方案如图 6.10所示。该系统的训练是在选定的输入 – 输出电极对之间引入优先信号通路，并抑制所有其他可能的电极对之间的导电性。

图 6.10（a）展示了第 3 章中描述的基于单个有机忆阻器的简化模型的等效电路。考虑达到还原或氧化电位时器件工作模式的变化，有必要在电路中引入稳压二极管。

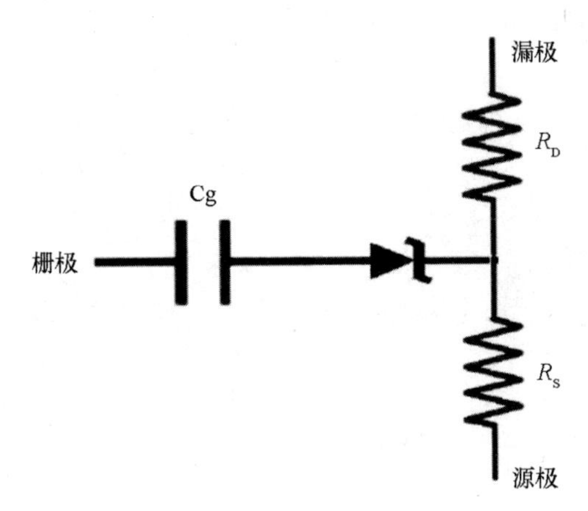

（a）基于单个有机忆阻器件的简化等效电路

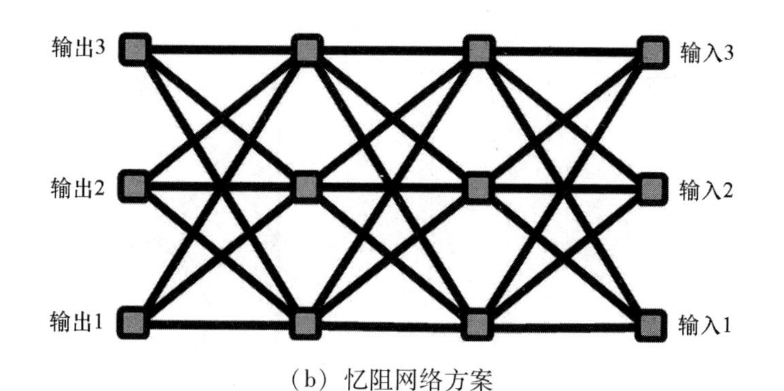

（b）忆阻网络方案

图6.10 简化等效电路和忆阻网络方案

（经 Erokhin 等[304]许可转载，版权© （2010） 归 Elsevier 所有）

图6.10（b）显示的网络包含1个输入节点层、2个中间节点层和1个输出节点层。每层包含3个节点。层内每个节点都与前一层和后续层中的所有节点相连。节点是接触点，而他们之间由有机忆阻器连接。因此，该网络包含27个忆阻器和6个终端节点（3个输入端和3个输出端）。忆阻器的连接方式如下：源极指向输出节点，漏极指向输入节点。我们假设每个终端节点都可以连接到电流发生器、电压发生器或零电位发生器。图6.10所示的配置介于单个器件和复杂随机网络之间，这将在第7章中详细介绍。采用改进的节点分析方法[305]计算了网络的参数和演化过程。

为了在选定的一对输入－输出节点之间形成导电通路，应通过施加适当的电压值来切换通路中各个忆阻器导电状态。如果忆阻器处于部分或完全绝缘态的情况，那么施加高于0.4 V的电压将导致其电导率增加，而施加低于0.1 V的电压将导致其电阻增加。因此，单个器件电导率的变化较易实现，只需在足够的时间间隔内施加足够的电压即可；而在定义的输入－输出节点对之间实现优先信号通路则复杂得多，因为它需要增加网络中几个忆阻器的电导率，并同时降低其他所有器件的电导率。

如果可以接入所有单个器件，那么任务将相当简单，就像在软件层面实现人工神经元网络的情况一样。然而，在类似于生物神经系统的神经形态网络中，我们可以将训练刺激仅施加于系统的终端节点。因此，对终端节点的刺激应用将分布在网络的所有记忆器件中。

如果网络基于2D架构，那么向整个系统施加刺激时，输入端和输出端之间元件电导率的最终分布会因面临多种限制而无法实现。此类限制的示例如

图 6.11所示。

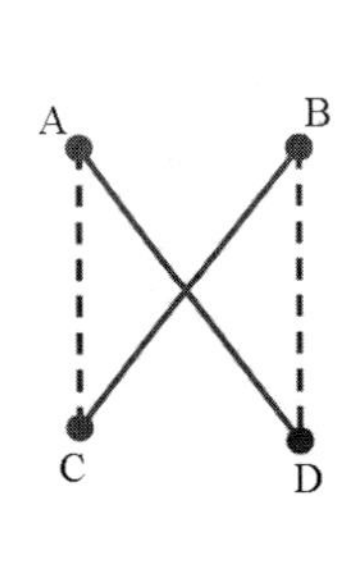

（a）情况示例 1　　（b）情况示例 2

图 6.11　无法训练 2D 网络的情况示例

例如，在图 6.11（a）中，不可能 A－D 点和 B－C 点之间的电导率高，而 A－C 点和 B－D 点之间的电导率低（此处我们仅考虑 2D 网络，3D 网络情况下可能会发生这种情况，我们将在第 7 章中对此进行讨论）。

图 6.11（b）显示了当信号通路涉及至少两层忆阻器时的情况。例如，以下情况是不可能实现的：F－G－L 通路处于导电态而 F－H－L 通路处于绝缘态。

考虑到上述限制，我们开发了三种训练算法。每种算法都选择一对输入和输出节点，并在训练的每个时刻检查这些节点之间的导电状态。每种算法之间的差异与必须降低其导电率的连接的选择有关。第一种算法可以通过降低从信号传输链内的节点到链外的节点的连接的电导率实现；第二种算法通过降低从信号传输链外的节点到链内的节点的连接的电导率实现；第三种算法则是交替使用上述两种算法实现。

在上述三种算法的实际应用中，我们假设所有电阻元件之间的电位分布是施加到终端节点的所有电位之和。

我们假设每个训练算法都必须增加一些连接（忆阻器）的电导率，并降低其余连接的电导率。因此，一方面，我们对提供这些连接的节点施加了一些限制。例如，如果某个连接（忆阻器）必须进入更导电的状态，则其终端节点上的电位差必须大于氧化态电位V_{ox}。因此，所选算法应用于搜索电位分布，满足该策略的所有必要条件。

另一方面，网络中的任何电位分布（向网络中 6 个终端节点施加刺激而形成）都是电路每个节点上电位分布的线性组合。此外，由于每个忆阻器的导电状态变化取决于其终端电极处的电压，我们可以任意选择 1 个节点作为接地节点，也可以将其视为参比电极。

在将所选算法用于每个特定网络时，可以分成两个阶段：确定优先信号通路和施加训练。首先，我们必须确定要连接的节点（1 个输入端和 1 个输出端）。接着，考虑允许这些连接的所有可能的通路，假设通路中必须仅包含 3 个忆阻器（每层 1 个）。根据所选策略，计算每个可能的通路中执行训练所需元件之间的电位分布。然后，输出端 1 保持在地电位水平，并在对其他所有终端节点施加电流刺激的连续变化过程中，计算网络节点之间的电位分布。结果，确定了网络中 5 个电位分布的阵列：$\boldsymbol{V}_1$，…，$\boldsymbol{V}_5$。最后，我们计算了其线性组合（这一线性组合满足所选算法中信号传输的电路参数）。如果没有任何组合对应所选算法，则考虑其他可能的信号传输路径。当找到组合$a\boldsymbol{V}_1 + b\boldsymbol{V}_2 + c\boldsymbol{V}_3 + d\boldsymbol{V}_4 + e\boldsymbol{V}_5$（其对应预设参数）时，训练过程开始。

施加的训练电流值等于单位电流与系数 a，…，e 的乘积。在时间间隔 $\mathrm{d}t$ 内，向系统施加选定电流值。假设在此时间间隔内，每个忆阻器在各个电极处的电位值是恒定的。由于每一步计算后电阻分布都会发生变化，因此我们计算新的电位分布$\boldsymbol{V}_1$，…，$\boldsymbol{V}_5$和系数 a，…，e，以满足所选条件。根据这些新系数的值获取下一个训练步长的电流值。如果满足以下 3 个条件之一，则计算过程结束：①没有组合，改善了系统状态；②所需电流值高于预设值（约 ±10 mA，超过该值会导致有机忆阻器损坏）；③迭代次数高于预设次数。

网络训练的效率评估遵循 4 个标准，前两个是强化值和阈值，与施加电流值对输入 – 输出信号通路形成的影响有关。

接下来，我们将探讨当输出端 B 处于地电位并向输入端 A 施加 1.0 V 的电位时，输入端 A 和输出端 B 之间的电流I_{AB}将如何变化。例如，如果我们的任务是在输入端 3 和输出端 2 之间引入导电通路，则强化值 G 和阈值 O 将由式（6.1）确定：

$$\begin{cases} G \equiv \min(I_{32}/I_{31}, I_{32}/I_{33}) \\ O \equiv \min(I_{32} - I_{31}, I_{32} - I_{33}) \end{cases} \tag{6.1}$$

当所选输出端的电流值大于其他两个输出端的电流值时，G 值大于 1，而 O 值大于 0，说明所选输出端与所选输入端之间的连接十分强烈并具选择性。

另外两个参数为逆向强化值 R 和逆向阈值 S，分别表示信号通路形成的效率和选择性，当向所选输出电极及其他两个输入节点施加刺激时，可用于分析所选输出电极处的值，这两个值由式（6.2）确定：

$$\begin{cases} R \equiv \min(I_{32}/I_{12}, I_{32}/I_{22}) \\ S \equiv \min(I_{32} - I_{12}, I_{32} - I_{22}) \end{cases} \tag{6.2}$$

通常，对于任意构建的系统，G 和 R 值均略小于 1，O 和 S 值均略小于 0。

未来我们将主要考虑 R，原因是该值不依赖于施加到输入节点的信号值。然而，在某些情况下，当电导率值的绝对差异比他们的比率更明显时，还需要考虑 O 和 S。

随机选择一个系统，然后使用每个策略对系统训练 1 000 次。每个策略下系统训练时间的分布如图 6.12 所示。

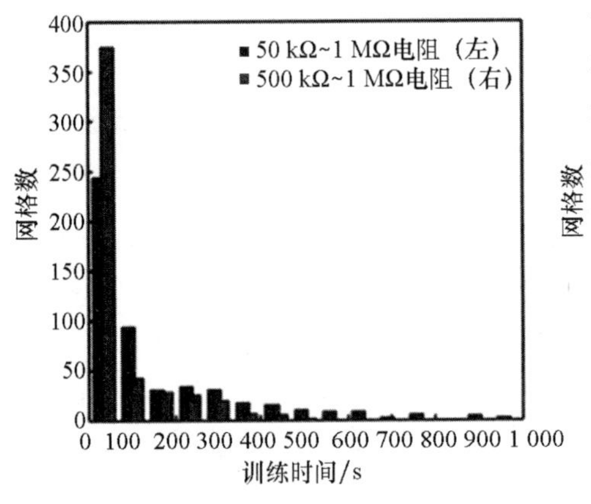

（a）发散连接策略

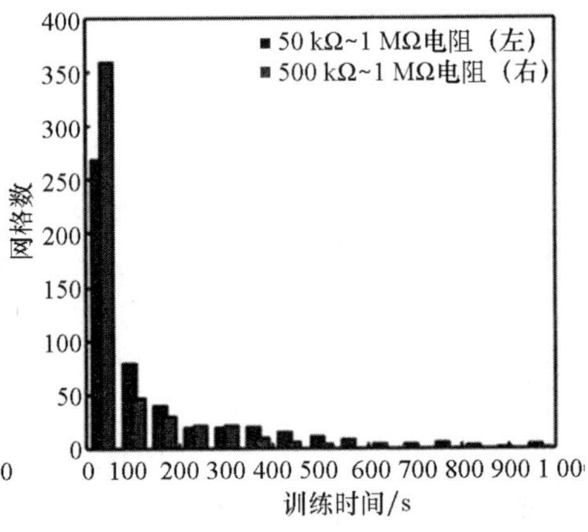

（b）收敛连接策略

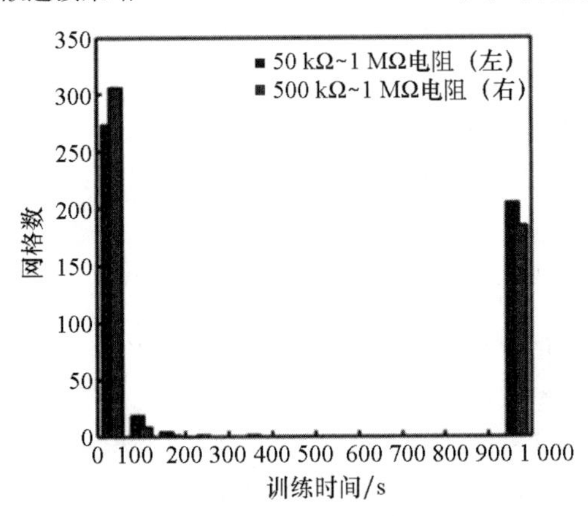

（c）发散和收敛交替连接策略

图 6.12　在连续 500 步训练期间上述三种策略所需训练时间的分布图

从图 6.12 中可以观察到，使用发散和收敛交替连接策略之后，系统最终的状态非常相似。使用发散和收敛交替连接策略时，结果却明显不同。在大约一半的情况下，系统的训练步数需达到最大允许步数，而在其余情况下，系统会在150步后停止训练（大多数情况下，训练在20步后即可完成）。相反，对于发散和收敛连接策略，系统的训练时间会快速衰减。只有一小部分神经网络的训练超过100步。如使用限定电阻范围，训练所需的步数更少。训练过程中参数 G 和 R 的变化，如图6.13所示。

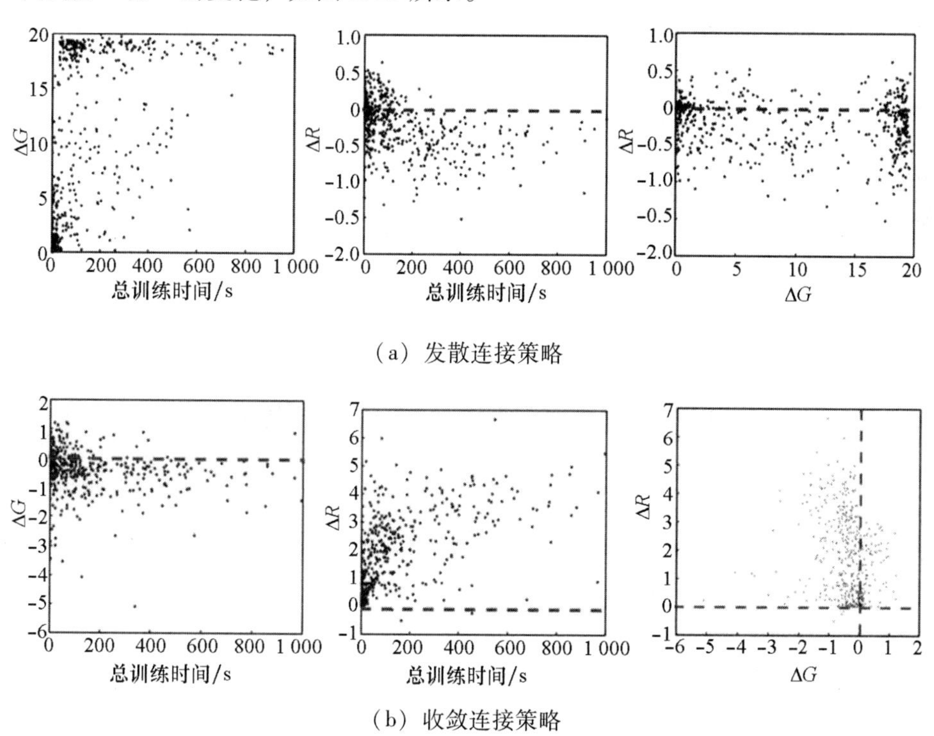

图6.13　训练过程中参数 G 和 R 的变化

在这种情况下，我们使用 G 和 R 这两个参数来估计训练效率。而使用 O 和 S 时，我们获得了类似的结果。

图6.13（a）为使用发散连接策略进行训练的结果，揭示了每个网络训练前后的强化值差异 ΔG 和逆向强化值差异 ΔR（作为训练时间的函数），以及 ΔR 对 ΔG 的依赖。图6.13（b）展示了使用收敛连接策略时的训练结果。每个点对应训练后从500个随机构建的网络中选出的一个单独网络。这种情况不限定电阻值范围。

需要注意的是，使用发散和收敛连接策略进行训练时，结果的分布存在一定的对称性。在第一种策略的情况下，我们可以看到强化值随着时间的推移而增加，可以在少量步数后达到最大差异（约 20）。

相反，在大多数情况下（且总是少于 300 步时即完成训练），R 均有所减少。G 值总是增加，而仅有几个点的 R 值有所增加。大多数被测试的网络在初始阶段就已完成训练，因此（0，0）附近有大量点。$\Delta G=20$ 附近也存在大量点，这是因为在所选模型中该值不能高于 20。

图 6.13（b）显示了在使用收敛连接策略期间获得的类似结果。在大多数情况下，R 会增加，但永远不会达到最大值 20。点（0，0）附近出现簇，表明仅少量步数就会完成训练。随着训练时间的增加，ΔR 值也呈现增加趋势，ΔG 值则为负。

相较于上述两种策略，使用发散和收敛交替连接策略时获得的结果相当不同且与预期不符。从图 6.14（a）（图中显示了 ΔR 对 ΔG 的依赖）中可以观察到两个簇：其中一个位于初始点附近，而另一个位于点（4，2）附近。计算结果对应的大多数点都集中在第一象限，这表明使用该策略时 G 和 R 均有所提高。此外，即使训练达到预设次数，仍然会观察到上述两个簇（图 6.14（b））。从图 6.14 中可知，训练结果的离散性比网络的离散性更为明显。

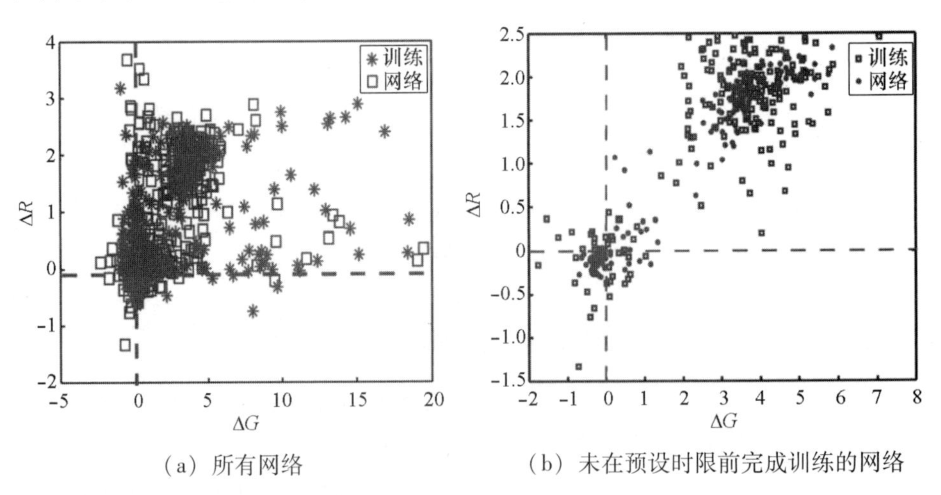

（a）所有网络　　（b）未在预设时限前完成训练的网络

注：训练对应电阻范围不限；网络对应电阻范围限制在 500 kΩ ~ 1 MΩ。

图 6.14　对 1 000 个网络进行发散和收敛交替连接训练时 ΔR 对 ΔG 的依赖

图 6.15 显示了经过发散和收敛交替连接策略训练后 1 000 个网络的状态演变，该策略假设电阻范围不限，且最大训练步数为 5 000。为了更好地比较最终结果，图中的点对应 G 和 R 的真实值，而不是训练前后的差值。

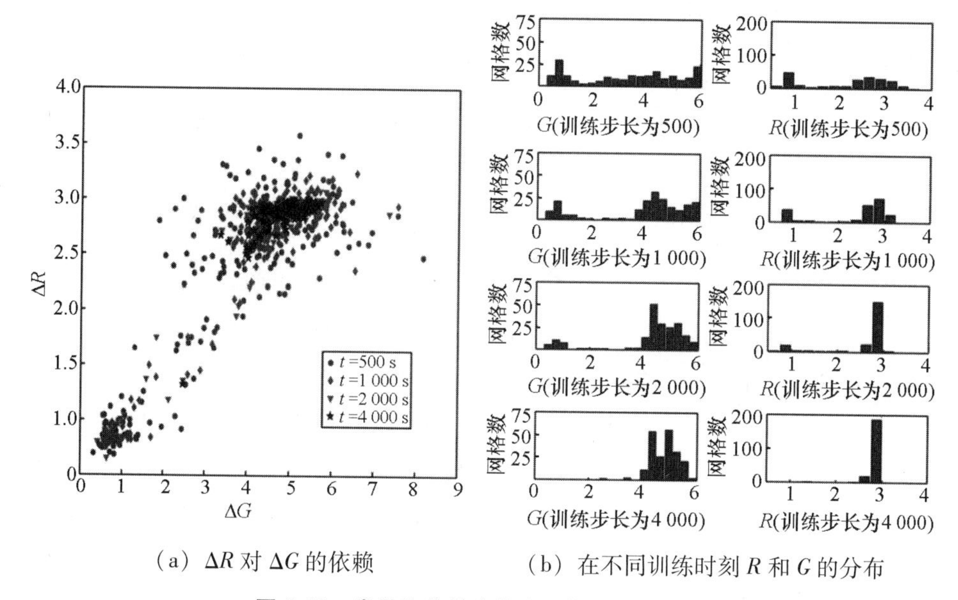

（a）ΔR 对 ΔG 的依赖　　（b）在不同训练时刻 R 和 G 的分布

图 6. 15　发散和收敛交替连接策略训练结果

与之前的情况一样，网络训练速度相当快（少于 200 步），或者达到规定的最大训练步长。图 6. 15 显示了第二种情况的结果。对于大多数网络，如果 G 和 R 的初始值接近点（1，1），则在训练 500 步之内就会到达图 6. 15（a）中点（5，3）附近的最大区域。经过 4 000 步训练后，几乎所有点都在点（5，3）附近形成一个簇。

图 6. 16 显示了训练期间单个网络 ΔR 对 ΔG 的依赖。在前 3 000 步中，系统出现第一个簇，其中 ΔR 值小于 0. 5 且 ΔG 为负。经过连续 1 000 步的训练，系统状态转移到下一个区域。接下来的 1 000 步实际上不会改变系统状态。交替训练的效果在 3 001 ~4 000 步的范围内非常明显。训练曲线是一条锯齿线，其中每走一步，方向就会改变。因此，两步的位移明显小于一步。

本节的主要任务是讨论具有随机分布属性的忆阻器网络训练策略的发展。即使此类网络比较简单，它们仍需要考虑复杂随机网络中将出现的几个重要特性，例如夹层结构的忆阻器网络（此类网络禁止直接接入和无法同时对连接进行适应）。我们制定了三种训练策略，并确定了其效率参数。此外，我们还提出了一种确定系统终端节点正确刺激值的方法，以便根据已识别的策略执行有效的训练。该方法基于叠加原理，考虑了忆阻器电阻切换的阈值。

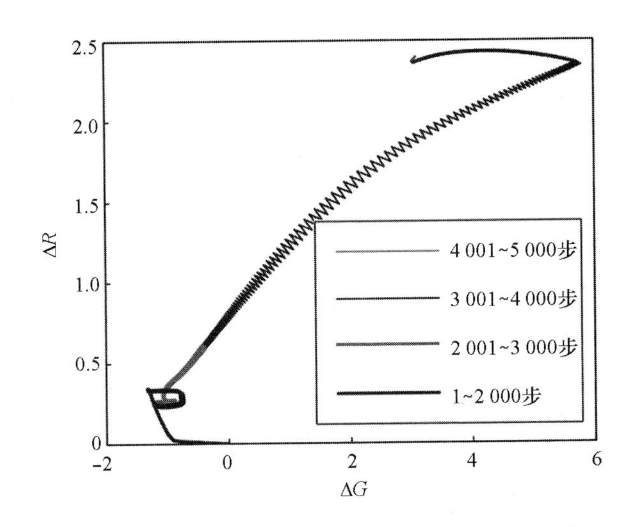

图 6.16　在使用发散和收敛交替连接策略进行训练期间单个网络 ΔR 对 ΔG 的依赖

值得注意的是，这一方法不仅适用于假设电路，也适用于实际网络。理想情况下，为了实现这一方法，需要重建网络元件内的电阻分布（按照第 3 章中讨论的方法，在其运行过程中利用整个网络的光学成像完成）。

基于发散和收敛连接的两个策略在网络上的操作是对称的。每个策略都具备如下特征：某个参数值增加时，另一个参数的值也相应有所增加。这两种策略在可能的电阻范围缩小时都更有效。这些策略似乎在以下情况下会非常有效：如果一个效率参数的值已经相当高，则只需要提高另一个参数的值。在这类情况下使用上述两种策略会非常有效。

在第三种策略（即前两种策略的组合）中，我们观察到了完全不同的现象。首先，如上所述，该策略将所有随机生成的网络分为两类。第一类网络在不到 200 步的时间内完成了训练，而第二类网络的训练时间至少延长了 20 倍。

两类网络的两个效率估计参数均得到了改进。然而，对于第二类网络，无论网络的初始状态如何，参数 R 和 G 的最终值都比较接近。在训练的初始阶段，系统状态的变化发生在点（1，1）附近（图 6.16）。在训练期间，系统状态不断向点（4，3）转移。如果训练时间很长，那么第一个簇中没有剩余的点。因此，对于这类网络，它们的初始状态实际上是固定的。然而，我们观察到，网络在某个时刻快速转变为最终状态，其中两个效率参数相对其初始值均有显著改善。

6.4 静水椎实螺（池塘蜗牛）部分神经系统的电子模拟

近年来，很多研究都在新材料和器件设计过程中利用了生物组织原理。在信息处理方面，我们可以看到，在利用忆阻器模拟突触和神经元基本功能后，突破性的研究活动显著增加。基于此，电子电路和网络可以实现硬件层面的学习。目前，又出现了一个新名词——神经形态系统。

突触特性也可以使用传统的电子化合物来实现[306-318]。然而，使用传统电子化合物时，需要大量器件。相反，当使用忆阻器进行突触模拟时，可以在单个元件上实现。因此，一般而言，使用忆阻器，特别是有机忆阻器，可以显著简化神经形态电路的架构，提高集成度，降低功耗，并因此减少误差出现的概率。此外，有机材料具有自组织特性，可以形成具有3D架构的神经形态网络，这在使用无机材料时是绝对无法实现的。

本节我们首次直接证明了有机忆阻器可以作为电子系统中的突触模拟。出于这个原因，我们将采用一个模仿静水椎实螺神经系统部分结构的电路，负责学习该动物的进食过程。电路中有机忆阻器的位置对应静水椎实螺神经系统中突触的位置。

关于静水椎实螺学习的研究比较深入，促进了可塑性电生理基础数学模型的发展和神经系统部分结构的重建[156-161]，因此我们选择静水椎实螺作为生物基准。

6.4.1 生物基准

就静水椎实螺而言，学习是指将最初的中性CS（触摸静水椎实螺的嘴部）与食物的存在相关联，进而导致其肌肉有节奏地收缩，这是吞咽和消化食物所必需的。在学习之前，这种收缩只能在给予食物（UCS）时才能观察到，而在仅存在CS时绝对观察不到。静水椎实螺的学习发生在同时施加两种刺激时，因此，其仅在连续施加CS后开始肌肉收缩。换句话说，静水椎实螺已经学会将触摸嘴部与食物联系起来[319]。

试验神经生理学结果将突触可塑性分为两种：同源突触（赫布）可塑性[7]和异源突触（调制）可塑性[320-321]。有人提出，同源突触可塑性负责学习和短期记忆，而异源突触可塑性负责维持学习结果和长期记忆[322]。

我们所考虑的静水椎实螺神经系统部分可分为不同的神经元功能组[320]：感觉神经元、中间调节神经元、中枢模式发生器（Central Pattern Generator，CPG）的中间神经元和执行神经元。大脑巨细胞（Cerebral Giant Cells，CGCs）是网络中非常重要的一部分，可以成对连接感觉神经元、中间神经元和执行神经元。有研究表明，CGCs 对联想学习过程中长期记忆的形成起着非常重要的作用。特别是，在单次学习事件后，CGCs 膜上会出现去极化电位，这就解释了为什么施加 CS 会导致静水椎实螺消化系统反应次数增加。

我们将在本节中探讨这种异源突触的相互作用。特别是，在生物系统中，可以通过向第三个神经元施加调节信号来改变两个神经元之间突触连接的强度。因此，电子电路也必须模仿类似的行为。图 6.17 为施加 CS 期间负责学习的静水椎实螺神经系统部分示意图（箭头表示突触的位置）。

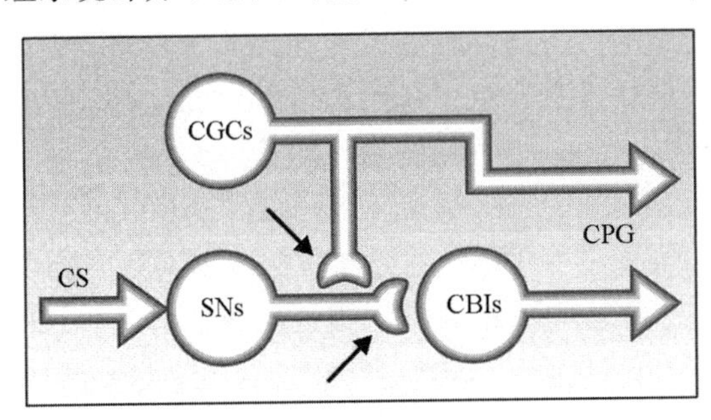

注：SNs 为感觉神经元，CBIs 为脑－颊中间神经元，后者负责在条件反应后调节系统对 CS 的强化反应。

图 6.17　大脑巨细胞、感觉神经元和脑－颊中间神经元的相互作用示意图

（经 Erokhin 等[154]许可转载，版权© （2011） 归 Springer Nature 所有）

在图 6.17 所示架构中，如果只存在一个输入刺激（对应 CS），输出信号值将低于启动消化过程所需的阈值。学习后，系统的属性将发生变化，CS 的施加足以让输出信号的幅值高于阈值。

6.4.2　模仿静水椎实螺神经系统部分结构及其特性的试验电路

考虑到上述原因，我们基于同源和异源突触学习实现了两种电子电路。图 6.18（a）和（b）为电路示意图，而试验结果如图 6.18（c）和（d）所示[154]。

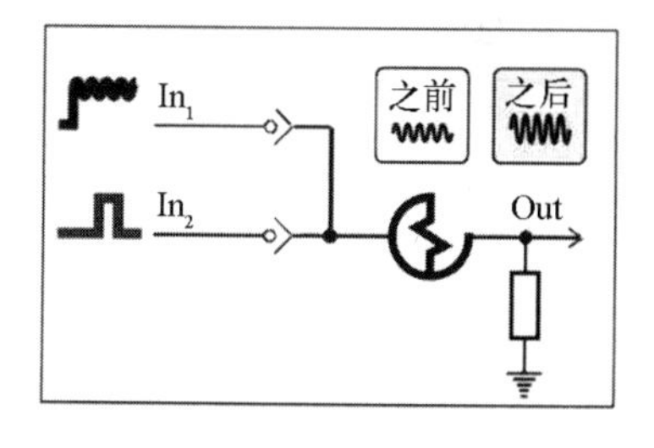

（a）同源突触

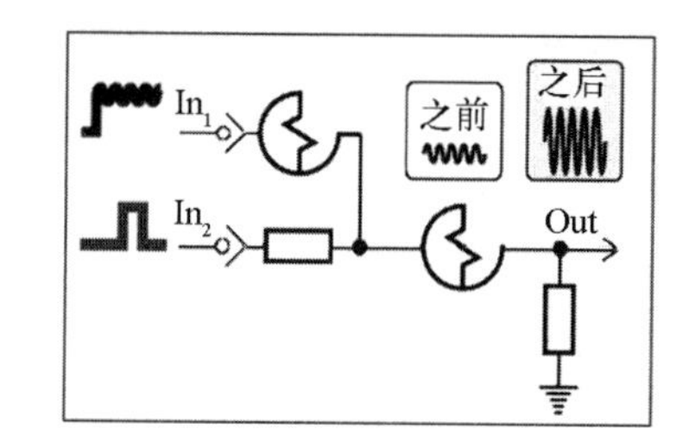

（b）异源突触

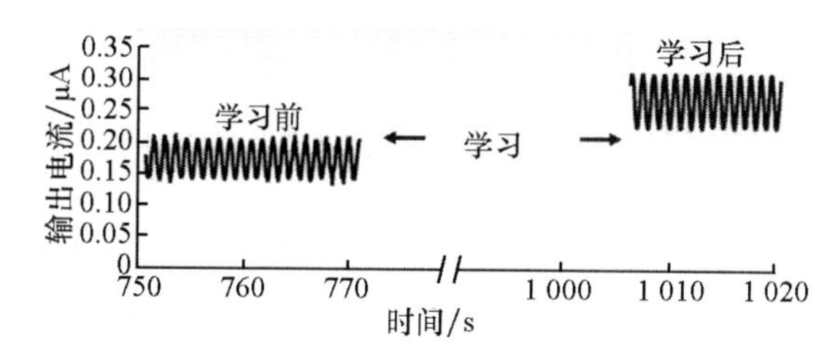

（c）电路（a）学习的试验结果

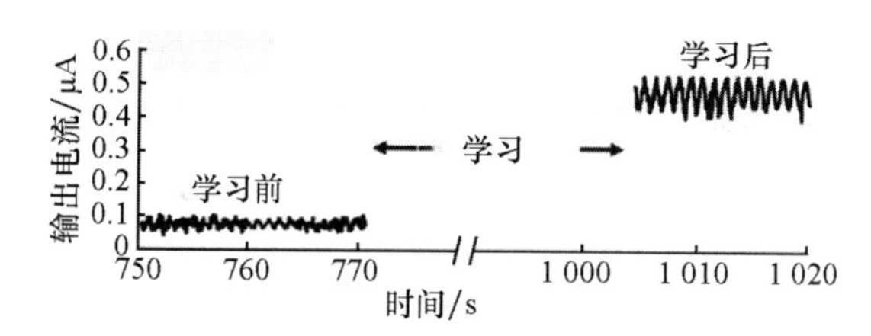

（d）电路（b）学习的试验结果

图6.18 基于同源突触和异源突触学习的电子电路

（经Erokhin等[154]许可转载，版权©（2011）归Springer Nature所有）

与真实动物相似，图6.18中所示的两种电路都有两个输入，分别对应中性刺激（触摸，即输入1）和食物的存在（输入2）。使用频率为1 Hz、幅值为0.1 V且偏置电压为0.3 V的正弦信号作为中性刺激。由于聚苯胺的还原电位约为0.1 V，因此必须存在偏置。我们选择的幅值和偏置值保证了电路中忆阻器导电态的恒定性。由于与生物体有更多的相似性，所以本案例中使用了交流信号。然而，在设计可学习的电子电路时，这一点并不是那么重要。接下来我们将对此进行详细探讨。

生物体是一个能执行一系列复杂功能的复杂系统。因此，需要在一个独特的系统中存在将各个组件组合在一起的类似机制和属性。也就是说，所有器官运作时所用的能量必须性质相同；感觉器官、信息处理系统（神经系统）和执行器官必须相互兼容。大自然选择有机材料（其特性根据电化学氧化还原反应而变化）作为生物体的构成材料。然而，氧化还原反应需要离子的定向流动（包括神经系统中的过程）。由于信号在神经系统中的传播具有各向异性，因此必须使用脉冲模式。否则，可能会导致离子梯度的出现，从而阻碍信息的进一步处理。原则上，人工电子系统（特别是基于有机忆阻器的人工电子系统）无须满足上述条件。至少目前无法让系统实现包括信息收集和处理元件以及性质相同和信号值可比较的执行元件。因此，考虑到目前的技术水平，我们有望实现一个包括不同感觉元件、负责学习和决策的信息处理系统及执行元件的混合系统。每个元件的具体实现将建立在现有技术的基础上，需要使用自适应中间器件才能将这些元件组合成一个独特的系统。

在本书中，我们只考虑了仿生信息处理系统。虽然有机忆阻器的工作原理与生物体类似，都是基于氧化还原反应，但它们工作的区域受限于活性区，离子运动方向与信号传播方向相垂直。因此，信息处理不会导致信号传输路径出现离子浓度梯度，因此，将不会发生对信息处理的阻塞。综上所述，可以认为基于有机忆阻器的神经形态网络也可以在直流模式下工作。然而，脉冲模式似乎是根据 STDP（在相应章节有描述）实现无监督学习的必然条件。

再次回到图 6.18 中所示的结果。如上所述，将频率为 1 Hz 的信号施加到输入 1。频率值并不重要，它的增加或减少都不会改变系统的最终特性。

当电路采用同源突触结构时，试验方法如下：将中性信号施加到输入 1 10 min，同时连续监测输出的信号值；当向输入 2 施加对应食物存在的信号时，电路训练在 15 min 内完成，同时输入 1 上的信号维持不变；向输入 2 施加的信号值为 0.3 V；训练阶段结束后，再次将信号仅施加于输入 1。比较训练阶段前后测量的输出电流值。

当电路采用异源突触结构（如图 6.18 所示）时，向输入 1 施加中性正弦信号，频率和幅值分别为 1 Hz 和 0.1 V，但其恒定偏移为 0.6 V。在这种情况下，偏移值的增加是由于该电压分布在两个忆阻器之间。与之前的情况一样，在试验开始 10 min 后开启训练阶段，训练期间将 0.6 V 信号施加到输入 2 20 min。完成训练阶段后，再次仅向输入 1 施加最初的中性信号，并将获得的值与训练前的值进行比较。图 6.18（c）和（d）分别显示了同源和异源突触电路的学习结果。在训练之前要注意两点：输出电流值存在一定差异和训练前相当高的噪声水平。

首先，测试图 6.18（a）所示的最简单电路。选择输入信号值时应确保它们的连续施加不得导致忆阻器电阻状态的变化。因此，根据欧姆定律，输出信号值与施加的信号值成正比。当同时施加两个信号时，忆阻器上的电位差足以使其切换到更具导电性的状态。图6.18（c）显示了仅施加中性刺激时，电路输出信号在训练前后随时间的变化。从图中可以清楚地看出：训练是成功的；训练完成后，输出电流幅值增加了大约50%，并且其直流偏移值发生了变化。

允许异源突触学习的网络方案如图6.18（b）所示。它的结构与图6.17中所示的静水椎实螺神经系统部分的模型非常相似。有机忆阻器的位置直接对应模型中突触的位置。施加于输入1的信号值仅能支持一个忆阻器的电阻切换。然而，由于该电压分布在两个器件之间，其幅值不足以将任何一个器件转为更导电的状态。在训练阶段，向输入2施加电压，其幅值足以将其中一个忆阻器（靠近输出端）转为导电态。此时，输入1上信号的直流复合电压主要施加于第一个忆阻器，其状态转为导电态。异源突触结构电路的训练结果如图6.18（d）所示。从图中可以清楚地看出，系统的训练使输出信号的幅值和偏移增加了5倍。

上述现象很好地对应了生物神经网络中异源突触连接的调节作用，并证实了它们在长期记忆形成中的作用假设[322]。此外，这种调节输入可以触发一系列分子内事件，从而导致相对长期的突触功能发生改变。具体而言，虽然CS激活同源突触通路（图6.17 SNs→CBIs）不会引起显著反应，但同时激活调节通路（图6.17 CGCs→SNs）会持续促进突触通路（图6.17 SNs→CBIs），并促使电路对CS作出更强的响应。同理，在已实现的合成电路中，采用CS模拟信号激活同源突触通路只会使反应减弱，而采用CS和UCS模拟信号分别激活同源和异源突触通路会使电路受到限制，因此在仅有CS模拟信号存在时反应更强。

图6.19显示了学习（同时施加两个输入信号）期间输出信号随时间的变化（时间尺度对应图6.18（d）中的中断间隔）。

图6.19所示数据有一个有趣特征，即初始阶段输出信号值小幅下降，之后显著增加。这种行为与电路中各个忆阻器的特性发散有关。由于电路中不同元件的初始电阻值存在差异，所施加的电压主要分布在电阻较高的元件上（我们将在后续专门介绍忆阻器串扰问题的章节对其进行详细探讨）。因此，电阻更高的忆阻器将首先切换到更导电的状态，促使元件链上的电位分布重新分配。在此情况下，该元件上的电压将低于0.1 V，并且由于沟道中聚苯胺的减少，电阻会增加。由于这一效应，在两个元件的电阻相等之前，电路电阻值一直近似恒定。之后，它们都将切换到更导电的状态。

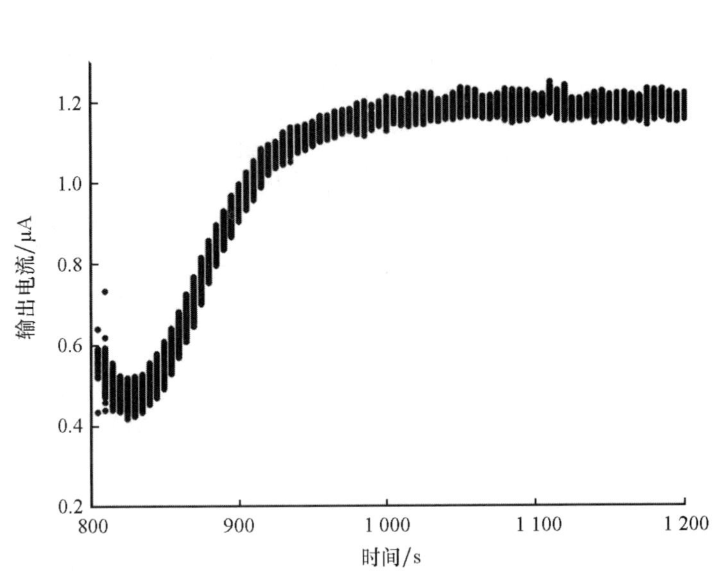

图 6.19　学习期间电路输出信号随时间的变化

（经 Erokhin 等[154] 许可转载，版权© （2011） 归 Springer Nature 所有）

对于由大量随机分布的模拟忆阻器组成的复杂网络而言，本节讨论的结果也相当重要，这些网络能根据学习算法形成不同的信号通路，与联合刺激的频率、幅值和/或持续时间相关。在学习过程中，系统将作出反应，即补偿由短期不可重复的外部刺激组合引起的偶尔连接变化，并且系统属性将仅在存在长期和/或可重复趋势时发生显著变化。此外，如第 3 章所述，系统可在特定条件下进入自振荡模式，这一模式能使系统保持动态平衡。这种行为与神经系统和大脑中的过程十分相似，不仅促使系统对新出现的信息作出反应，还考虑到与网络元件之间形成的短期和长期连接相连接的系统的先前经验来提供处理。需要强调的是，在这方面，此类系统更类似于神经系统，而不是传统的计算机内存。事实上，传统内存是一种被动系统，其可以记录、读出和删除信息。内存单元之间串扰的存在被认为是传统计算机内存的一个非常大的缺点。相反，对于神经系统和大脑来说，这种行为是典型的。此外，如果没有神经细胞的串扰，将不可能产生认知过程。根据对外部刺激阵列（习得时无需此阵列）的分析，认知过程可能与不同信号通路的强化/抑制有关。思考不需要新的刺激，这个过程可能意味着选择的网络区域已经足以叠加新刺激并形成新关联（新信号通路）。

我们所考虑的系统与传统计算机内存之间还有一个区别。对于计算机，关闭电源不会导致累积信息（即所谓的非易失性存储器）的转换，这一情况被认为是理想特性[323-331]。事实上，如上所述，信息在现代计算机中的被动作用意味着在没有外部命令的情况下累积数据具有稳定性。因此，现代计算机的性能（至少在硬件层面）取决于输入信号的编程和当前配置。而基于有机忆阻器的系统更接近神经系统，系统的每个电流状态都与之前积累的全部运行经验和元件串扰的内部活动相关。因此，关闭电源将导致所有积累的经验全部丢失，我们将使用一个不同于关闭前的系统（在短期关闭电源的情况下，强信号通路将被保留，系统将保存主要属性，而短期关联将被“遗忘”）。值得注意的是，对其他易失性的忆阻系统也进行了类似考虑[332-335]。

基于上述考虑可以更好地理解图6.18（d）中所示的相关性。在同源突触学习的情况下，我们只能观察到输出电流的幅值和偏移量略有增加，而在异源突触连接的情况下，我们还可以看到噪声水平的降低，如图6.20所示。

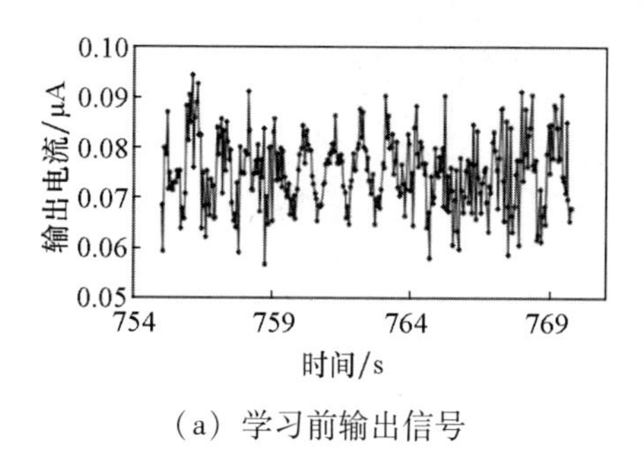

（a）学习前输出信号

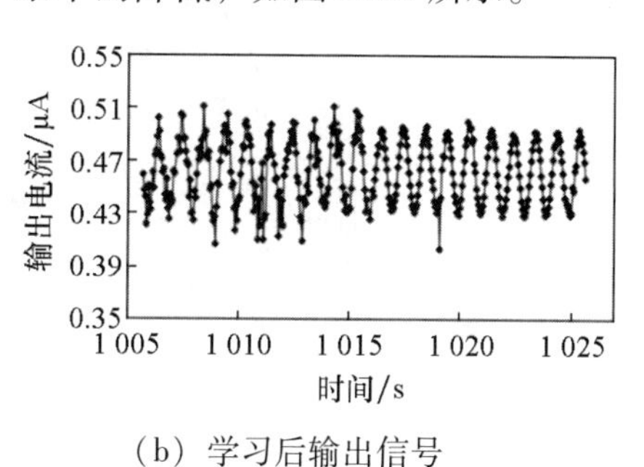

（b）学习后输出信号

图6.20　试验结果的放大图

（经 Erokhin 等[154]许可转载，版权©（2011）归 Springer Nature 所有）

从图6.20可知，学习前的正弦输出信号具有相当高的噪声水平，即使其正弦特征仍然很明显。这种行为与图6.18（a）中所示同源突触电路的情况有很大不同，这是由于在异源突触连接的情况下，电路中的两个忆阻器组成级联。每个忆阻器运行的复杂非线性特性导致噪声水平随着信号传输链中不平衡器件数量的增多而增强。然而，在学习之后，这种噪声水平明显降低了。此外，该噪声水平在电路运行期间持续降低。这种行为表明，有机忆阻器网络能在运行期间调整信号通路各个元件的特性，从而降低系统的噪声水平。

我们将在后续章节进一步讨论噪声对有机忆阻器的影响。

6.5 信号通路形成过程中有机忆阻器的串扰

本节将讨论信号传输链中包含多个有机忆阻器的电路，尤其是由两个和三个有机忆阻器组成的电路[229,336]，分别如图 6.21（a）和（b）所示。

对于由两个有机忆阻器组成的电路（图 6.21（a）），从初始电压 0 V 开始测量，以 0.1 V 的步长增加，直至达到最大正电压值 2.0 V；达到最大值后，电

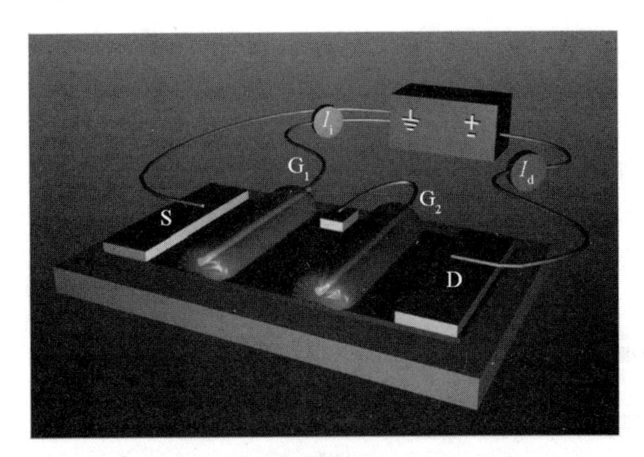

（a）包含两个有机忆阻器

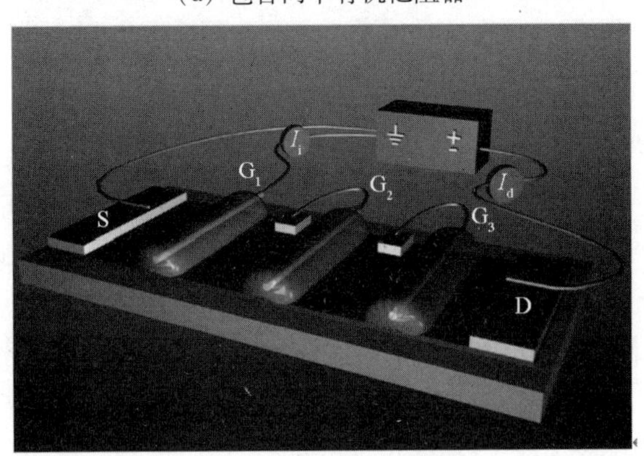

（b）包含三个有机忆阻器

注：两种方案均在 S 极和 D 极之间施加电压，并在 D 极和 G_1 极之间测量离子电流。

图 6.21　信号传输路径中包含两个和三个有机忆阻器的电路方案
（经 Berzina 等[336]许可转载，版权©归 AIP 出版社所有）

压以相同的步长下降，直至达到最大负电压 -2.0 V；然后，电压再次增加，当它再次变为0 V时，测量结束。在施加每个新电压值之后都会有 60 s 的延迟，然后才能读出电流和施加下一个电压。

双元件电路的离子电流和总电流随时间的变化如图 6.22 所示。这类电路具有一定的特殊性，而在仅包含一个有机忆阻器的电路（在第 2 章中有详细描述）中未观察到这些特殊性。在施加电压的正支路中，总电流和离子电流均有两个峰值。在负支路中，仅离子电流有两个峰值，这是由于器件在导电态和绝缘态下的总电阻存在显著差异。

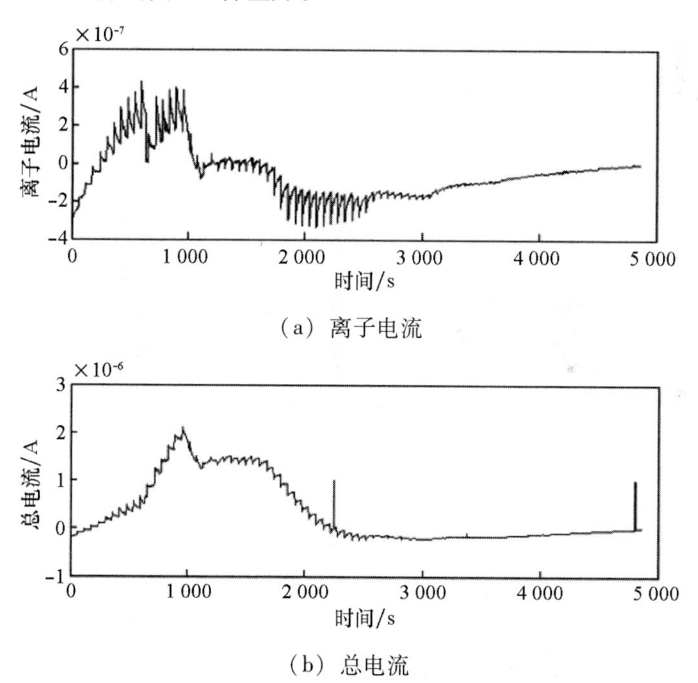

（a）离子电流

（b）总电流

图 6.22 在 S 极和 D 极之间循环施加电压扫描期间，样品（由两个串联的有机忆阻器组成）中离子电流和总电流随时间的变化

（经 Berzina 等[336]许可转载，版权©归 AIP 出版社所有）

由三个忆阻器组成的电路的测量方法与双元件电路类似，唯一的区别是其最大施加电压为 3.0 V，试验结果如图 6.23 所示。

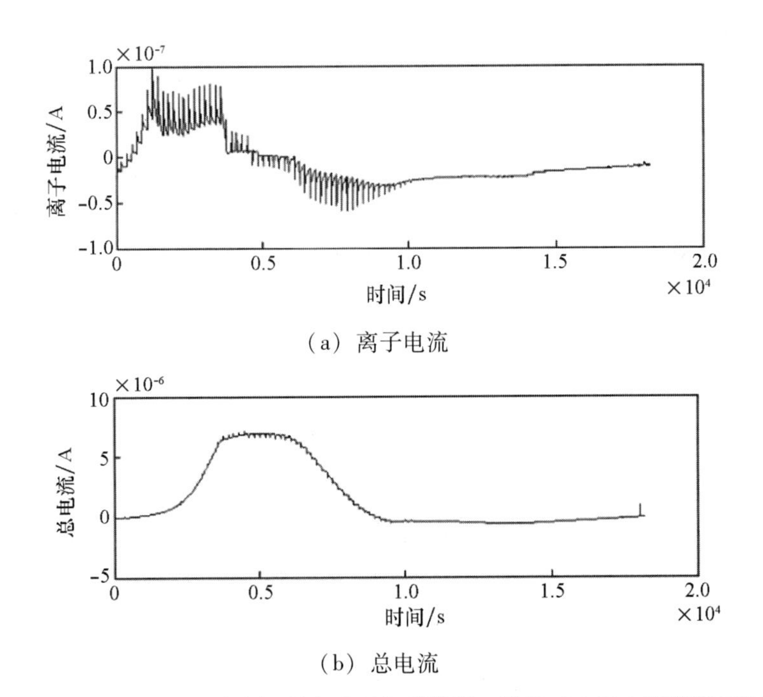

（a）离子电流

（b）总电流

图 6.23　在 S 极和 D 极之间循环施加电压扫描期间，样品（由三个串联的有机忆阻器组成）的离子电流和总电流的时间变化

（经 Berzina 等[336] 许可转载，版权©归 AIP 出版社所有）

该电路离子电流特征的表现比双元件电路更为复杂，但其总电流的特征曲线更平滑，甚至出现了一个“平台”。该电路的循环伏安特性如图 6.24 所示。

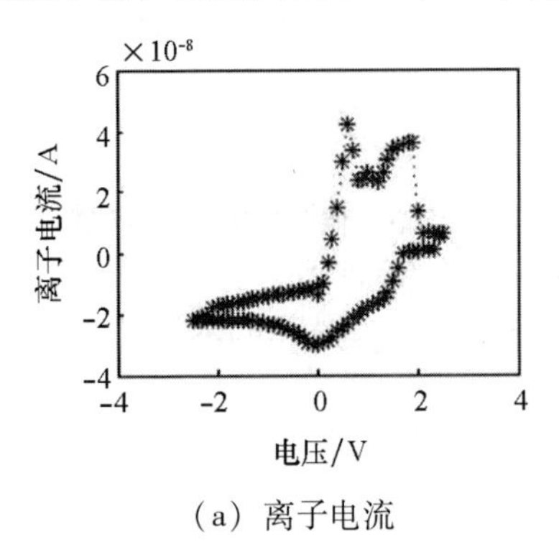

（a）离子电流

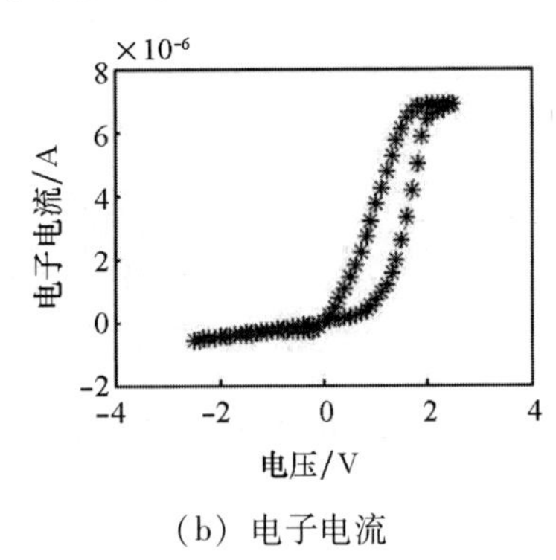

（b）电子电流

注：此电路由三个有机忆阻器组成，电子电流值为总电流值和离子电流值之间的差值。

图 6.24　电路中离子和电子电流的循环伏安特性

（经 Berzina 等[336] 许可转载，版权©归 AIP 出版社所有）

图6.24中所示电流值是在连续施加电压值后的每个时间间隔结束时测量的，其与基于单个有机忆阻器的电路（参见第2章）相似。

接下来，我们将解释图6.24中的现象。电路的所有元件均施加了电压。每个元件在其活性区（聚苯胺与聚环氧乙烷的交界）达到参比电极的氧化（还原）电位时均会转为导电（绝缘）态，所以电路元件的电阻将连续改变，施加的电压主要集中在电阻较高的元件上。因此，这些元件（施加正电压时）将最先达到氧化电位，并变为更导电的状态。然而，当链中的一个元件变得更导电时，电位将重新分布，其他元件的导电性也随之增强。上述元件将达到还原电位，因而其电阻值也随之提高。该例中的过程与忆阻器在自振荡模式下工作的过程（具体可参见第3章）有一些相似之处。

综上所述，可以说在形成稳定信号通路的过程中，有机忆阻器之间存在串扰过程。这一点再次表明，此类系统的特性更类似于神经系统，而不是传统的计算机内存。稳定信号通路的形成需要各个元件性质的平衡。此外，此类系统具备自我修复特性：个别元件电导率的偶然变化将导致整条链上电位的重新分布。因此，这些元件的电导率将发生变化，直到整条链上所有元件（有机忆阻器）的电阻得到平衡。

6.6 噪声效应

噪声在简单电路和系统中的作用总是负面的。然而，当系统的复杂性增加时，噪声也可以发挥积极作用[337-339]，例如，它可以像生物样本中的噪声那样使系统的能量水平更稳定[340-341]。即使噪声效应在基于忆阻器的电路和系统领域也非常重要，与此相关的报道却并不多[342-348]。

据文献［349］报道，即使频率非常低，适当强度的白噪声与外部驱动场的组合也可以改变存储元件的滞后。这项研究使用基准器件对基于空位迁移的无机忆阻器进行了建模，并进行了试验验证[343,350]和二次模拟。作者在二次模拟中得出结论：可以在与白噪声源耦合的忆阻电路中修改电荷概率密度函数。

据报道，基于$ZrO_2(Y)/Ta_2O_5$复合材料的忆阻器对高斯白噪声信号的反应，表明了忆阻器在随机电报信号模式下可随机切换电阻[346]。有人提议使用噪声作为理解忆阻器电阻切换机制的工具[351]。Georgiou等[352]在2015年提出了另一个模型，即在热噪声影响下，基于理想忆阻器对不同电路进行仿真模拟。他们不仅得出了所用电路忆阻品质因数的可能变化，而且使用经典外部噪声源进行了模拟仿真，其中电压恒定且幅值表示为器件的忆阻函数。从更长远的角度来看，施加复杂的复合波形（其中信号包含瞬时宽频范围），有利于阻抗分析（即生物系统的阻抗感测）[353]。事实上，有机电化学晶体管（Organic Electrochemical Transistors，OECTs）的响应已经过测试，可从栅极传送噪声信号。噪声也被证明特别有利于实时监测培养上皮单层的阻抗。

本节将讨论白噪声刺激对有机忆阻器（如第 2 章所述，为了保证快速电阻切换，我们使用液体电解质来实现这一器件）的影响。这些结果表明，在不同噪声幅值下施加电压扫描可以将频带限制在大脑枕骨 α 节律（约 10 Hz）中，这也显著改变了滞后现象；该滞后现象被量化，为有机忆阻类器件引入了新的性能参数[354]。

如第 2 章所述，用液体电解质代替固体聚合物电解质可以提升系统性能的稳定性（超过 250 个连续循环），而通过在输出电流I_{SD}中形成较宽的滞后回线，电阻的切换时间将加快，如图 6.25（a）（黑色实线）所示。在电压扫描期间，有机忆阻器电压在大约 0.4 V 时切换电导率，从高电阻率状态转为低电阻率状态，而电压在 0.1 V 和 0.2 V 之间的电阻切换方向正好与之相反。

当将恒定幅值的噪声与源漏极之间施加的电压进行叠加时（如图 6.25（b）所示），有机忆阻器将保持滞后行为（如图 6.25（a）所示），但滞后回线的宽度有所减少，这种压缩行为在后续测量周期（在此期间，整个曲线将向更高电压值刚性偏移）中并不常见。

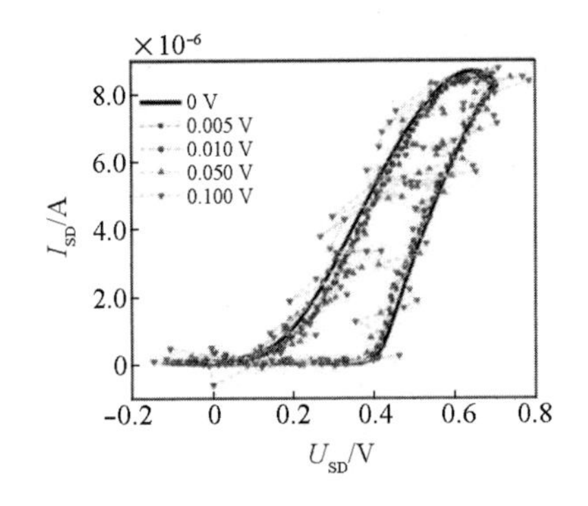

（a）不同噪声幅值函数的伏安滞后特性

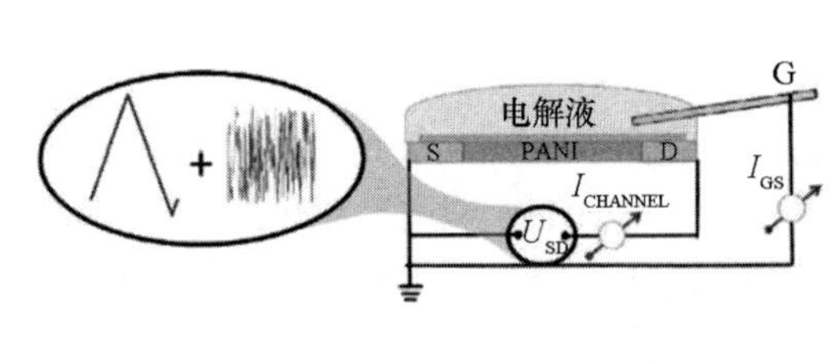

注：U_{SD}为漏极与源极电压，$I_{CHANNEL}$为沟道电流，I_{GS}为栅极与漏极之间的电流。

（b）器件和电路连接方案

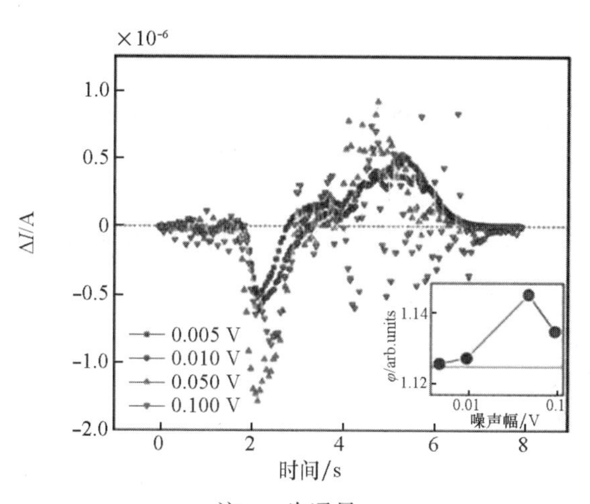

注：φ 为通量。

（c）ΔI 随时间的变化

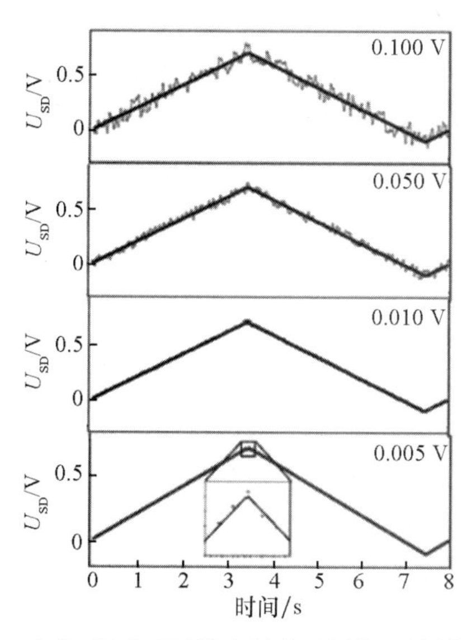

（d）相对于无噪声刺激（黑线）绘制的不同噪声幅值下U_{SD}的时间变化

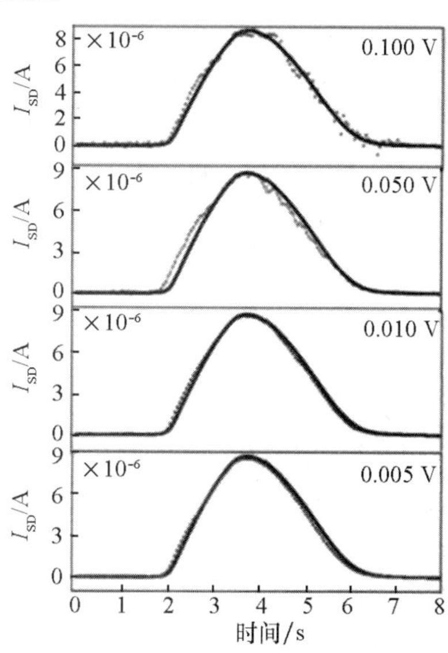

（e）相对于无噪声刺激（黑线）绘制的不同噪声幅值下I_{SD}的时间变化

图 6.25　有机忆阻器对噪声源的响应

（经 Battistoni 等[354]许可转载，版权©（2020）归 Elsevier 所有）

信号的压缩似乎与噪声幅值有关，其发生的原因是：扫描的第一部分（负责转为高导电态）转移到较低的电压值，并在反向扫描中转变为更高的值，如图6.25（d）和（e）所示。为了提升这种效果的可视化，我们引入 $\Delta I = I_{OU} - I_{noise}$（其中，$I_{OU}$ 为0 V，代表未施加电压）作为性能参数，如图6.25（c）（显示了不同噪声幅值下 ΔI 的时间演化）所示。根据定义，0 A处的虚线对应无噪声曲线的 ΔI。噪声源的施加导致 ΔI 曲线中产生了两个峰值：一个是位于2 s和3 s之间的负峰值（对应于0.4 V和0.6 V），另一个是反向扫描对应的更宽的正峰值。因为负峰可以有效区分噪声和无噪声刺激，并且滞后回线收缩（ΔI）的定性描述对于表征有机忆阻器的内部开关动力学特别有效。值得注意的是，图6.25（c）中的峰位于氧化和还原过程的对应位置，表明噪声信号的叠加有助于加速聚苯胺中的氧化还原反应。

这些结果与文献[343,346,350]的总体结论十分一致：噪声会改变切换过程和滞后回线的宽度。然而，在我们的案例中，未观察到滞后回线的增强，而是氧化还原反应的概率有所增加。即使有机忆阻器不能被视为理想忆阻器（其忆阻取决于磁通量，但更可能是阈值型忆阻元件），磁链也可以间接提供有关切换条件的宝贵信息，从而准确选择积分区间。

有机忆阻器的电压阈值不仅取决于一些表征参数，如扫描速度，还取决于样品特性，如厚度。在我们的案例中，氧化阈值为0.4 V。为了计算对应器件的开启通量（即聚苯胺氧化过程），我们基于栅极电路中正峰的高斯拟合选择积分范围。根据这个定义：

$$\varphi = \int_{t_{0.2\,V}}^{t_{0.7\,V}} U_{SD}\,dt \tag{6.3}$$

式（6.3）显示了计算值与噪声幅值的关系，我们可以看出图6.25（c）中负峰的强度与图6.25（c）小图中报告的通量值一致。这表明 ΔI 的这种异常变化在强度上与在特定时间间隔内计算的通量定性相关。

即使改变噪声管理方案，所施加信号的 u_{noise} 取决于器件的瞬时忆阻值，效果也与之前报道的一致。由于电压扰动主要发生在有机忆阻器处于高阻态时，因此从滞后曲线（图6.26（a））中可以看出关断状态下的扰动最高，增益参数如图6.26（c）所示。

即使在这种情况下，所有观察到的增益值均存在滞后现象（图6.26（a）），但它会转移为较低的电压值。而 ΔI 随时间的变化中存在两个负峰（图6.26（b））也证实了这一效应。与前述情况一样，这一效应可以通过计算 $t|_{0.2\,V}$ 和 $t|_{0.7\,V}$ 之间时间范围内的磁链进行定性描述（图6.26（d））。

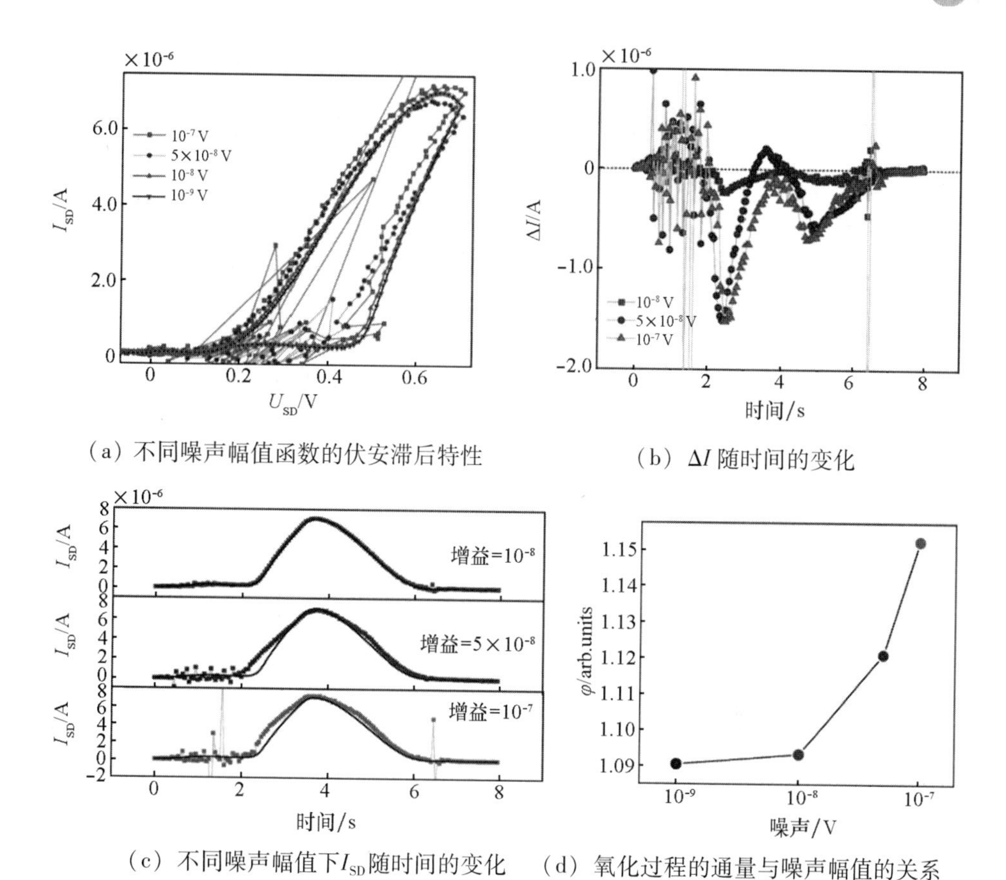

（a）不同噪声幅值函数的伏安滞后特性　　（b）ΔI 随时间的变化

（c）不同噪声幅值下 I_{SD} 随时间的变化　　（d）氧化过程的通量与噪声幅值的关系

注：（b）在这种情况下，ΔI 是根据增益为 10^{-9} 时获得的参考曲线计算的；（c）根据增益为 10^{-9} 时获得的参考曲线绘制。

图 6.26　有机忆阻器对噪声源的响应

（经 Battistoni 等[354]许可转载，版权© (2020) 归 Elsevier 所有）

综上所述，通过研究施加噪声信号对有机忆阻器性能的影响，我们发现在较低电压值下器件的滞后响应发生了显著变化，并且电阻切换的概率更大。这些效应与电阻切换过程中计算的磁链有较大的相关性。为了量化并轻松描述这些变化，我们为有机忆阻器引入了一个新的性能参数 ΔI，用以表征相同测量的不同周期之间的偏移。该参数很好地描述了有机忆阻器性能的老化以及噪声源的影响。

6.7 频率驱动的短期记忆和长期增强

本节将讨论在有机忆阻器中使用短期记忆和长期增强（学习）的影响，并将其与生物神经系统中的突触可塑性进行了比较。

图6.27为有机忆阻器电压和电流变化的初始时间图。如图6.27所示，有机忆阻器的输出电流值取决于施加电压值（该电压值高于（或低于）氧化（还原）电位）和施加时的时间间隔。可以通过改变其中任一参数来控制器件的电阻。

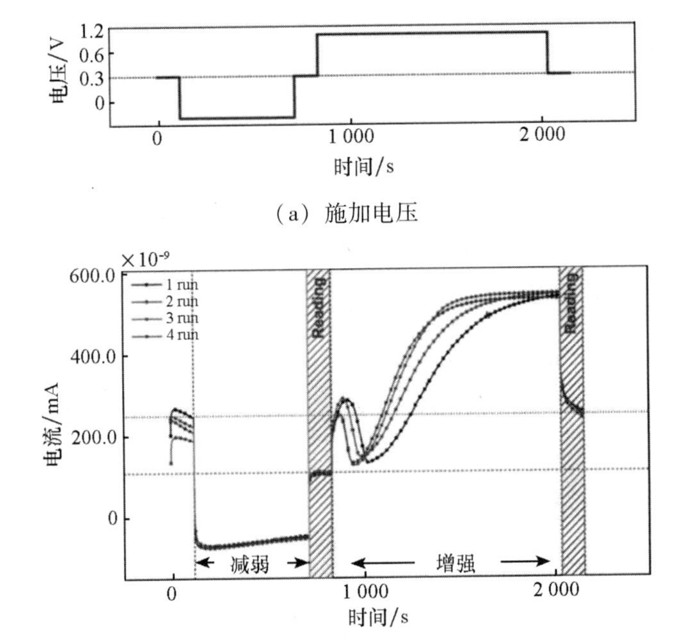

（a）施加电压

（b）输出电流

注：通过施加0.3 V的电压来完成读数，通过施加－0.2 V来抑制电导率，通过施加0.8 V来增强电导率。

图6.27　有机忆阻器施加电压和输出电流随时间的变化

（经Battistoni等[355]许可转载，版权©（2019）归Elsevier所有）

在所有循环的增强或抑制阶段之后，电流的稳定值保持恒定。如第2章所述，增强和抑制的动力学是不同的。在这项研究中，我们重点关注增强阶段

（对应图 6.27 中的 800 ~ 1 000 s）的氧化峰的位置，该位置在连续循环中不断向左移动。这种行为直接归因于活性区中不同聚苯胺区域的连续转移，并且它的初始呈现与赫布规则相关[7]：当细胞 A 的轴突到细胞 B 的距离近到足够激励它，且反复或持续刺激 B 时，在 1 个细胞或 2 个细胞中将会发生某种生长过程或代谢变化，进而增加细胞 A 对细胞 B 的刺激效果。

有机忆阻器的这种特性适用于神经形态的应用[154,304,356]和模型系统的实现，可以模仿人类记忆行为[356-357]。

在 Atkinson 和 Shiffrin[357]的模型中，由于过程的可重复概率与成功重复循环次数成正比，输入信息在经过传感器短时间的记忆后从短期记忆变为永久长期记忆。文献［356］中介绍了使用忆阻器模拟此类过程的结果。操作模式的切换取决于施加脉冲的时长。

使用有机电化学晶体管[358]获得的结果与上述结果相似，其中短期和长期记忆之间的切换取决于施加到其栅极的信号幅值。

为了检查我们的有机忆阻器[355]中的这种变化，我们最初向器件施加 10 min的 0.8 V 和 –0.2 V 电压。从图 6.28（a）中可知，当前电流值与其初始值在增强情况下相差约 600%，在抑制情况下相差约为 86%。这两个值决定了使用脉冲作为输入刺激时训练的有效性上下限。

我们研究了施加高频刺激（20 ms 脉冲）的次数和极性对输出电流值的影响。图 6.28（b）和图 6.28（c）显示了用于增强和抑制的电压脉冲。图 6.28（d）和图 6.28（e）中的点显示了图 6.28（b）和图 6.28（c）中所示脉冲数对应的电流变化试验测量值。

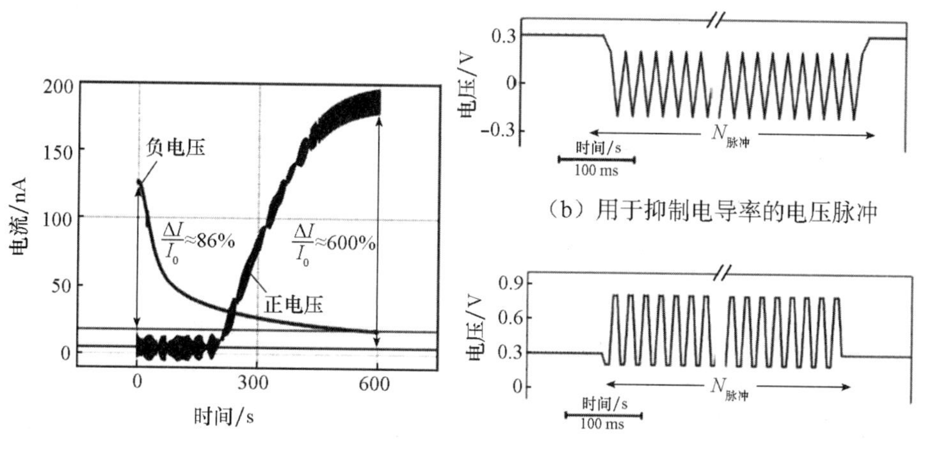

（a）施加正和负电压时输出电流值随时间的变化

（b）用于抑制电导率的电压脉冲

（c）用于增强电导率的电压脉冲

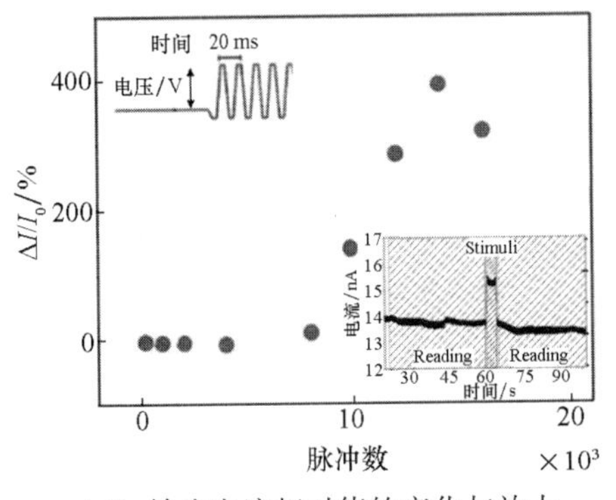

（d）输出电流相对值的变化与放大节点中施加脉冲数的关系

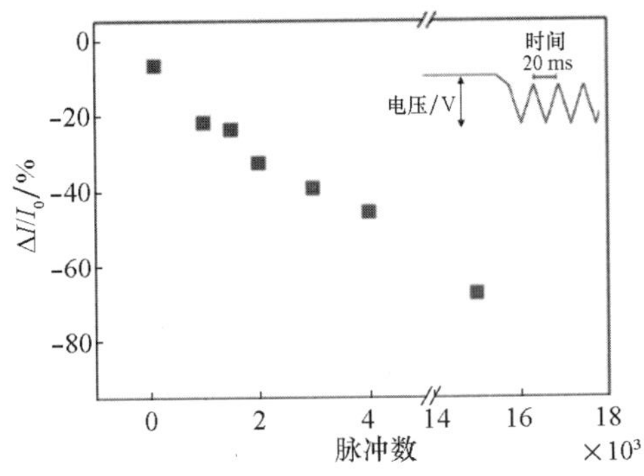

（e）输出电流相对值的变化与抑制模式下施加脉冲数的关系

注：$\Delta I/I_0$ 为当前电流值与其初始值的比值。（d）上面小图表明使用的脉冲形状，下面小图表明施加有限数量的正脉冲不会影响器件的导电性；（e）小图表明使用的脉冲形状。

图 6.28　不同电压脉冲下电导率的长期增强和抑制

（经 Battistoni 等[355] 许可转载，版权©（2019）归 Elsevier 所有）

从图 6.28（d）中可以清楚地看出，少量的正脉冲不会显著改变器件相对其初始状态的电导率。每个脉冲的施加都会导致电流小幅增加，并在脉冲结束后松弛回初始值。这种行为在之前的研究[356,358] 中也有出现，可以被认为是短期增强（突触权重的时间强化），当刺激作用完成时会松弛回初始状态[356-357,359]。随着施加脉冲数的增加，我们可以看到电导率逐渐增加，直到完成 1 500 次脉冲后出现饱和（400%）。因此，使用高频脉冲时，有机忆阻器从短期记忆模式转变为长期增强模式，这取决于完成的脉冲数，且与生物样品中的过程十分吻合。

施加脉冲为负时，我们可以看到电导率受到抑制（图 6.28（e）中的方块），但未观察到短期抑制。即使完成的脉冲数较少（2 s 内 100 个），也会导致输出电流值显著降低（约 10%）。

图 6.28 所示的结果证明了基于有机忆阻器的系统由短期记忆转为长期记忆的可能性，这是实现神经形态功能（例如连接的长期增强和抑制，这取决于元件的活性）的基本步骤。

忆阻器领域的研究小组广泛讨论了有关脉冲参数作用的问题。然而，无机忆阻器的结果是使用不同幅值的脉冲获得的[71,360-361]。相反，在生物样本中，这些过程与施加刺激的频率和数量有关。此外，神经元产生的脉冲的形状意味着存在两个极性相反的样品，分别对应薄膜的去极化和超极化，如图6.29（a）中的左侧曲线所示。

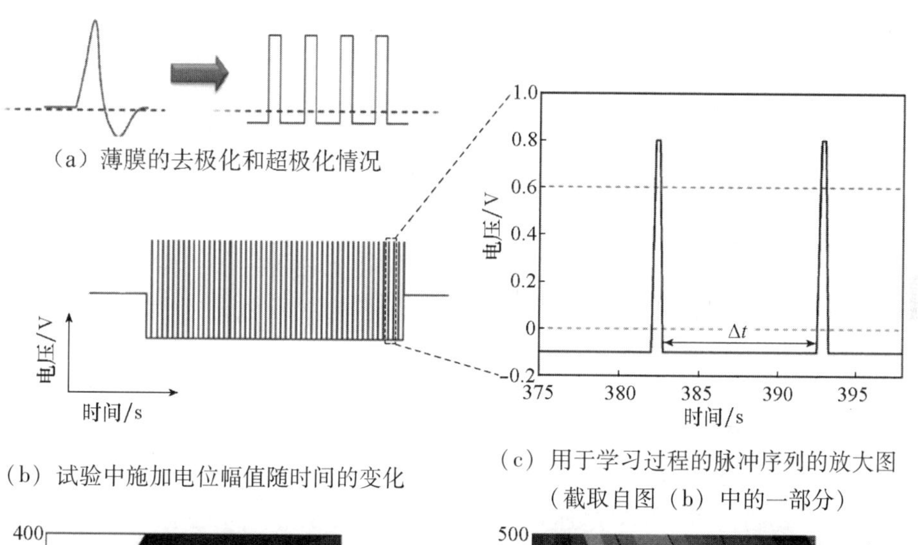

（a）薄膜的去极化和超极化情况

（b）试验中施加电位幅值随时间的变化

（c）用于学习过程的脉冲序列的放大图（截取自图（b）中的一部分）

（d）输出电流相对变化的色度图

（e）输出电流相对变化的色度图

注：（a）左侧曲线对应生物系统中电位的一种形式，右侧曲线对应一系列试验中施加的脉冲，虚线对应在脉冲之间施加的松弛电位；（b）电导率值是在学习之前或之后（中间曲线部分）的读取阶段（两端横线）测量的；（c）上面虚线对应氧化电压，下面虚线对应还原电压；（d）取决于已完成脉冲的数量和电导率的长期抑制频率；（e）取决于已完成脉冲的数量和电导率的长期增强频率。

图6.29 不同频率脉冲下电导率的长期增强和抑制

（经 Battistoni 等[355]许可转载，版权©（2019）归 Elsevier 所有）

根据到达神经细胞的刺激频率增强或抑制突触权重。几秒钟的巨大刺激（信号到达的高频率）会导致突触连接的增强，而长时间重复低频率的刺激会抑制这种连接[360]。文献［362］建议使用具有扩散动力学的忆阻器来模仿这种行为。在这种情况下，如果施加的电压高于某个阈值，器件就会切换到高导电态。当电压断开时，器件将松弛到绝缘态。然而，在此类器件中较难进行松弛预测，因此实际上不可能达到稳定的中间导电水平，这与那些处于最佳导电态和绝缘态的器件不同。在这方面，有机忆阻器具有一个非常重要的优点：其电导率具有多个中间状态，而这取决于活性区中聚苯胺氧化和还原部分的比例。

我们在不同脉冲频率和时长下测量了有机忆阻器在增强模式下的特性。脉冲的幅值是恒定的。试验中使用了0.5 s和0.8 V的脉冲。为了使脉冲形状更好地与生物系统中的信号形状相符合，我们将恒定偏移设为 -0.2 V。频率与连续脉冲之间的时间间隔有关，如式（6.4）所示：

$$f_i = 1/\Delta t_i \tag{6.4}$$

本试验使用的频率为：1.00、1.33、2.00和4.00 Hz（高频分支），0.10、0.04、0.02和0.01 Hz（低频分支）。如上所述，以预设频率完成一定数量的脉冲后，我们施加0.3 V电压以测量有机忆阻器的导电状态。结果如图6.29所示。

图6.29（d）和图6.29（e）分别显示了在低频和高频情况下，器件的电流随着脉冲次数相对变化的色度图。施加低频刺激会导致电导率的下降（图6.29（d））：频率越低，器件转为绝缘态所需的脉冲就越少。频率较高时（图6.29（e）），器件电导率会增加。需要同时增加完成的脉冲次数及其频率才能达到最大导电状态。当其中一个参数降低时，电导率增强作用也将显著降低。在电导率下降的情况下，低频范围更有效。频率越低，电导率抑制所需的脉冲就越少。因此，图6.29（d）和图6.29（e）中的色度图与在生物对象中观察到的短期增强和抑制一致[361,363]。此外，它们还进一步证明了从短期增强到长期增强作用的转变。

6.8 忆阻系统中的STDP学习

真正的神经形态信息处理还必须能无监督学习。目前，无监督学习的主要范式与STDP机制有关[364-365]。该机制会自动引入因果型抑制，并且根据突触前后神经元尖峰脉冲之间的时间延迟改变（增强或抑制）突触连接。如果我们将神经细胞1（突触前）的尖峰脉冲视为事件1，将神经细胞2（突触后）

的尖峰脉冲视为事件2，则STDP机制将在这两个事件之间建立关联；如果事件1和事件2的尖峰脉冲之间的延迟较长，则两个事件之间没有关联，突触权重也保持不变。相反，如果事件之间的时间间隔很短（即毫秒级），那么突触权重会发生改变。如果事件1发生在事件2之前，则突触权重将被加强（延迟越短，权重函数的增加越强），这意味着神经系统自动将事件1当作原因，将事件2当作结果；如果事件2发生在事件1之前，则突触连接的权重函数将被抑制，这意味着事件1不能成为事件2的原因。重要的是，两个事件之间的延迟越短，这些神经细胞之间突触连接的变化越强。

目前，脉冲神经元网络被认为是实现无监督学习电路的最有前景的系统[366-369]，因为它有可能实现偶然连接，这类似于神经系统中的连接。

由于忆阻器被认为是电子电路中的突触模拟，因此我们实现并测试了几种采用类STDP尖峰学习算法的系统[370-372]。

类STDP学习也已被证明可用于有机忆阻器[373]。实际上，此类器件已经获得了理想的STDP依赖性[297]。当然，器件的时间尺度比生物样本大，但可以通过缩小器件尺寸来调整其时间尺度[374]。

在有机忆阻器（基于聚苯胺[297]和聚对二甲苯[209,303]材料）的电子电路上使用类STDP算法可以实现经典条件反射（巴甫洛夫狗学习）。但有一个问题：巴甫洛夫狗的案例是监督学习还是非监督学习？试验者的存在揭示了受监督性质（STDP机制也起作用）。然而，食物与声音的关联是由狗自己完成的。因此，这个问题更像是一个哲学问题，在该学习过程中较难区分有无监督。

有机神经形态器件（浸没在电解质中）的有序排列也揭示了类似于神经环境同质异形现象的特征[375]。

本节将探讨两种有机忆阻系统的类STDP学习算法：一种基于聚苯胺（本书的主要研究对象），另一种基于聚对二甲苯。讨论完电路的基本原理之后，我们将介绍它们在系统实现中的应用，系统会如巴甫洛夫狗一样产生经典条件反射。

6.8.1 基于聚苯胺的忆阻器电路中的脉冲时间依赖可塑性

对于STDP的实现，将相连的栅极和漏极指定为突触前输入，源极则为突触后输入[373]。采用相同的电位脉冲作为突触前后尖峰，但施加0.2 V的恒定偏置电压，以避免器件电导率在尖峰（由聚苯胺氧化还原平衡电位值调节）

之间发生变化。尖峰幅值设为0.3 V，因此忆阻元件的最大电位差为0.8 V，最小电位差为 -0.4 V。突触前后脉冲的时间分布如图6.30（a）所示。在突触前脉冲之后施加突触后脉冲，存在一定的时间延迟 Δt（其值可正可负）。实际上，突触前后电极的互换仅改变 Δt 值的符号。所得的脉冲的形状和 Δt 的定义如图6.30（a）所示。图6.30（b）显示了忆阻元件在测量期间即 Δt =200 s时系统总电压随时间的变化（突触前后电位之间的差异）。

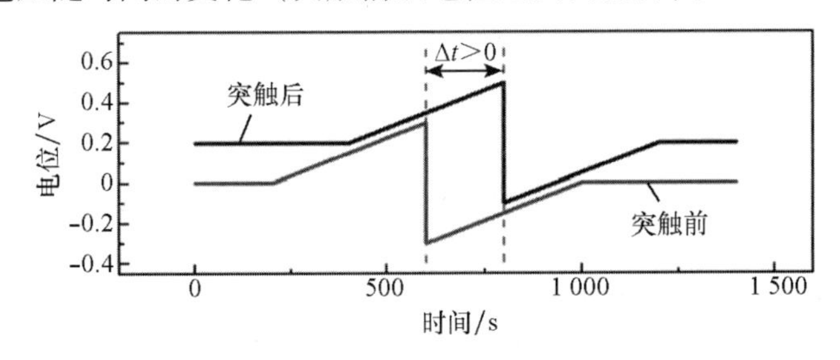

（a）突触前后电位脉冲的形状

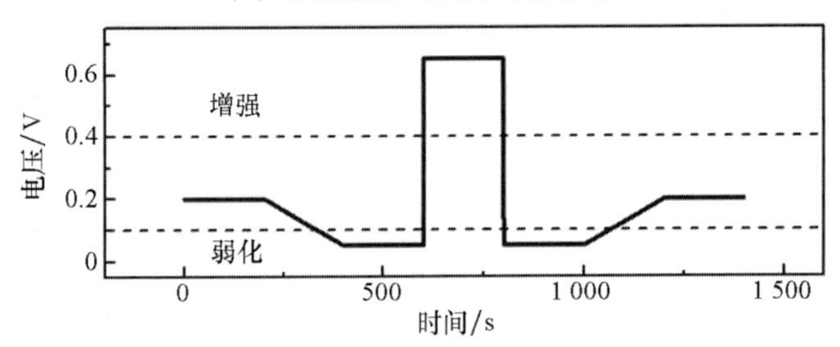

（b） Δt = 200 s时，忆阻元件上产生的电压

图6.30　电位和电压随时间的变化

（经 Lapkin 等[373]许可转载，版权© （2018） 归 Elsevier 所有）

通过在突触前后脉冲序列30 s内施加0.3 V的测试电压来测量电导值。通常，忆阻元件在神经形态的应用中，突触权重等于它们的电导。因此，相对权重变化可表示为（G_{fin} - G_{ini}）/G_{ini}，其中G_{fin}和G_{ini}分别是最终和初始电导值。我们在 Δt = ±1 000 s、±600 s、±400 s、±200 s和±100 s时测量了由STDP引起的相对权重变化，并且每次在施加尖峰之前重置电导值。因此，确定的相对权重变化随延迟时间（STDP窗口）的变化（对几个样本进行平均）如图6.31所示。在唯象忆阻元件动力学模型的基础上，我们在选定延迟时间内模拟了施加相同的电压脉冲，结果如图6.31所示。

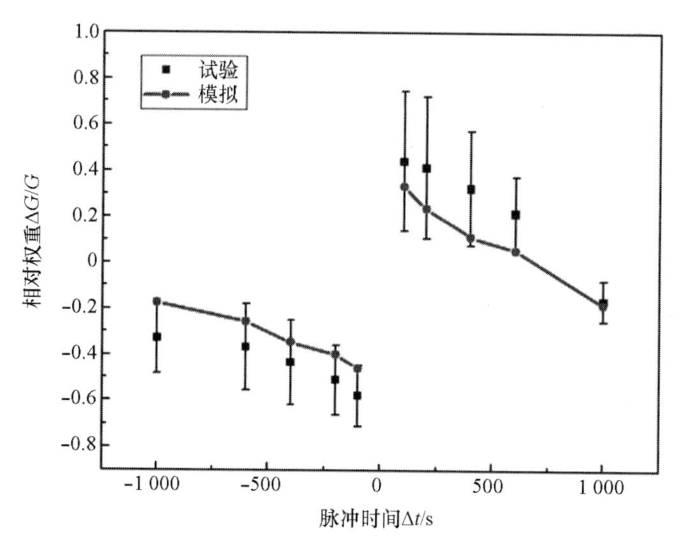

图 6.31 基于有机聚苯胺的忆阻元件的 STDP 窗口——相对权重随不同延迟的 Δt 值而变化

（经 Lapkin 等[373]许可转载，版权© （2018） 归 Elsevier 所有）

相对权重变化随着延迟时间的增加而单调递减，并且在延迟时间为 0 s 时发生从负到正的转变。我们观察到 Δt（有正有负）的时间延迟值较长时，权重下降，这一现象可以用有机忆阻器的导电态和绝缘态之间切换的时间差异来解释（从导电态转为绝缘态所需的时间远远比从绝缘态转为导电态要快，如第 2 章所述）。因此，我们还看到 Δt 值为正时的权重变化比负值时的权重变化小。模拟结果证明了电导变化的定性相似行为和定量估计均在试验误差范围内（图 6.31）。此外，基于聚苯胺的忆阻器在平衡电位下的电导保留时间约为 24 h。该时间对于实际使用来说还不够，但可以通过两种方法来延长：①从器件层面，定期监测和校正电阻状态；②从材料合成层面，优化这项研究中使用的聚合物材料的成分，例如在聚苯胺层中添加金属纳米粒子[376]。

当然，从实用的角度分析，基于聚苯胺的忆阻器的特征切换次数应该减少。为了实现这一目标，目前有一些可行的方法，例如将活性聚苯胺薄膜厚度减少至几个分子层，以及优化忆阻元件中所用电解质的化学和电学性质。

事实上，当聚苯胺沟道的纵向（厚度）和横向尺寸减小时，结果得到了显著改善[297]。接下来，我们将介绍当源极和漏极之间的距离 d 为 10 μm 或 20 μm且聚苯胺沟道厚度为 6 个或 10 个聚苯胺分子层（从水表面转移）时的样品结果。

在忆阻器的电子电路中实现 STDP 的主要思想是以某种方式将突触前后脉冲幅值变大。如果这些脉冲之间的时间延迟小于总脉冲时长，则脉冲重叠会改变忆阻器上的电压。这样产生的脉冲可能会超过氧化阈值，并导致器件电导率增大。相反，如果产生的脉冲幅值低于还原阈值，则器件的电导值将降低。电导值的相对变化取决于器件的脉冲超过或低于相应阈值电位的时间。反过来，这个时间取决于脉冲之间的延迟时间 Δt。

试验使用双极矩形电压脉冲，原因在于它们可以获得更稳定和可重现的 STDP 窗口[297,377]。在脉冲的前半部分，电压为 0.2 V，并保持 5 s，在后半部分，电压为 -0.2 V，同样保持 5 s。选择这些参数是为了使单个电压脉冲不会显著影响器件的电导。我们以 Δt 的延迟时间将这些脉冲施加到突触前后电极。

对突触后电极施加 0.4 V 的恒定偏压，以防止电导在尖峰之间的时间间隔内发生变化。在施加尖峰序列前后分别测量该电压值下的电导值G_{before}和G_{after}。之后，根据式（6.5）计算相对权重变化：

$$\Delta G/G = |G_{\text{after}} - G_{\text{before}}|/G_{\text{before}} \tag{6.5}$$

为了避免各个测量之间电导变化的累积，我们将忆阻器调回到初始状态。延迟为负时，电导率在 0.8 V 的电压下增强 20 s；延迟为正时，电导率在 -0.3 V电压下抑制 0.2 s。获得的 STDP 窗口（相对权重 $\Delta G/G$ 随突触前后脉冲之间延迟时间 Δt 的变化）如图 6.32 所示。

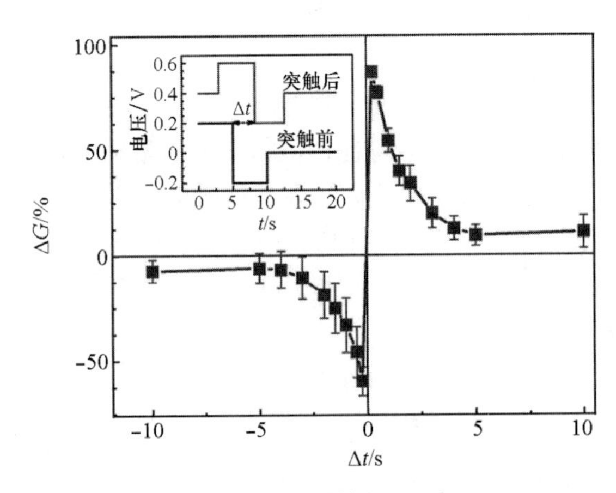

图 6.32　忆阻器的 STDP 窗口

（经 Prudnikov 等[297]许可转载，版权©（2020）归 IOP 出版社所有）

图6.32中呈现的关系非常类似于在生物系统中观察到的典型STDP关系窗口（小图显示了突触前后脉冲的形状）[364]。延迟时间为负（$\Delta t<0$）时，相对权重也为负（$\Delta G/G<0$）；反之，延迟时间为正（$\Delta t>0$）时，相对权重也为正（$\Delta G/G>0$），因此形成因果关系。暂时分离的尖峰（尖峰之间的时间间隔长于单个尖峰时长）不会影响电导，单个尖峰也同样如此。

与基于宏观聚苯胺的器件[373]测量的STDP窗口相比，微观器件可以将特征时间减少2个数量级。即使这些时间仍比在生物系统中观察到的时间要长，但它们更适用于实现人工尖峰神经网络。

6.8.2　基于聚对二甲苯的忆阻器电路中的脉冲时间依赖可塑性

本节将介绍基于另一种有机化合物——聚对二甲苯（PPX）的忆阻器。该聚合物的重复单元如图6.33所示。

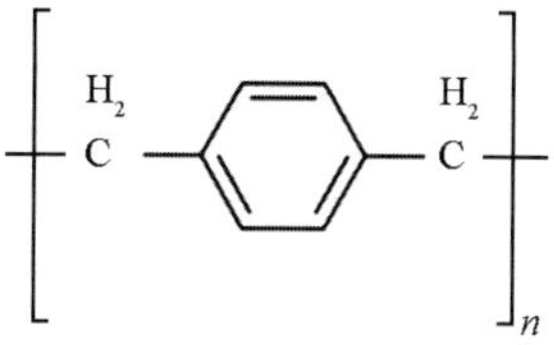

图6.33　聚对二甲苯的重复单元

这种材料广泛用于有机电子领域[378-382]，特别是忆阻器[114,383-385]。由于该聚合物的生产过程简单、生产成本低、透明度高且可以在柔性基板上制备薄膜，因此基于聚对二甲苯聚合物层的金属-绝缘体-金属结构是用于“可穿戴”设备的一种最有前途的忆阻结构[114,204]。此外，聚对二甲苯是美国食品和药物管理局批准的材料，可用于生物医学，因为它对人体是完全安全的，而大多数其他有机材料不能保证这一点[204-206]。目前，基于聚对二甲苯的结构已显示出良好的忆阻特性[204]，其中包括多级电阻切换能力。

本书尚未详细讨论基于聚对二甲苯的忆阻器。由于用这种材料制造的器件所获得的结果似乎很重要，我们将在本节中做一个简短的概述。我们将重点探讨基于聚对二甲苯的金属-绝缘体-金属结构的电阻切换机制。

本研究中的元件采用金属/聚对二甲苯/氧化铟锡（M/PPX/ITO）结构[303]。通过气相表面聚合法将聚对二甲苯层（约100 nm）沉积在ITO涂层玻璃基板（底部电极）上。在使用的真空水平下，气态单体均匀撞击基板各个侧面，从而形成真正的保形涂层。我们选择 ITO 涂层玻璃作为底部电极，因为它具有广泛的商业可用性和优点，例如高导电性、透明度和耐湿性。

顶部金属电极（Tes）由热蒸发或离子束溅射获得的 Ag、Al 或 Cu 层（约 500 nm 厚）制成。顶部电极的尺寸为 0.2 mm × 0.5 mm，并且为每种电极制造了大约 150 个器件（每个基板）。之所以选择以上金属，是因为它们广泛用于电子工程，特别是忆阻器的制造。

M/PPX/ITO 忆阻器通常具有良好的性能，尤其是当使用 Cu 作为顶部电极时。事实上，Cu/PPX/ITO 结构（Cu 样品）在$R_{on}=1\ \text{k}\Omega$和$R_{off}=1\ \text{M}\Omega$情况下$R_{off}/R_{on}$值约为$10^3$，耐久性高于$10^3$个周期，并且至少有 16 个保留时间大于$10^4$ s 的稳定电阻态。

图 6.34（a）显示了在一个 Cu 样品上不同测量周期下的伏安曲线以及平均伏安曲线，揭示了所谓的周期间（C2C）稳定性。在常温条件下进行测量，向顶部电极（Cu）施加外部电压，底部电极（ITO）接地。采用标准电流 1 mA以防止器件故障。可以看出，Cu/PPX/ITO 结构实际上不需要成型过程，并且每次扫描方式都非常相似。器件间（D2D）伏安曲线及其平均伏安曲线如图 6.34（b）所示。很明显，不同样品的周期存在一定的重复性，开始电压U_{set}和重置电压U_{reset}的分布也证实了这一点（图 6.34（c））。与 Ag 样品相比，Cu 样品的这两个电压分布更窄（变异系数更低）。考虑到电阻切换的对称性和可重复行为，我们认为这很可能是由电极之间介电膜中形成的导电丝引起的。在我们的案例中，可以合理地假设这种导电丝是由顶部电极的原子组成的金属桥（由于电化学金属化而形成）所导致的[386-387]。

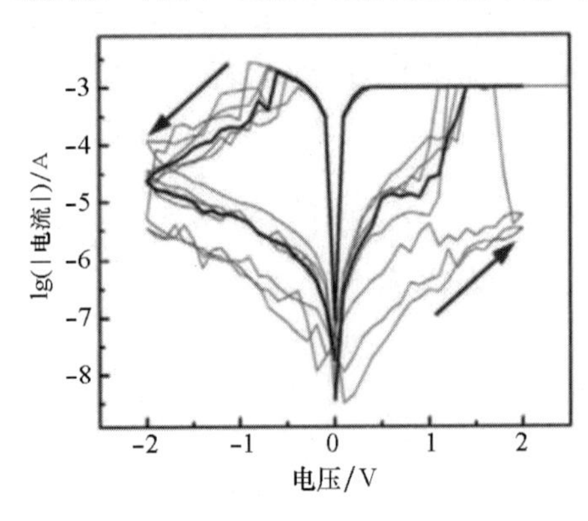

（a）Cu/PPX/ITO 样品在 7 个周期期间的典型双极电阻切换行为（周期间差异）

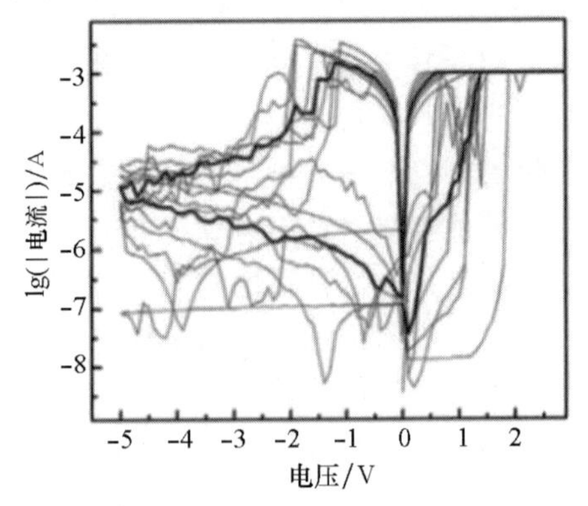

（b）在 8 个 Cu/PPX/ITO 器件中测得的伏安特性

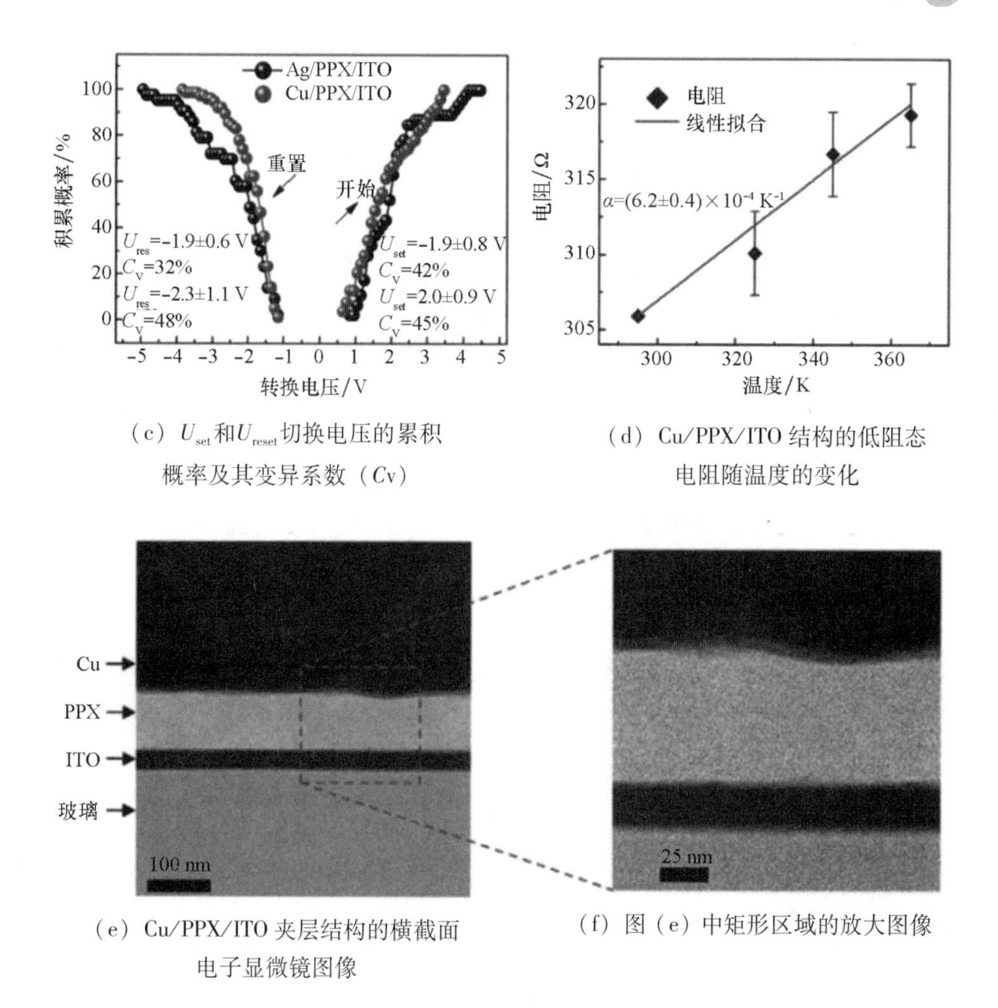

（c）U_{set}和U_{reset}切换电压的累积概率及其变异系数（Cv）

（d）Cu/PPX/ITO 结构的低阻态电阻随温度的变化

（e）Cu/PPX/ITO 夹层结构的横截面电子显微镜图像

（f）图（e）中矩形区域的放大图像

注：（a）均值曲线以粗体突出显示；（b）器件间差异，每个器件均显示 10 个周期中第 5 个周期的 $I-U$ 曲线，平均 $I-U$ 曲线以粗体突出显示；（c）在顶部电极为铜电极和银电极的样品中测得约 100 个 $I-U$ 曲线；（f）显示了 Cu/PPX 界面的粗糙度。

图 6.34　M/PPX/ITO 结构的电物理性质和表征

（经 Minnekhanov 等[303]许可转载，版权© （2019）归 Elsevier 所有）

为了更好地理解器件的电阻切换机制，我们研究了上述 Cu/PPX/ITO 忆阻器电阻切换特性随温度的变化。这一结构的电阻可根据在 0 到 0.5 V 范围内进行的伏安特性测量计算得出。图 6.34（d）显示了低阻态电阻（R_{on}）随温度的变化关系。很明显，该电阻随温度线性增加，表现出典型的金属导电特性。

一般来说，金属电阻随温度的变化关系可以表示为 $R(T)=R_0[1+\alpha(T-T_0)]$，其中，$R_0$是$T_0$时刻的电阻，$\alpha$ 是电阻的温度系数。根据试验数据（图 6.34（d）），我们得到了温度为 300 K 时的温度系数 $\alpha=(0.62\pm0.04)\times10^{-3}\ K^{-1}$。需要注意的是，Cu 纳米线的 α 值随其直径的增大而减小，这可能是由表面的漫散射造成[88-89]。因此，我们可以得出结论，Cu/PPX/ITO 器件的低阻态（Low-Resistance State，LRS）的金属行为源于小尺寸的导电铜丝。

透射电镜图像还显示了在 M/PPX/ITO 结构的顶部和底部电极之间形成金属桥的可能性。实际上，在图 6.34（e）和（f）中可以看到，铜层并不完全光滑，Cu/PPX 界面的粗糙度足以让金属离子开始向阴极（ITO）迁移。

M/PPX/ITO 结构中的电阻切换过程可以用电化学机制来解释：顶部电极的金属离子在正电压的作用下进入聚合物层，然后迁移到底部电极还原，并形成连接顶部和底部电极的导电丝（图 6.35（a）~（d））。当施加负电压时（图 6.35（e）和（f）），导电丝最薄的部分由于焦耳加热而破裂，一些金属离子返回到顶部电极，该结构切换到高阻态。

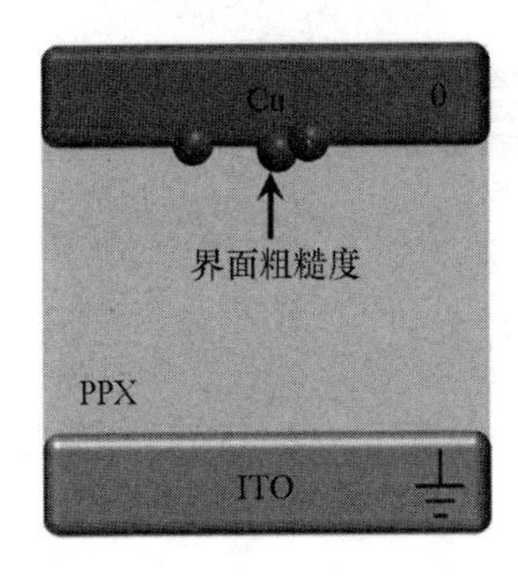

（a）原始夹层结构的碎片

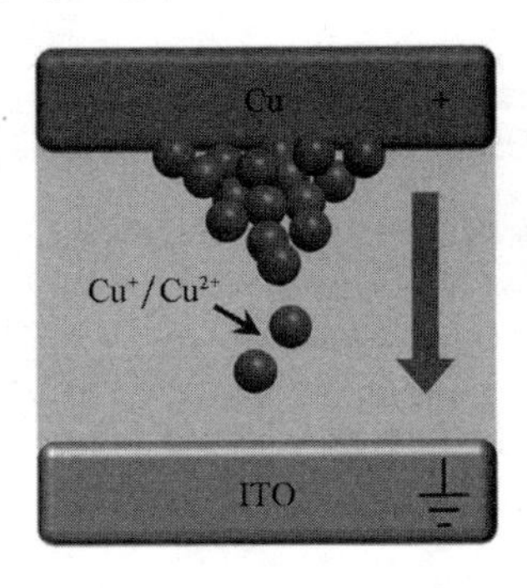

（b）向顶部电极施加正电压

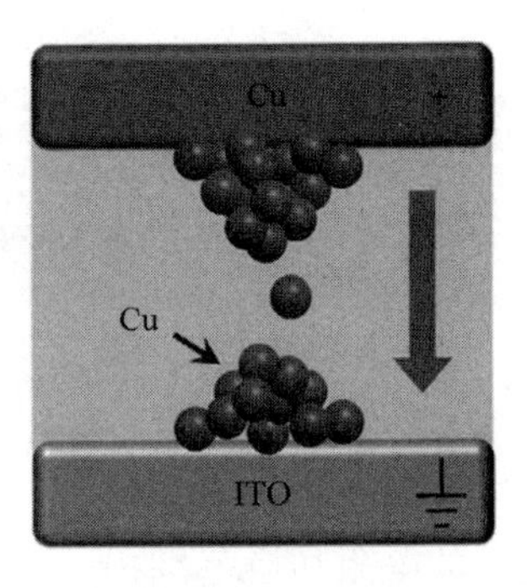

（c）铜离子到达底部电极并还原

(d) 导电丝完全成型

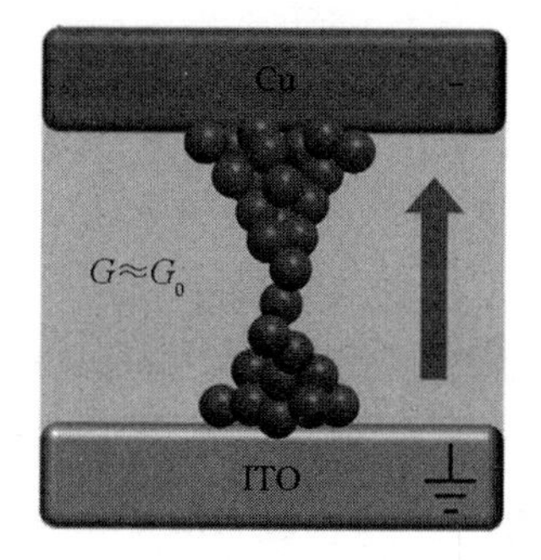

(e) 向顶部电极施加负电压

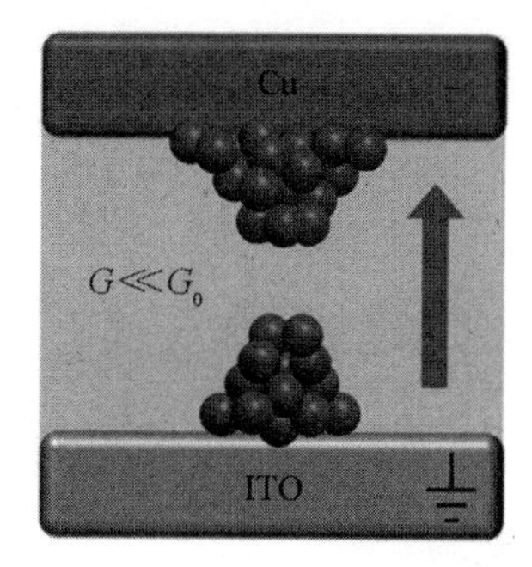

(f) 导电丝已断裂

注：球型颗粒代表铜原子。(a) 顶部电极上有部分表面不规则；(b) 铜离子在电场的作用下开始向阴极（ITO）移动；(c) 由于铜离子到达底部电极并还原，导电丝开始生长；(d) 未观察到量子化电导；(e) 铜离子开始向顶部移动，形成一个准点接触，因此电导被量子化，近似等于 G_0；(f) 电导远小于 G_0。

图 6.35 Cu/PPX/ITO 忆阻器中金属桥（导电丝）的演变及量子电导效应示意图
（经 Minnekhanov 等[303] 许可转载，版权© (2019) 归 Elsevier 所有）

因此，我们选用带有 Cu 电极的样品进行 STDP 学习试验。Cu/PPX/ITO 忆阻结构的底部电极（ITO）被指定用于突触前输入，顶部电极（Cu）被视为突触后输入。我们采用相同的电压脉冲作为异极双矩形（图 6.36（a））或双三角形（图 6.36（b））的突触前后尖峰。双矩形和双三角形尖峰的幅值分别为 0.7 V 和 0.8 V。因此，尖峰本身不会导致结构中电导率的变化。如果将两个尖峰相加，则忆阻器的电位差可以增加到 ±1.4 V 和 ±1.6 V，这在含 Cu 样品的电阻切换范围内。脉冲的减半时长分别为 150 ms 和 200 ms，离散度为 50 ms。在不同延迟时间 Δt（范围为 −500～500 ms，步长为 50 ms）下的突触前脉冲之后（或之前）施加突触后脉冲。

Minnekhanov 等通过在突触前和突触后脉冲序列前后施加 50 ms 的 0.1 V 测试电压来测量电导值。通常，器件电导 G 被视为突触权重，则其变化（ΔG）等同于突触权重的变化。更具体地说，权重变化 $\Delta G = G_f - G_i$，其中 G_f 和 G_i 分别是最终和初始电导值。因此，权重变化随延迟时间的变化如图 6.36 所示。

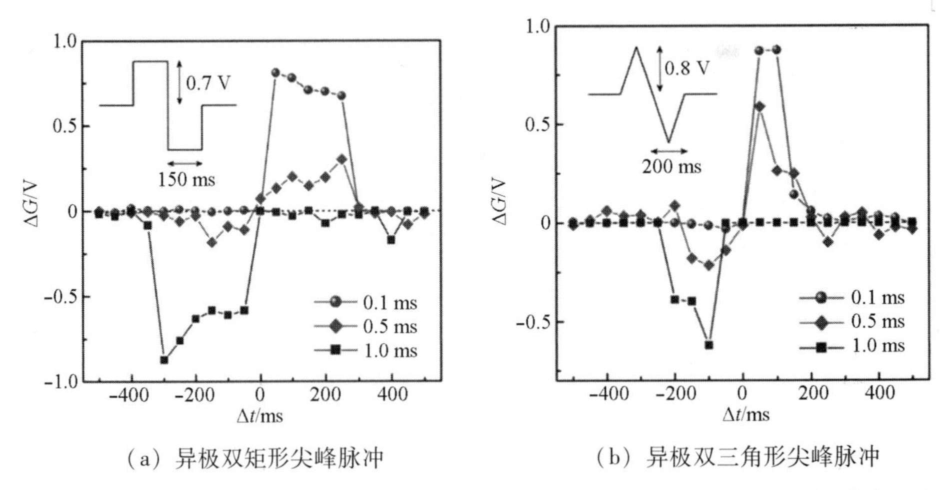

（a）异极双矩形尖峰脉冲　　　　（b）异极双三角形尖峰脉冲

注：在突触前尖峰之后（或之前）施加突触后尖峰，延迟时间 Δt 不恒定。曲线上的每个点都是10个试验记录值的平均值。

图6.36　用异极双矩形和异极双三角形尖峰脉冲获得的Cu/PPX/ITO忆阻结构在不同初始电导值下的STDP窗口

（经Minnekhanov等[211]许可转载）

从图6.36可知，试验结果证明了与生物系统中观察到的STDP相似的规则[210]。$\Delta t>0$ 时突触增强（$\Delta G>0$），而 $\Delta t<0$ 时突触抑制（$\Delta G<0$）。请注意，类STDP学习的结果取决于 G_i 值。一方面，如果忆阻器最初接近于低阻态，则其突触权重可能会抑制而不是增强（如图6.36中的1.0 ms曲线），反之则亦然（图6.36中的0.1 ms曲线）。另一方面，当忆阻器最初处于中间状态（0.5 ms）时，学习曲线将显示突触增强（$\Delta t>0$ 时高达120%）和突触抑制（$\Delta t<0$ 时下降到−44%）。可以用所研究忆阻器中电导变化的有限性来解释忆阻STDP曲线的这种“倍增”特性。

我们针对Cu样品的几种电阻状态研究了多个宽范围的脉冲幅值（0.5 V、0.6 V、0.7 V、0.8 V和0.9 V）和减半时长（50 ms、100 ms、150 ms、200 ms和250 ms），结果与文献中结果相似。

6.8.3　基于聚苯胺的忆阻器系统的经典条件作用

为了证明忆阻器可应用于具有STDP学习能力的神经形态系统中，有研究开发了一种模仿巴甫洛夫狗行为的模型电路[297]，它由两个输入（食物和铃声）和一个输出组成。

由于这种行为代表了经典条件作用，因此已经实现并报道了几种基于忆阻器的电路[153,299-302]。在直流[299]和脉冲[240]模式下，基于聚苯胺的忆阻器也获得了类似结果，即使它们与巴甫洛夫狗学习模仿不存在直接关系。然而，仅在文献［297］中使用了类似STDP的算法。

我们选择三角形脉冲作为输入，原因有二：首先，它更节能；其次，生物神经元通常以双三角形尖峰传递信号，这意味着我们的脉冲也更符合生物规律。

尽管在本试验中使用了正向条件作用，但使用这些器件也可以实现反向条件作用，但后者在已有研究实施的方案中无法直接实现。这种类型的学习需要STDP规则，此规则可以通过改变忆阻器的极性或电压脉冲来获得[390]。

按照条件作用的概念，当激活以下刺激组合时，训练前的输出电流必须很高：组合一仅食物存在；组合二食物和铃声同时存在。当训练前仅激活铃声输入时，预期输出将较低。那么训练一定会带来以下后果：铃声输入刺激导致输出电流较高，从而引起唾液分泌。此外，食物输入激活也会导致高输出，由于此输出代表无条件反应，因此不会显著改变。

食物输入与电阻器连接，铃声输入连接到聚苯胺忆阻器的一个输入，而电阻器和忆阻器的两个输出都连接到同一个输出神经元。向输入端施加一个电压脉冲序列。神经元在每个时间步长都会读取电流。如果电流超过阈值，它会在下一个时间步长生成电压脉冲。时间步长为80 ms。该系统如图6.37（a）所示。

这些试验中使用的脉冲序列如图6.37（b）所示。在训练序列开始时，施加了食物输入脉冲。食物输入激活会导致高输出电流（高于神经元阈值），从而触发输出脉冲。因此，食物输入脉冲之后会产生输出脉冲，如图6.37（b）所示（前1.5 s）。由于忆阻器的低导电态，训练之前的铃声输入激活会导致低输出电流。因此，在铃声输入脉冲之后不会产生输出脉冲。当同时激活食物

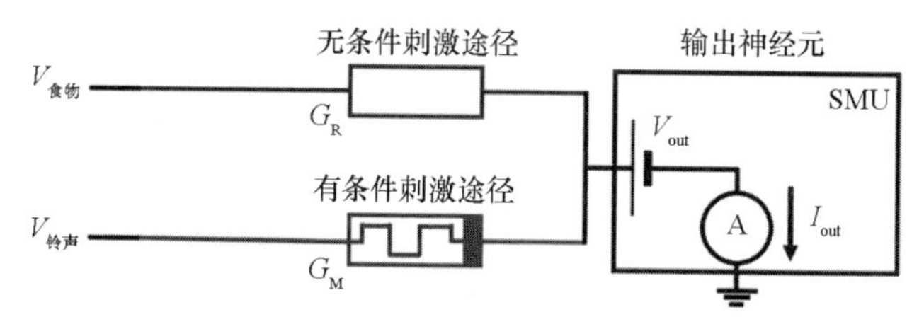

（a）使用双三角形脉冲实现的巴甫洛夫狗模型

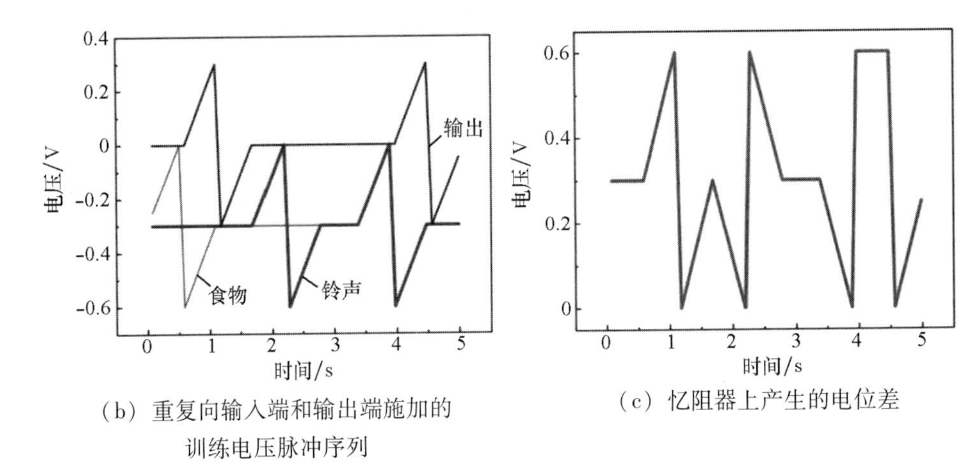

（b）重复向输入端和输出端施加的训练电压脉冲序列

（c）忆阻器上产生的电位差

注：（a）该模型允许通过类似 STDP 的机制对系统进行训练。无条件通路由恒定电阻器实现，而有条件通路由忆阻元件实现。G_R 表示电阻的输入，G_M 表示忆阻器的输入。

图 6.37　一种模仿巴甫洛夫狗行为的模型电路系统的示意图及试验结果

（经 Prudnikov 等[297]许可转载，版权© (2020) 归 IOP 出版社所有）

和铃声输入时，食物输入引起的输出脉冲会干扰来自铃声输入的脉冲，而忆阻器上产生的电压会形成一个 0.6 V 的幅值“平台”（图 6.37（c）），进而促使忆阻器电导增大。选择尖峰参数（基线值和幅值）以避免单个脉冲引起电导的明显变化。重复向电路施加该脉冲序列，且在试验期间没有断开任何输入。因此，在多次同时激活食物和铃声输入后，忆阻器的电导值将高于神经元阈值，此时仅铃声输入脉冲即可触发输出脉冲。在这种情况下，只能在输出和输入脉冲之间的特定时间内进行学习：如果它们之间的时间差为正（存在因果关系），则可以实现忆阻器的增强，这与 STDP 学习原则高度一致。

生成输出脉冲所需的输出神经元阈值设为 30 μA，对应训练之前的单个食物输入刺激反应。几个周期后，铃声反应显著增强并超过了阈值 30 μA，如图 6.38（a）所示。这意味着铃声脉冲本身会产生高输出电流而引起唾液分泌。

为了揭示电压脉冲时长的影响，我们使用了 320 ms、400 ms 和 480 ms（减半时长）的训练脉冲；其他所有参数均相同。从图 6.38（b）中可以看出，如果训练脉冲时长增加，则铃声输入下实现高输出所需的周期数会减少。对于所有脉冲时长，所需的总训练时间大致相同，如图 6.38（c）所示。因此，影响训练速度的主要因素是忆阻器电压超过 0.5 V 的增强阈值的时间。

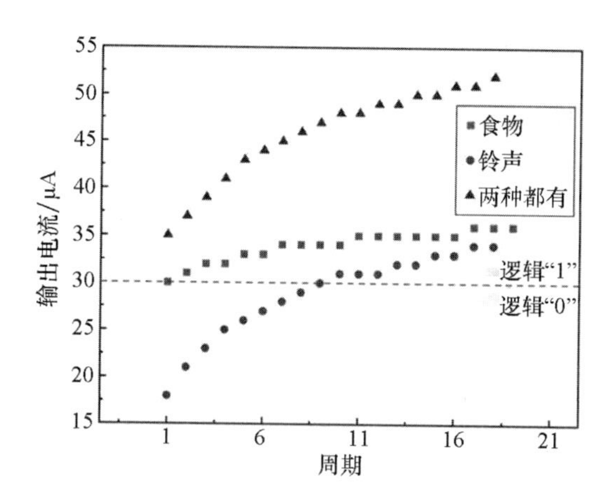

（a）铃声、食物和两种都有的刺激下所对应的输出电流

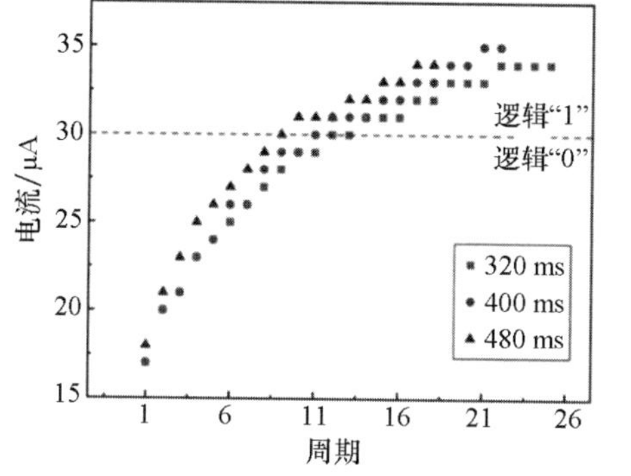

（b）在三角形脉冲情况下不同时长的纯铃声刺激与周期数的关系

（c）在三角形脉冲情况下不同时长的纯铃声刺激与总训练时长的关系

注：水平虚线表示选定的阈值电流。

图 6.38　在重复施加输入电压脉冲期间输出电流的变化

（经 Prudnikov 等[297]许可转载，版权©（2020）归 IOP 出版社所有）

图 6.38（a）还有一个有趣的特征：食物输入刺激所对应的输出电流略微增加，这是因为忆阻器链中也存在电流。由于器件未断开连接，因此会施加恒定的偏置电压，即使在铃声输入未激活时也会产生额外的电流。训练期间忆阻器的电导增加，总电流也随之增加。

6.8.4 基于聚对二甲苯的忆阻器系统的经典条件作用

目前已有试验在基于聚对二甲苯的忆阻结构中成功使用类 STDP 学习，这标志着它们在构建简单神经形态网络的实用性方面向前迈出了一步。为此，选择了经典（也称为巴甫洛夫）条件作用进行研究[210-211]。我们构建的网络（模拟巴甫洛夫狗的行为）由 2 个突触前神经元和 1 个突触后神经元连接组成（图 6.39（a））。第一个突触前神经元对应无条件刺激（例如食物）通路，通过电阻器 R 连接到突触后神经元。第二个突触前神经元连接由 Cu/PPX/ITO 忆阻元件（对应初始中性刺激通路，如铃声）表示。每个神经元都在软件中实现：突触前神经元可以产生幅值为 U_{sp} 的尖峰，突触后神经元被用作阈值单元

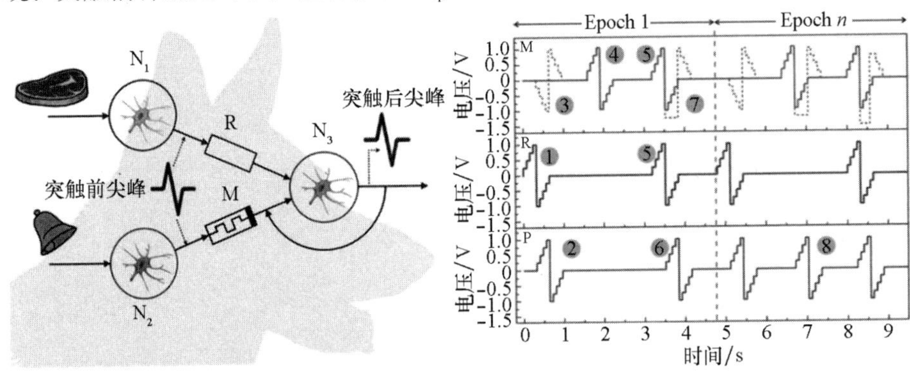

（a）电原理图　　（b）施加于该方案输入的尖峰模式示例

注：（a）N_1——第 1 个前神经元，在食物刺激后出现尖峰；N_2——第 2 个前神经元，在铃声刺激后出现尖峰；N_3——后神经元，当总输入电流超过阈值时出现尖峰；R——电阻值 R 恒定为 2 kΩ 的电阻器；M——忆阻元件，最初处于 R_{off} = 20 kΩ 的电阻状态。突触后尖峰有两种产生模式：一是在 N_1 尖峰后无条件产生，二是 N_2 尖峰后忆阻器电流超过 I_{th} 时产生。

（b）1——电阻器（R）（无条件刺激）上的初始脉冲（第 1 个 Epoch），这会导致产生突触后尖峰（P）2，其反过来以倒置形式作为脉冲 3（虚线）到达忆阻器（M）；4——忆阻器上的脉冲，最初没有后神经元活动；5——电阻器和忆阻器上的同步脉冲，这会导致突触后尖峰 6 及训练脉冲 7（虚线）产生；8——训练完成时条件刺激导致的突触后尖峰（Epoch n，其中 n 等于或大于条件作用生效所需的 Epoch 数）。

图 6.39　采用类 STDP 学习的忆阻器的巴甫洛夫狗实现

（经 Minnekhanov 等[209]许可转载）

（仅在总输入电流超过阈值电流值I_{th}的情况下产生尖峰，该阈值略小于U_{sp}/R）。忆阻元件的底部电极连接到突触后神经元的输出端。之前已有研究提出了类似的巴甫洛夫狗的电子实现[153]，但其未使用任何类似STDP的规则，而是使用了恒定信号学习。另一项研究在具有伪记忆突触的网络（采用类似Hebbian的学习机制）中也提出了电子实现[213]。

该系统的学习过程如下：（1）仅在无条件刺激通路中引入信号（在这一步中，我们检查正确的突触后神经元活动，即狗在看到食物或闻到食物气味后开始分泌唾液；（2）仅沿着条件刺激通路发送信号（在这一步中，我们检查最初的中性刺激是否变成条件刺激）；（3）将2个刺激配对（在此步骤中发生条件作用（学习））。以上3个步骤构成了一个学习Epoch，如图6.39（b）所示。

为了能成功训练网络，我们设电阻R为2 kΩ（图6.39（a）），略高于Cu/PPX/ITO忆阻结构的R_{on}电阻状态（约1 kΩ）。所有神经元的尖峰幅值U_{sp}和持续时间Δt_{sp}均相同，并且是根据$I-U$和类似STDP的学习测量结果进行试验选择[209]。每个试验开始时，忆阻器的R_{off}状态均约20 kΩ（这实际上是一个中间状态，因为真正高阻态下的电阻为5 MΩ）。如图6.39（b）所示，当条件刺激与无条件刺激配对时（图6.39（b），尖峰5），N_3（当忆阻器电流超过阈值I_{th}）处的突触后脉冲（尖峰6）与N_2处的突触前脉冲相加，从而导致忆阻器的电阻率发生变化（虚线尖峰7）。如果单独引入铃声信号，会导致突触后神经元尖峰（尖峰8）出现，此时，条件作用生效。

在试验中，神经元尖峰所需的忆阻器的电阻阈值（即当$U_{sp}/R_{th}>I_{th}$时的最高电阻值）R_{th}约为5 kΩ。我们使用异极双三角形尖峰，其幅值为1 V，减半时长为80 ms、160 ms和320 ms。从图6.40可以看出，在所有情况下都发生了条件作用，但条件作用所需的Epoch数因为脉冲时长的不同而不同，即脉冲时长越短，条件作用将需要越多的Epoch才能成功。这可能是由于所施加电场的时长较短（80 ms），不足以形成连续的金属桥。由于此处可以忽略局部加热的影响（脉冲之间的时间间隔相对较长——大约1 s），因此总脉冲时长仍然是决定条件作用速率的唯一参数（假设学习脉冲的幅值恒定）。试验结果证明，采用的基于聚对二甲苯的忆阻元件的神经形态系统具备联想学习能力，为开发能够模拟某些认知功能的自主电路提供了基础。

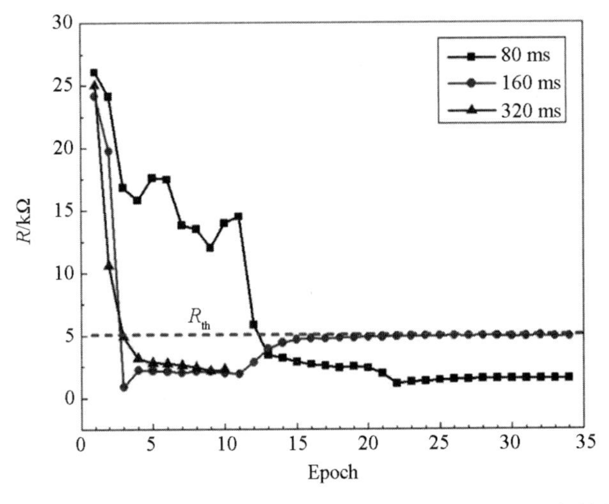

图 6.40　电子巴甫洛夫狗实现：忆阻器电阻与学习 Epoch 数的关系
（经 Minnekhanov 等[209]许可转载）

6.9　与生物体的耦合

忆阻器的一个重要应用是其与生物体的耦合能力。一方面，由于忆阻器的一些特性类似于神经系统的组成要素，一些文献讨论了这种耦合作用的几种可能性[391-392]。其中，关于自然神经网络与人工神经网络两者之间相似特征的详细分析见文献［393-394］。另一方面，一些生物材料在用作此类器件活性层材料时也表现出忆阻特性。关于植物[395-398]、粘菌[399-406]、蚕[407]甚至人体皮肤[408]的研究中皆提及了这些生物材料的使用。

然而，以上这些研究的主要工作并不是将生物体与忆阻器进行耦合，而是使用天然生物材料作为活性介质来实现具有忆阻特性的元件。

而无机忆阻器的相关研究报道了人工尖峰神经网络与大鼠胚胎海马神经元细胞的耦合。其中忆阻器的可塑性可以模拟调节生物介质中的传输强度[409]。

在一项有趣的有机神经形态器件研究中，作者基于 PEDOT：PSS 活性层的三端器件，通过调节神经递质模拟调节连接强度。其中，大鼠嗜铬细胞、瘤细胞沉积在该器件栅极上，其分泌的多巴胺可以用于调节沟道的电导率，这进一步说明了流动室内上述电生理过程长期作用和突触权重可恢复的特征[410]。

将大鼠皮层的两个活神经细胞通过有机忆阻器相互耦合的这一行为，表明了其在有机神经形态器件的研究中迈出了重要一步（甚至考虑了可能的突触假体应用[411]）。文献［411］的作者在使用以聚苯胺为基础的器件方面（本书的主题）取得了以下研究成果，而这些研究成果也为我们提供了大脑神经元细胞与忆阻器之间直接进行试验耦合的唯一可用信息。因此，我们将详细介绍这篇论文。

突触作为一种连接两个神经元的生物结构，其可实现从一个神经元到另一个神经元特定的单向信息流（兴奋或抑制）。而突触连接是组成神经元网络的关键要素，其可塑性是学习和记忆的基础。在人工神经元网络构建方面的最新进展主要是基于模仿自然突触特征的元件[412-414]。使用电生理峰值电位分类[415]和光遗传学[416]方法可以有效读取和控制单个或成组的神经元的活动，从而促进假体装置的发展。由于人工突触也具有自然突触的主要特征（包括可塑性），所以对于创伤性损伤以及由突触功能丧失而引发的与各种突触病相关的其他病症，也可以通过引入电子突触直接连接神经元来恢复突触的连接。此外，由于生物体自身的限制，电子突触在进化过程中会表现出前所未有的特征，因此可能会导致创造出的机械化有机体拥有前所未有的能力。

在文中所描述的试验中，为了免受不同伪影的影响，研究者使用了大鼠脑切片（图6.41（a））中互不连接的皮层的第五层（L5）成对锥体神经元的膜片钳记录。向神经元注入电流会使其去极化，当去极化超过阈值时会产生动作电位。在两个成对L5神经元中，当一个神经元触发动作电位时，另一个神经元不会产生任何反应（图6.41（c）），这表明这些成对细胞在任一方向上均未通过自然突触相互连接。然后，研究者通过电子电路将这些神经元连接到可模拟突触的有机忆阻器上（图6.41（b））。通过加载负电压将有机忆阻器的初始电阻设为高值后（图6.41（d）中的曲线5），产生超阈值去极化反应（图6.41（d）中的曲线1）会触发突触前细胞1中的动作电位（图6.41（d）中的曲线2）。然而，由于有机忆阻器的初始电阻较高（图6.41（d）中的曲线5和图6.41（e）中的曲线1），所以细胞1中的动作电位仅在突触后细胞2中产生亚阈值去极化反应（图6.41（d）曲线4中的第113次扫描）。由于在去极化时有机忆阻器的电阻会降低[192]，细胞1的连续去极化和动作电位使得有机忆阻器（图6.41（d）中的曲线3）和细胞2（图6.41（d）中的曲线4）的电压响应逐步增加。当有机忆阻器的电阻降低至约原来的一半时（图6.41（d）曲线4中的第113次扫描），细胞2中的去极化反应达到动作电位的阈值（约−40 mV），且细胞2开始可靠地发射动作电位（图6.41（d）中的曲线4

(a) P7 大鼠脑切片的红外微分干涉对比显微照片

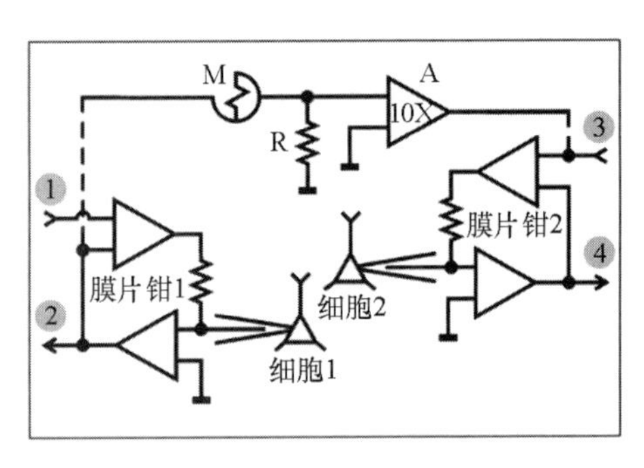

(b) 两个膜片钳放大器探头（膜片钳 1 和 2）的简化电路方案

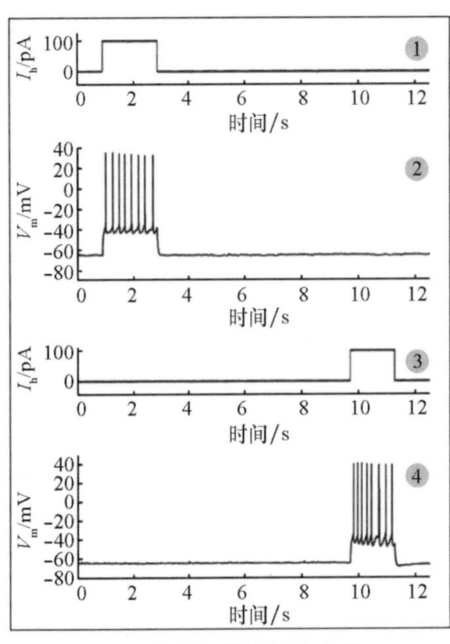

(c) 有机忆阻器耦合之前细胞 1 和 2 的电流钳描记线

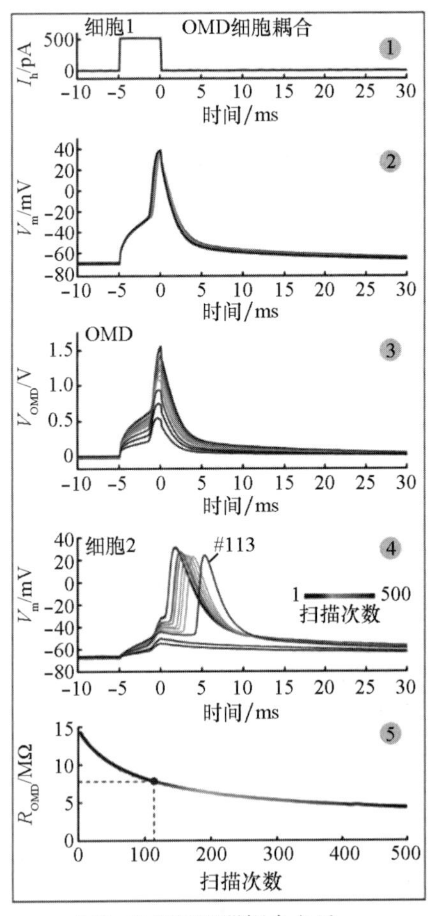

(d) 有机忆阻器耦合之后细胞 1 和 2 的电流钳描记线

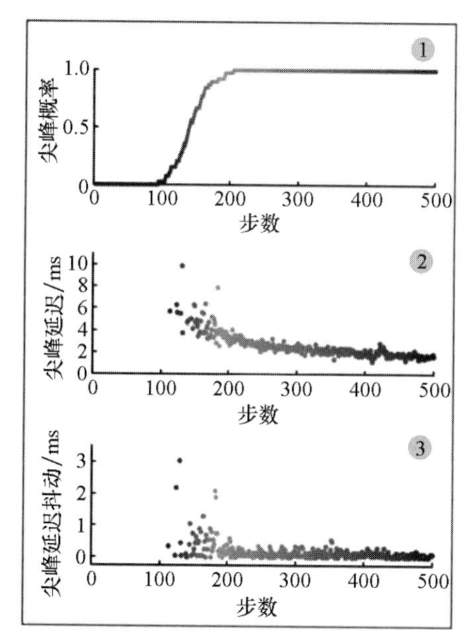

注：曲线1为细胞2中尖峰概率随活动变化图；曲线2为细胞2相对于细胞1的尖峰延迟抖动；曲线3为细胞2中的尖峰延迟抖动。

（e）OMD尖峰耦合

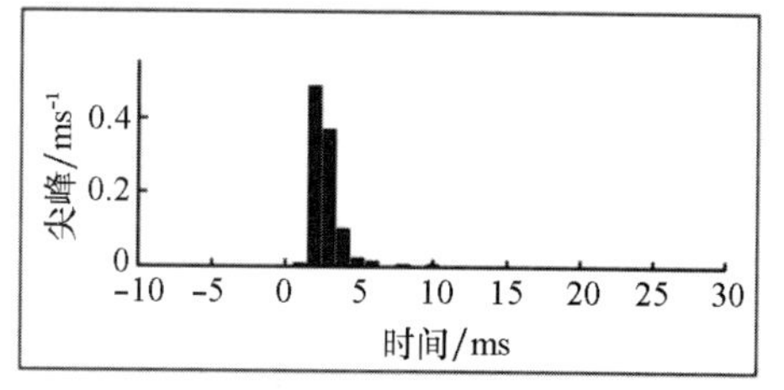

（f）三对OMD耦合细胞（777个尖峰）中细胞2相对于细胞1的尖峰延迟时间直方图

注：（a）记录了可通过视觉识别的L5/6新皮层细胞（细胞1和2）；（b）1和3——膜片钳的输入，2和4——膜片钳的主输出，一个连接两个神经元的有机忆阻器电路（5 mm × 5 mm）；（c）、（d）曲线1～4对应（b）中相对应标记的输入/输出。需注意的一点是，在通过有机忆阻器耦合之前（c），任一神经元中的动作电位都未引起另一个神经元的反应，说明这些细胞未通过自然突触相互连接。通过有机忆阻器连接细胞1和2之后（d），耦合效果随着细胞1中每个连续的去极化步骤/动作电位而逐渐提高。500条描记线（按扫描次数进行颜色编码）对应细胞1的超阈值去极化步骤。如图（d）曲线5所示，有机忆阻器的电阻是扫描次数的函数。虚线表示细胞2开始发射动作电位时的第一次扫描。

图6.41　基于有机忆阻器件的兴奋依赖性神经元耦合（依赖于活动）

（经Juzekaeva等[411]许可转载，版权©（2018）归John Wiley and Sons，WILEY－VCH Verlag GmbH & Co. KGaA，Weinheim所有）

上从第113次扫描开始和图6.41（e））。随着忆阻器电阻的进一步降低（图6.41（d）中的底部图），细胞2发射动作电位的概率逐渐增加（图6.41

(e) 中的顶部图)。其中随着有机忆阻器突触改善了尖峰脉冲时序，神经元间的尖峰耦合也随之增加。细胞 2 动作电位的延迟及抖动逐渐减少（图 6.41 (d) 中的曲线 4 和图 6.41 (e) 中的中间图）证明了这一点[358,417]。图 6.41 (f) 总结了三对细胞中细胞 2 的尖峰脉冲相对于细胞 1 的延迟时间（记录了 777 个尖峰)。显然，基于有机忆阻器突触的动作电位交换的特征时间与兴奋性自然突触的特征时间相似[418]。

为了进一步评估突触反应，研究者检查了与有机忆阻器的耦合是否也可以在自发活动期间实现神经元同步。为此，通过注入恒定的内向电流，突触前细胞1将连续去极化，使其自发发射动作电位（图6.42 (a) 中的上图描记线)。我们观察到，当细胞 1 自发发射动作电位时，有机忆阻器的电阻会逐渐降低（图 6.42 (d) 中的底部图)，而这反过来又会促进细胞 2 的响应增加，正如上述试验所示（图 6.42 (a) 中的下图描记线)。一旦细胞耦合达到阈值以上水平，细胞 2 就开始与细胞 1 同步发射动作电位（图 6.42 (a) 和 (d))，但有 3.8 ± 0.1 ms 的时间滞后（$n = 3$ 对细胞，记录了 633 个尖峰，见图 6.42 (e))。通过有机忆阻器耦合的神经元在 δ 频率范围内（0.56 ± 0.04 Hz，$n = 3$ 对细胞，见图 6.42 (b) 和 (c))，可同步发射动作电位，这是深度睡眠时皮层慢波活动的特征[419]。

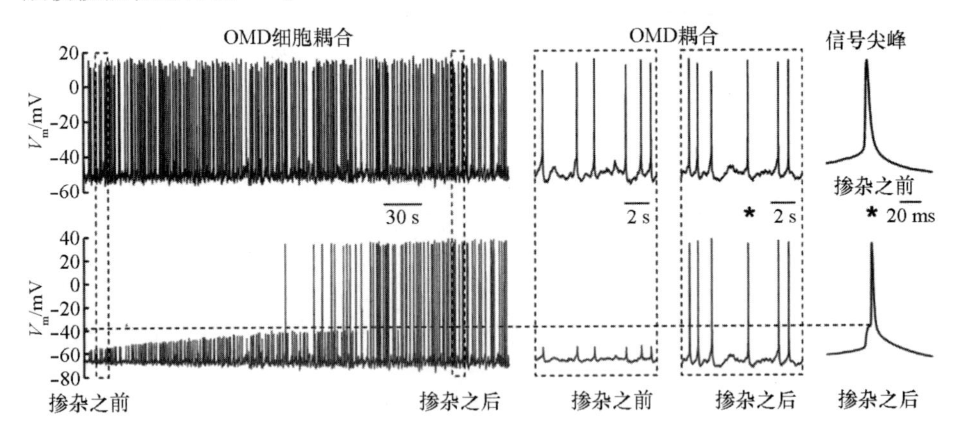

(a) 细胞 1（上）和细胞 2（下）的电流钳记录

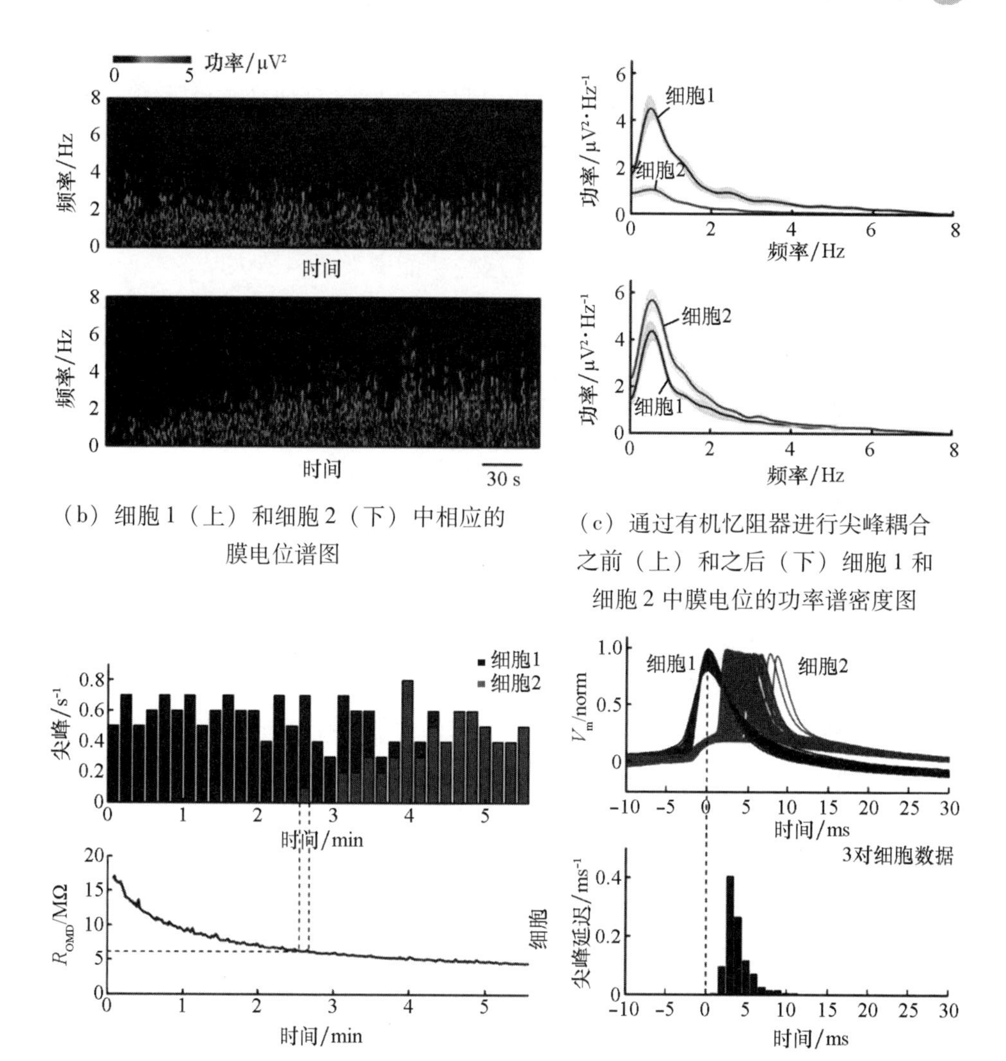

（b）细胞1（上）和细胞2（下）中相应的膜电位谱图

（c）通过有机忆阻器进行尖峰耦合之前（上）和之后（下）细胞1和细胞2中膜电位的功率谱密度图

（d）细胞1和细胞2中的尖峰频率（顶部）

（e）归一化尖峰示例和时间延迟

注：（a）有机忆阻器进行尖峰耦合前后的部分描记线（虚线框内）显示在右侧的扩展时间尺度上，水平虚线表示细胞2的尖峰阈值；（c）置信区间为阴影部分，$n=3$对细胞；（d）根据（a）中的记录（间隔为10 s），以及有机忆阻器的相应电阻值计算得出，虚线表示细胞1和细胞2之间尖峰耦合的开始；（e）上图为细胞1和细胞2中记录的65个归一化尖峰示例，下图为细胞2中尖峰相对于细胞1的延迟。

图6.42　自然神经元网络（两个皮质神经元通过有机忆阻器耦合而成）中的同步振荡（经Juzekaeva等[411]许可转载，版权©（2018）归John Wiley and Sons，WILEY-VCH Verlag GmbH & Co. KGaA，Weinheim所有）

本研究首次提供了活神经元通过有机忆阻器进行单向且兴奋依赖性耦合的试验证据。同时它还证明了，基于有机忆阻器的人工突触的尖峰时间特征与自然兴奋性突触的时间特征接近，器件耦合的程度取决于神经元活动，并且这些人工突触可以有效支持简单的双神经元网络中的神经元同步。

有机和无机电子器件已被用于记录细胞外场的变化[420]、细胞动作电位[421-423]和体内电生理记录[424]。尽管这些功能引发了科研人员的广泛关注，但人工突触芯片原型的实现主要集中在通过微图案基板[425]控制化合物的释放上[426-427]，而不是在器件和细胞之间创建功能界面。这种连接要求可以在细胞和器件之间传输信号，其中最重要的一点是，可以通过器件在细胞群之间传输刺激。目前已有几项使用硅电路来模拟突触功能的研究[412-413]。而一些基于忆阻器的电路已表现出在人工神经网络适用方面的可塑性[178,428]，其可模仿简单动物的学习[153-154]；它们还能用于视网膜信号的采集和部分信号的解码[256]。不过，至今尚无证据证明忆阻器可以与活神经元进行功能耦合。这是用忆阻器实现假体装置或构建混合网络（在适当的配置中须使用特殊材料）时必须满足的首要条件。此外，如果我们从可植入系统的角度考虑，则忆阻器必须满足生物相容性、柔韧性和可扩展性等要求。在本书中，我们将展示一个非常新颖的功能，它首次证明了脑切片中的两个活神经元可以通过有机忆阻器进行单向、兴奋依赖性耦合。这种耦合表现出由有机忆阻器的瞬时电阻（取决于连接的神经元兴奋）和在突触后神经元中观察到的兴奋阈值所决定的非线性关系。最后，我们已经证明——基于有机忆阻器的耦合也显示出类似于自然兴奋性突触的尖峰时间特征。此外，我们基于有机忆阻器的人工突触，可以有效支持双神经元网络中的同步 δ 振荡。因为在这一简单的单一器件电路中同时观察到自然突触的所有特征，所以基于有机忆阻器的人工突触朝着实现假体突触的方向迈出了重要一步。

上述器件须具备一些重要特性才能用作突触假体元件：(1) 它们必须具有与生物体内典型的信号传输类似的可塑性；(2) 对于植入式系统，器件必须是柔性的，并且由生物相容性材料制成；(3) 元件的大小必须与细胞尺寸相当；(4) 互连以及外部电子系统对神经系统功能的干扰不显著。每个器件的特性都需要进行适当研究和优化。对于特性 (2) 和 (3)，已有研究获得了显著成果。事实上，早期就有研究表明可以通过柔性材料实现有机忆阻器[304]。有机忆阻器材料的生物相容性，已经在细胞生长[429-430]和简单生物体[156,161,431]表面的试验中得到证明。此外，由 LbL 技术制造[252]的活性沟道可以确保所有与生物周围环境所接触的部分均由生物相容性聚合物制成[254,432]。特性 (3) 也得到了证明：目前已有研究制造出横向尺寸为 20 μm[374]且可以进一步扩展的器件，这说明有机忆阻器具有可扩展性[374]，这进一步证明亚微米有机电子系统的可实现性[433]。

因此，需要进一步研究和开发的特性（1）和（4）为当前有机忆阻器研究的主要挑战。特别是有关互连和外部电子器件的问题，（4）在有大脑植入物的情况下很关键，这是多个研究小组讨论并正为之努力的主题[412-413,434]。

本书研究旨在解决并有助于发展特性（1），因此在我们的研究中首次直接证明了有机忆阻器可以具有与生物体化学突触相同的电学可塑性。

本研究的主要成果是提供了活神经元通过有机忆阻器进行单向、兴奋依赖性耦合的试验证据。我们已经证明，基于有机忆阻器的人工突触的尖峰时间特征的某些细节与自然兴奋性突触非常相似，同时可以通过神经元活动来调节基于有机忆阻器形成的系统耦合度，并且这些突触可以有效支持简单双神经元网络中的神经元同步。因此，我们得出重要结论：有机忆阻器既是神经形态计算系统的关键候选元件（到目前为止，纯电子元件已用于信息存储和处理[192]），也应被认为是开发突触假体的合适元件，并且可用于神经形态计算系统（在此系统中，同一元件将同时用于信息记忆和处理）。

上述试验的具体细节参见文献［411］。

总的来说，由于突触的数量非常多且为3D结构，所以在大脑中实现突触假体非常困难。然而，神经系统其他部分的突触假体似乎更容易实现。例如，可以考虑通过制作脊髓神经系统受损部位的突触假体，进而实现对受损部位的修复[435-436]。

总之，本章介绍了几种神经形态的应用，这些应用已证明有机忆阻器具有生物突触的几个重要特性，因此可以在人工电子电路中使用这些器件模仿生物体的学习过程。此外，本章还展示了通过有机忆阻器耦合活神经细胞的可能性，从而为实现突触假体开辟了多个发展前景。

第 7 章　3D 随机系统

我们在第 6 章中已经证明有机忆阻器可以有效用作人工电子电路中的突触模拟，并模仿神经系统的某些功能。但是，我们的示例中最多只使用两个忆阻器，因而需要使用更多的元件才能设计一个可以处理、学习和决策复杂信息的系统。例如，据估计，人脑包含 $10^{14}\sim10^{15}$ 个突触，它们的组织系统为 3D 结构，各神经元之间有短连接和长连接。实现如此高集成度的直接方法是使用现代光刻方法。尽管这个方向已经取得了重大进展，但大多数已实现的系统目前都采用的是平面结构。虽然也有几项研究证明了实现多层无机结构的可能性，但层数十分有限[71,437-441]。相反，大脑神经细胞的组织系统为 3D 结构，因而允许多个信号通路。

在此方面，某些有机分子可以自组装形成复杂的 3D 结构，且“自下而上”的方法有可行之处[442-456]。然而，由于在无机系统中，光刻方法一直是主流，因此这种方法无法运用在无机系统上。

基于有机忆阻器的神经形态系统必须包含器件的三个主要成分：导电聚合物、电解质和绝缘体。由于这些材料自身的相互取向和连接具有随机性，一旦连接的数量较多，就有可能会形成多个信号通路。

在本章中，我们将考虑三种随机组织而成的 3D 系统：自支撑式纤维系统、以骨架为支撑的分层系统以及基于材料相分离的系统。

7.1　自支撑式纤维系统

第一个实现的系统是自支撑式纤维系统[447]，它是由聚环氧乙烷和聚苯胺自支撑纤维的随机交叉构成的。

这种随机交叉方法的基本思想如下：输入和输出电极之间纤维系统的存在将形成多种可能的信号通路。根据赫布规则可知[7]，由许多类突触连接组成的单个通路的电导率将随着其参与信号传输的时间（或频率）的增加而增加。但在施加足够的外部刺激后，电导率可能会出现下降的趋势，这与监督学习的情况类似。

这类纤维系统的制造方法如下：

首先，建立一个纤维状聚环氧乙烷网络。具体操作如下：在带有蒸发电极的玻璃基底上滴一滴（0.1 ~ 0.5 mL）含有浓度为0.1 mol/L LiCl 和 HCl 的聚环氧乙烷水溶液，并将银线（直径通常为50 μm）放置在液滴中间。随后，将该样品放入真空室中并用泵压至1.333 22 Pa，保持泵压15 ~ 20 min，即可在玻璃基底上形成纤维状聚环氧乙烷结构。最后，将一滴（0.1 ~ 0.2 mL）聚苯胺溶液滴到已经成型的样品上，并继续保持1.333 22 Pa 的压力下泵压15 ~ 20 min，获得最终样品。

用光学显微镜采集的不同样品的图像如图7.1所示。

图7.1展示了单组分（a）和双组分（b）聚合物纤维系统的形成。由两种材料得到的纤维直径约为几十微米，长度达几厘米。尽管这些纤维的分布具有随机性和不可预测性，但由于许多交叉点的存在，系统内部可能会形成许多信号通路，且可以通过电化学手段调控这些信号通路的电导率，这一点与单个有机忆阻器的情况相同。

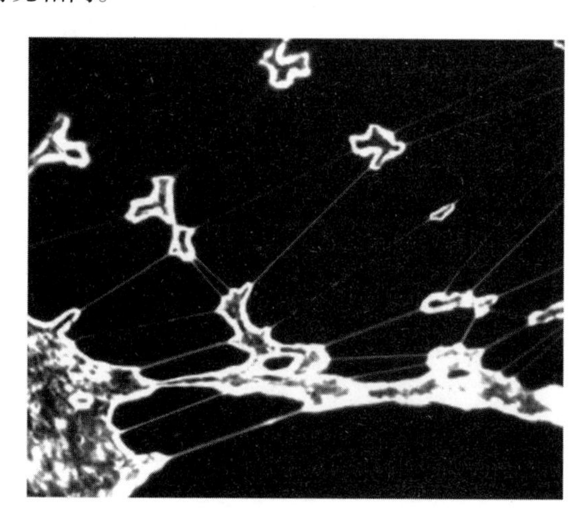

（a）样品由聚环氧乙烷组成

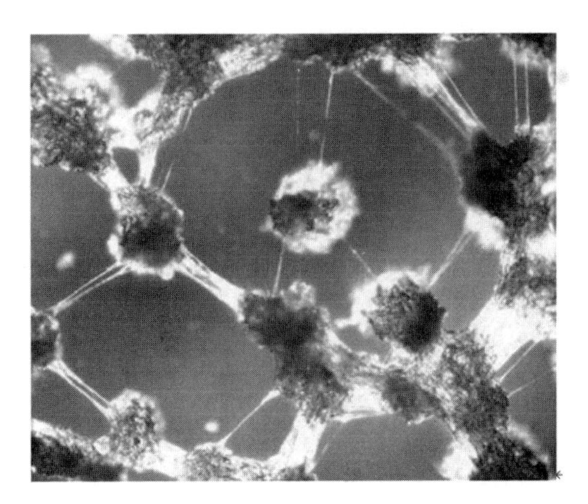

（b）样品由聚环氧乙烷－聚苯胺组成

注：图像尺寸：0.6 mm×0.5 mm。

图 7.1 使用光学显微镜获取的样品图像

（经 Erokhin 等[447]许可转载，版权归英国皇家化学学会所有）

为了检验上述建议的有效性，我们研究了由两个金属电极（位于玻璃基底上）和一个银参比电极（位于纤维系统中间，而在真空处理前其被放置在液滴中）组成的器件结构。预计如果纤维的随机分布提供了所需的银－聚环氧乙烷－聚苯胺的结构配置，则其循环伏安特性曲线一定与有机忆阻器的循环伏安特性曲线类似。

试验测得的此类样品典型的循环伏安特性曲线如图 7.2 所示。

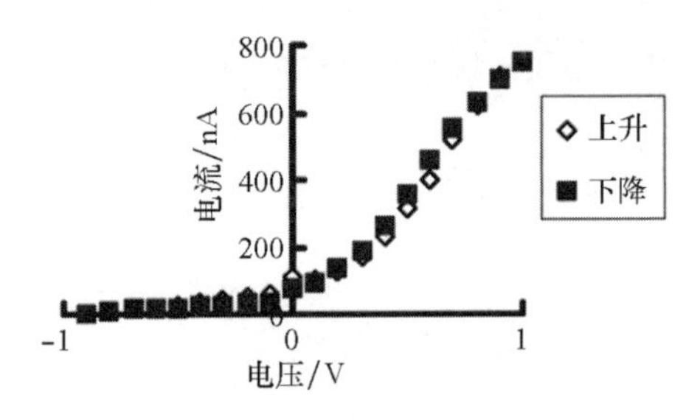

图 7.2 由聚环氧乙烷和聚苯胺组成的 3D 纤维系统的循环伏安特性曲线

（经 Erokhin 等[447]许可转载，版权归英国皇家化学学会所有）

图 7.2 中所示的特性曲线具有整流和滞后的现象，这是有机忆阻器的典型特征，表明双组分聚合物纤维系统与预期的一样，在系统内部形成了异质结。

几乎所有测量样品的曲线都表现出相似的趋势，即：形状相同，但所形成结构的随机性导致样品电流值存在差异。

下一步是检查系统是否具有自适应性，具体步骤与第6章中所述的八元件电路的情况类似。

该系统包含一个输入电极和两个输出电极。训练时对输入电极施加刺激，则会在一个输出电极上实现高信号而在另一个输出电极上实现低信号。向输入电极施加0.4 V电压时，输出电极电路中的电流值被视为输出。如前几章所述，该电压值不应改变导电状态。因此，根据输出电极处的电流值可以得知每个电路的电导率。通过对输出电极施加不同电压来完成训练。具体步骤是向第一个电极施加1.2 V电压，而向第二个电极施加－0.6 V电压。表7.1总结了训练前后该系统的状态。

表7.1　随机纤维网络的训练前后系统状态

类别	In－Out_1/nA	In－Out_2/nA
训练前	20	20
训练后	200	20

表7.1展示了增强所选信号通路的可能性，与第6章中由八个独立器件组成的确定性网络的训练结果类似。这一结果非常重要：网络是由导电纤维和离子聚合物纤维之间的随机连接组成，且内部元件的连接和架构均处于非固定状态。然而，由于包含多个可能的信号通路的网络较复杂，因此通过适当的训练，可以增强所设电极对之间的电导率并抑制另一个电极对之间的电导率。

然而，这个系统有一个非常大的缺点——其结构和性能的稳定性非常低。实际上从开始测量就能观察到所达电导率状态的变化。在开始40 min后，电导率下降1个数量级，系统在2 h后也停止了运行。但考虑到所形成网络具有自支撑的特性，出现这一结果也在意料之中。在测量过程中，电流可以通过纤维，产生焦耳热，从而产生温度梯度，导致纤维结构逐渐变形直至被完全破坏。

因此，考虑到该系统实际应用的可能性，必须通过某种手段使系统保持稳定。由于在自然界中存在使用刚性骨骼来稳定许多生物体组织的情况，目前已有研究使用稳定的多孔框架进行试验，且具有较好的应用前景[304]。图7.3显示了所实现的结构的电子显微镜图像。

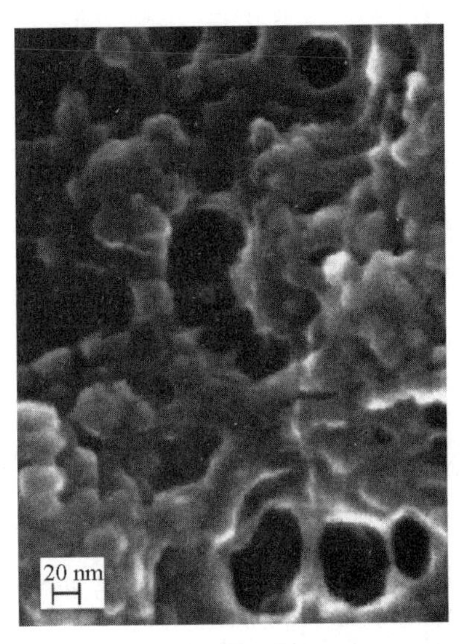

图 7.3　在多孔框架上形成的纤维系统

（经 Erokhin 等[304]许可转载，版权© （2010）归 Elsevier 所有）

从图 7.3 中可看出，这种方法可以将光纤直径减小到 10 nm，从原则上讲，这可以显著提高网络的集成度和运行速度。而通过这种方法形成的结构会更加稳定，即使在成像过程（相当高的真空度和电子束照射的联合作用）中也能保持其原本的结构。

尽管我们在这个方向上取得了良好的成果，并且首次展示了在这些随机网络系统上进行训练的可能性，但在提高系统稳定性和其他特性方面仍需寻找其他解决方案，而我们将在后续章节中介绍其中两个方案。

7.2　采用发达结构框架的随机网络

自然界中有许多稳定且具有发达结构的生物体。本节将介绍使用海绵作为稳定结构的框架去实现随机自适应网络。显而易见，由于之前主要是用 Langmuir-Blodgett 法实现导电沟道（参见第 2 章），无法覆盖海绵的所有表面而不适用于构建这些以生物体为基底框架的随机网络。因此，接下来我们将探讨是否能通过深度覆盖整个海绵的所有表面进而形成导电沟道。

如上一节所述，可以基于聚环氧乙烷 – 聚苯胺纤维网络构建随机自适应网络。然而，该系统的弱自支撑性导致其稳定性非常低。因此，为了避免结构和性能退化，我们参考自然界中常见的案例——基于软物质（在我们的案例中是聚合物）的系统需要使用骨架（脊状等稳定的框架）来稳定系统。在实现目前所研究的3D系统前提下，实现有机忆阻器必须满足：能形成多孔结构的框架，并允许材料相互渗透。

我们选择天然纤维素海绵作为随机网络的框架。样品的尺寸如下：长15 mm、宽8 mm和高5 mm。孔径在0.1~0.5 mm之间[432]。

首先，将海绵置于浓度为0.1 mol/L的盐酸溶液中浸泡10 h。随后，将滤纸上的样品干燥后放入聚苯胺溶液中浸泡30 min。之后，再次将置于滤纸上的样品进行干燥。将银线插入样品的中心部分。用注射器（体积约0.1 mL）将含有浓度为0.1 mol/L的 $LiClO_4$ 和HCl的聚环氧乙烷水溶液（20 mg/mL）注入样品的中心区域。然后，将样品放入激振器中，并用机械泵抽30 min抽至真空。此时在样品表面清晰可见聚环氧乙烷气泡的形成和破裂。在此之后，将三个金电极（线）电路连接至样品，如图7.4所示。

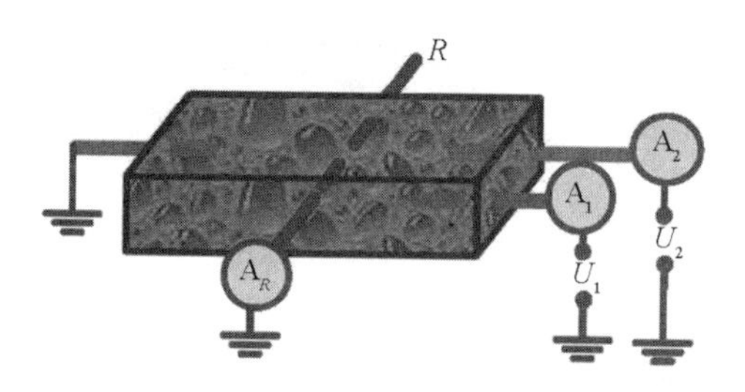

（a）训练的样品尺寸为15 mm×10 mm×5 mm示意图

（b）覆盖了聚苯胺的海绵

注：（a）尺寸与正文不一致，是因为实际试验和设计模具的误差。

图7.4 基于多孔框架组装的3D随机系统训练

（经Erokhina等[432]许可转载，版权©归Creative Commons Attribution（CC BY）所有）

其中一个金电极接地，另外两个通过安培计（用于测量这些电路中的电流值）连接到独立的电源。银电极也通过另一个安培计（可以测量系统中的离子电流值）接地。

在仅放置一个装有浓度为0.1 mol/L的HCl溶液的玻璃杯密闭空间中完成整个测量过程。

在进行训练试验之前，测量了两种可能信号通路（S－D1和S－D2）的循环伏安特性曲线及其离子电流的变化，如图7.5所示。

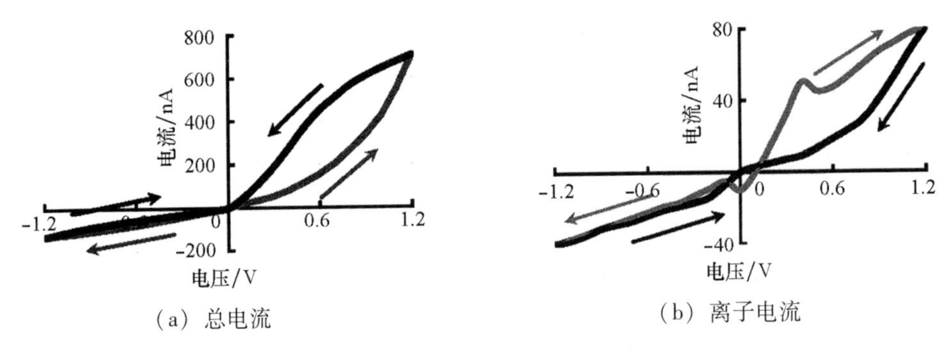

（a）总电流　　　　　　　　　　　（b）离子电流

注：电流值是在施加电位后 60 s 获取的。箭头方向为施加电压的变化方向。

图7.5　在S极和D极（如图7.4所示）之间测得的总电流和离子电流的循环伏安特性曲线

（经 Erokhina 等[432]许可转载，版权©归 Creative Commons Attribution（CC BY）所有）

图 7.5 所示的特性曲线证明了实现多个聚苯胺－聚环氧乙烷异质结的可能性，同时揭示了有机忆阻器的两个重要特性：滞后和整流。实现系统的另一个重要特征是离子电流值比总电流值小 1 个数量级。它展示了这些试验中所使用电解质的最佳配比，即提供的离子数量足以进行氧化还原反应和有效的电阻切换，但由于这些离子的浓度过低（样品的随机性限制了浓度的进一步降低），不会对总电导率产生显著影响。

电流差值（体现了总电导率的电子分量）的循环伏安特性曲线如图 7.6 所示。

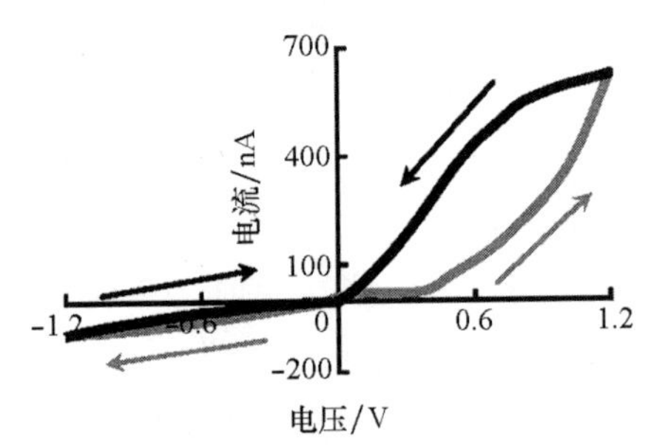

注：箭头方向表示施加电压的变化方向。

图7.6　电子电流（总电流与离子电流之差）的循环伏安特性曲线

（经 Erokhina 等[432]许可转载，版权©归 Creative Commons Attribution（CC BY）所有）

将图7.5 和 7.6 所示的特性曲线与上一节中介绍的纤维网络特性曲线进行对比可知，本例中得到的曲线不仅出现了整流，还出现了更明显的滞后现象，这是证明该系统稳定性增强的首要特征。

在讨论了网络的两个通路都具有忆阻特性后，我们对整个系统进行了训练试验。训练时，增强一个通路（S－D1）中的电导率，降低另一个通路（S－D2）中的电导率。

与纤维网络的试验相似，我们使用了三个电压值：其中两个是训练电压，一个是测试电压。选择测试电压时应确保其施加后不会改变导电状态，本例中的测试电压为0.3 V。而施加训练电压时应改变导电状态。因此，在S极接地时，向D1施加1.0 V电压，向D2施加－0.2 V电压，并持续60 min。

训练的结果如表7.2所示。

表7.2 在多孔框架上组装而成的随机系统的训练结果
（经Erokhina等[432]许可转载，版权©归Creative Commons Attribution（CC BY）所有）

类别	S－D1/nA	S－D2/nA
训练前	50	55
训练后	200	21

表7.2表明，在本例中，我们可以增强和抑制信号通路，而这与自支撑式纤维网络的情况刚好相反。

7.3 基于材料相分离的3D随机网络

本节将通过使用嵌段共聚物的相分离过程来研究并实现基于忆阻器的3D随机网络，其中嵌段共聚物包含部分固体电解质（聚环氧乙烷）和绝缘物（聚苯乙烯磺酸）。此外，这个系统还包含了聚苯胺（具有可变电导率特性的材料）和金纳米粒子。我们选择金纳米粒子的原因如下：一是忆阻器具备良好的突触特性，同时自然和人工神经元网络也都需要通过阈值元件（神经元体）允许输入所有可能的信号，而只有在特定时间间隔内，当输入信号的总和高于某个定义的阈值时才会提供输出；二是网络的导电通路只能由聚苯胺制成，因此建议使用金纳米粒子的分布来发挥这种阈值元件的作用。事实上，金和聚苯胺功函数之间的显著差异会导致信号可能进入粒子，但只有克服Schottky势垒后才有可能输出[448－449]。

由于本节中使用的方法较为复杂，因此接下来我们需要对所有必要的组件和技术步骤进行研究。

7.3.1 稳定金纳米粒子

如上所述，功能化的金纳米粒子[450]是该系统的重要组成部分。这些粒子是根据现有方法合成的[451-453]。图 7.7 为我们所使用的金纳米粒子的示意图。

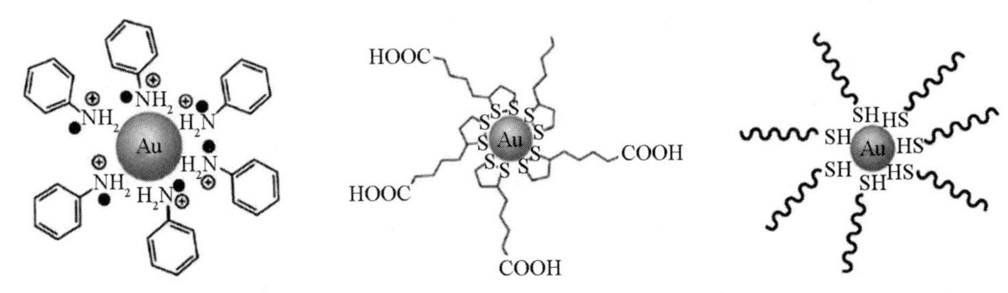

（a）表面被苯胺功能化　（b）表面被硫辛酸功能化　（c）表面被十二烷硫醇和辛烷硫醇功能化

注：三者区别仅在于烃链长度。

图 7.7　表面功能化的金纳米粒子示意图

（经 Berzina 等[450]许可转载，版权©（2011）归 Elsevier 所有）

此外，我们还使用了表面被 2 - 巯基乙醇磺酸功能化的金纳米粒子。这些粒子是根据文献[249-250,454]中描述的方法合成的，其示意图如图 7.8 所示。

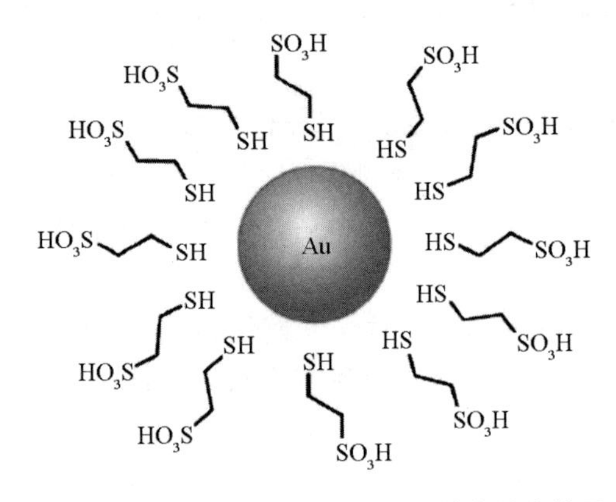

图 7.8　由 2 - 巯基乙醇磺酸稳定的金纳米粒子

（经 Berzina 等[450]许可转载，版权©（2011）归 Elsevier 所有）

图7.9显示了样品的SEM图像，通过对金纳米粒子浇铸溶液（如图7.7所示）并进行干燥即可制备得到该样品。

从图7.9可以看出，使用苯胺、硫辛酸、十二烷硫醇和辛烷硫醇作为稳定剂时，金纳米粒子的平均尺寸分别约为50 nm、8～10 nm、3～5 nm和6～8 nm。此外，使用苯胺和硫辛酸时，纳米粒子出现聚集现象，而使用十二烷硫醇和辛烷硫醇时，可以观察到规则排列的单分散粒子。

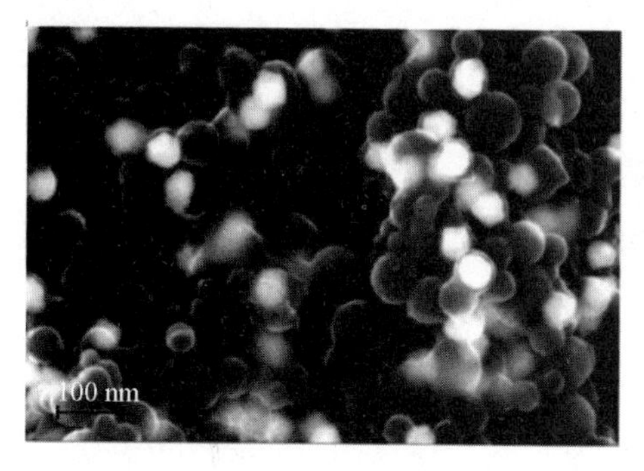

（a）阵列中的金纳米粒子由苯胺稳定

（b）阵列中的金纳米粒子由硫辛酸稳定

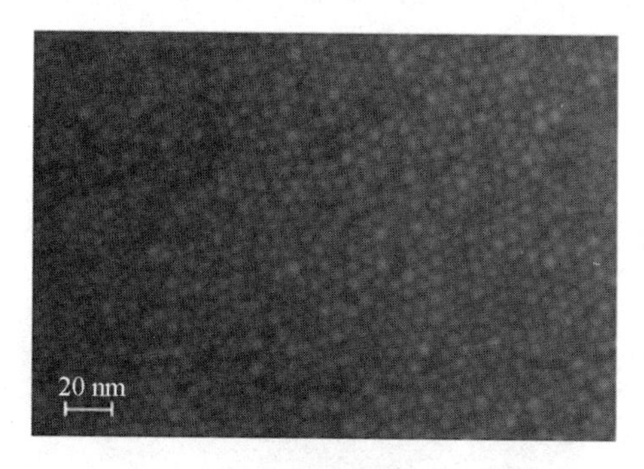

（c）阵列中的金纳米粒子由十二烷硫醇稳定

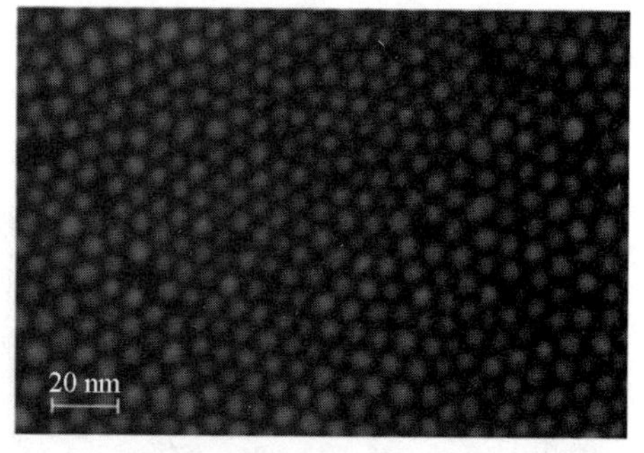

（d）阵列中的金纳米粒子由辛烷硫醇稳定

图7.9　金纳米粒子阵列的SEM图像

（经Berzina等[450]许可转载，版权© （2011）归Elsevier所有）

研究表明，由添加了合成颗粒的聚苯胺所制备的样品的电学特性与由纯聚苯胺制备的样品非常相似。尽管金和聚苯胺的功函数具有显著差异，但在施加电压小的情况下并未观察到由Schottky效应导致的电导率被抑制的预期现象。不过所有样品的伏安特性曲线都具有线性的特点。上述负面结果可以用官能团

（防止聚苯胺与金直接接触）的存在来解释。但在这方面，通过图 7.8 所示的功能化金纳米粒子来解释似乎更有趣。本例中，官能团会对聚苯胺产生掺杂作用，从而使这种材料与金纳米粒子的接触更紧密。

图 7.10 显示了金纳米粒子（如图 7.8 所示）溶液的光吸收光谱，图中光谱形状与非常典型的金纳米粒子溶液吸收光谱相一致。

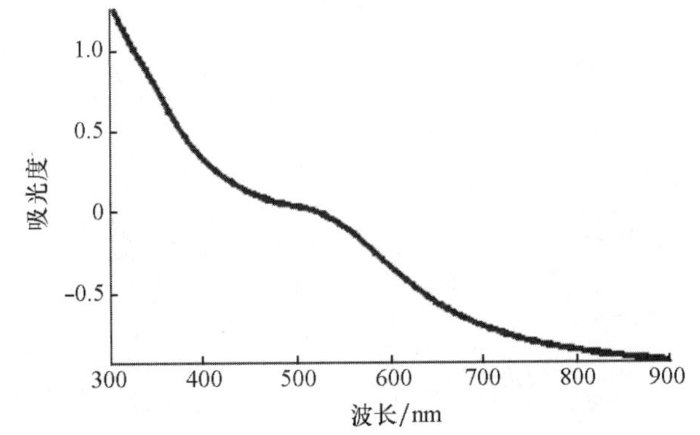

图 7.10　金纳米粒子（如图 7.8 所示）溶液的光吸收光谱

（经 Berzina 等[450]许可转载，版权© （2011）归 Elsevier 所有）

在放大不同倍数下获得的金纳米粒子的干燥溶液的 SEM 图像如图 7.11 所示。

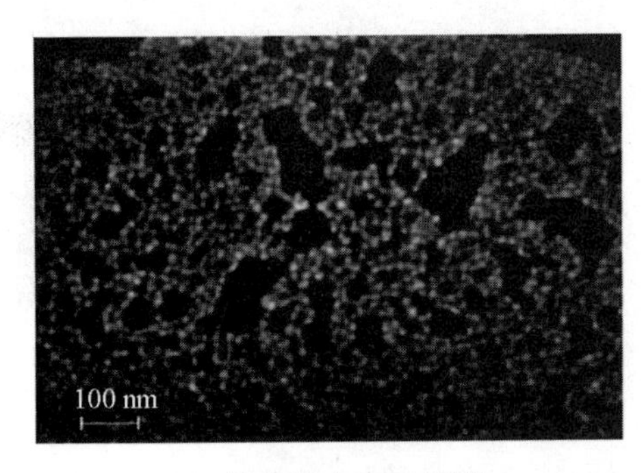

（a）低分辨率 SEM 图像

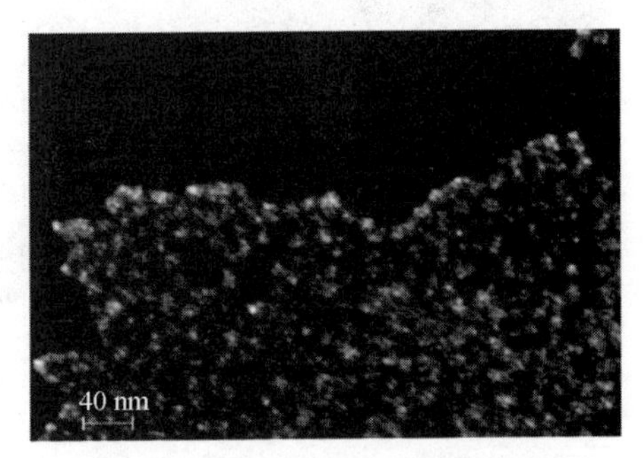

（b）高分辨率 SEM 图像

图 7.11　金纳米粒子（如图 7.8 所示）干燥溶液在放大不同倍数下的 SEM 图像

（经 Berzina 等[450]许可转载，版权© （2011）归 Elsevier 所有）

从图 7.11（a）可以看出，粒子的平均尺寸约为 12 nm。然而，在更高的放大倍数下成像时（图 7.11（b））可以发现，图 7.11（a）中的每个点都包含了 4 个特征尺寸约为 3～4 nm 的粒子。

我们还通过能量色散光谱（Energy Dispersive Spectroscopy，EDS）研究了聚苯胺－金纳米粒子复合材料的形态。图7.12为该复合材料的SEM图和EDS图。我们发现该材料的粒径约为5 nm，这可能与复合材料制备过程中的颗粒聚集现象有关。

（a）聚苯胺－金纳米粒子复合材料的SEM图

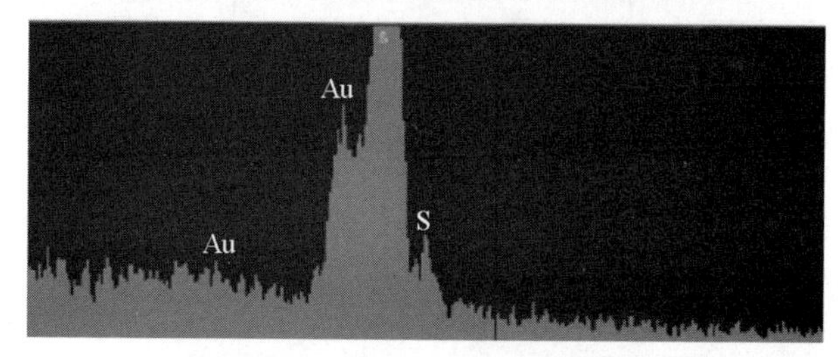

（b）聚苯胺－金纳米粒子复合材料的EDS图

图7.12　聚苯胺－金纳米粒子复合材料的SEM图和EDS图

（经Berzina等[450]许可转载，版权©（2011）归Elsevier所有）

从图7.12（a）可知，在加入金纳米粒子后，该系统的结构呈纤维状，这与通过真空处理的材料的情况类似，图7.12（b）所示的峰也证明了这一点[450]。

由于所制备的复合材料在有机溶剂中的溶解度相当低，因此我们通过将材料压制成片剂的方式来制备本例样品，以用于研究电学性能。图7.13为试验样品图。将片剂由顶部玻璃板压向底部玻璃板，形成了电极之间的距离为50 μm的交错电极系统。

图 7.13　用于研究复合材料伏安特性的样品图

（经 Berzina 等[450]许可转载，版权© (2011) 归 Elsevier 所有）

即使没有进行掺杂，使用了特殊稳定剂（其同时也充当掺杂剂）的样品也显示出高导电性。此外，金纳米粒子本身也可以作为掺杂剂，如图 7.14 所示。

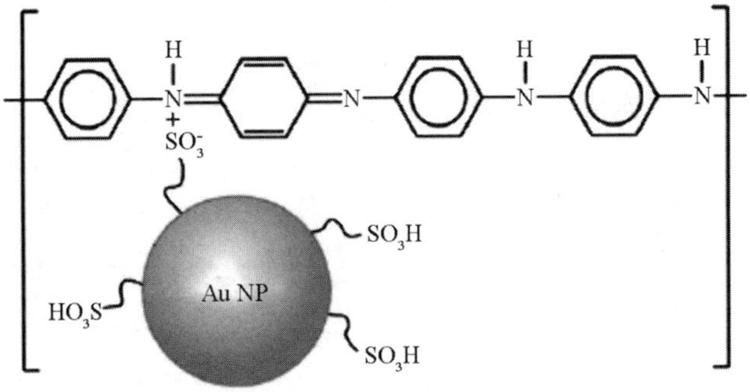

图 7.14　金纳米粒子对聚苯胺的可能掺杂效应图

（经 Berzina 等[450]许可转载，版权© (2011) 归 Elsevier 所有）

由上述未经任何其他处理的复合材料组成的样品的典型伏安特性曲线如图 7.15所示。从图中可知，该样品电导率相当高：每个样品在连续循环测量后的电导率的降低值均不超过 5%。

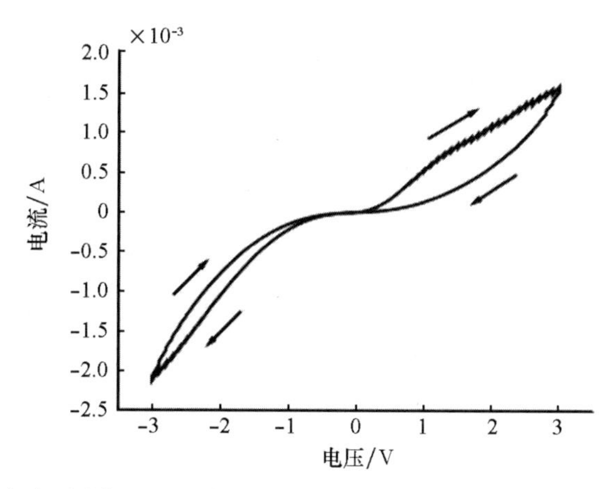

注：箭头方向表示施加电压的变化方向。

图 7.15　没有额外掺杂的复合材料的循环伏安特性曲线
（经 Berzina 等[450]许可转载，版权© (2011) 归 Elsevier 所有）

图 7.15 显示了所制材料的非线性特性。低电压范围内电导率的抑制与金纳米粒子有关。虽然金的导电率比聚苯胺高很多，但是由于粒子之间总存在空隙，所以无法形成连续层。因此，我们将纳米粒子浸入聚苯胺基质中，如图 7.12（a）所示。Schottky 势垒的出现有两个原因：金纳米粒子和聚苯胺的紧密接触以及两者功函数有显著差异。因此，只有当施加的电压能克服 Schottky 势垒时，才能获得金纳米粒子进入材料后的总电导率。

如图 7.15 所示，这些特性还有一个更有趣的特征——存在滞后现象。这种行为可能与施加适当极性的电压时，电荷在粒子上的累积以及它们的连续放电有关。在含有金纳米粒子的并五苯薄膜中可以观察到这种行为[455]。金纳米粒子可以捕获空穴（并五苯的导电性是 p 型，与大多数有机半导体一样）。因此，将这种材料放置在两个金属电极之间时，会观察到滞后现象。同样，我们可以尝试对空穴捕获进行处理（聚苯胺也具有 p 型导电性），从而使得粒子充电。由于功函数的差异，粒子会在不同的外加电位值下发生充放电，因而伏安特性曲线出现滞后的现象。

图 7.13 所示的结构在掺杂后的典型循环伏安特性曲线如图 7.16 所示。

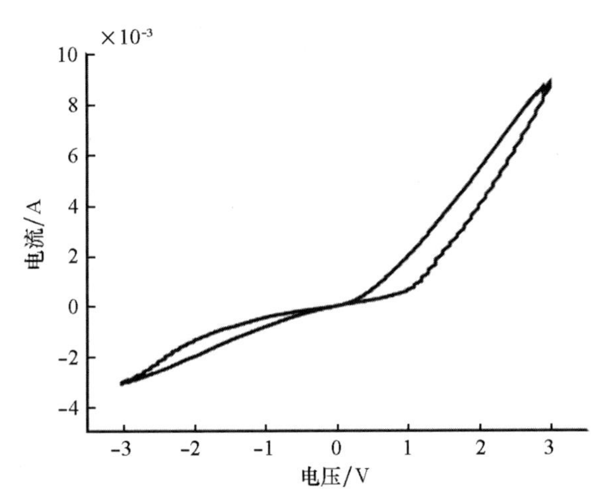

图 7.16　在额外掺杂盐酸后样品的循环伏安特性曲线

（经 Berzina 等[450]许可转载，版权© （2011） 归 Elsevier 所有）

将未掺杂（图 7.15）和已掺杂（图 7.16）的样品的特性曲线进行比较，可揭示以下几点。第一，掺杂导致电导率仅增加 1 个数量级。对于纯聚苯胺层而言，掺杂会导致电导率增加 8 个数量级。因此，金纳米粒子本身和其表面官能团的存在使其在聚苯胺上的掺杂很有效。由于盐酸聚苯胺区域与掺杂的金纳米粒子无直接接触，所以样品电导率可能会略有增加。此外，金纳米粒子的存在会使系统无法在掺杂过程中进行结构重组。第二，掺杂后仍会出现滞后现象，这说明掺杂后并未消除 Schottky 势垒。第三，掺杂后的滞后现象不太明显。这是因为聚苯胺本身在掺杂后表现出了更强的导电性，这会促进粒子内所捕获电荷的释放，从而降低了滞后特性。第四，掺杂样品显示出整流行为。这种行为并不明显，可能与以下两个因素有关：金纳米粒子附近聚苯胺层形态的变化导致了电导率的各向异性和/或粒子中电荷的截留，因而相邻聚苯胺层之间的电位差较显著。在第二种情况下，如果电位值足够高，聚苯胺区域中的局部氧化还原反应会使它们的电阻发生变化。这一最终假设也得到了证实：当聚苯胺处于氧化导电状态时，试验观察到的正电压分支中的电导率更高。然而，在这种情况下，整流因子的值仅为 3，因此可以得出结论：只有与金纳米粒子紧密接触的聚苯胺形成的受限区域参与氧化还原反应。这些氧化还原反应也可能是滞后特性降低的另一个原因：金纳米粒子可以捕获这些反应中的电子。

本节中描述的材料是更为复杂的复合材料的重要组成部分，将在后续章节中进行讨论。这种材料的一个重要特性是功函数存在显著差异，其可以在聚苯胺（有机忆阻器的关键材料）的边界处形成 Schottky 势垒。因此，这些金纳米粒子有望作为随机网络中的阈值元件。

7.3.2 嵌段共聚物

按照 PEO 嵌段的方案制备更高的分子量嵌段共聚物——聚苯乙烯磺酸 – b – 聚环氧乙烷 – b – 聚苯乙烯磺酸（PSS – b – PEO – b – PSS），如此可确保 3D 基质形态形成的系统更具稳定性。

该嵌段共聚物的制备对于实现有机忆阻器中 3D 聚合物网络（包含聚环氧乙烷 – 聚苯胺和功能化金纳米粒子）至关重要，这也是实现两种组分之间稳定微相分离的一种简单方法。为此，我们制备了三嵌段共聚物 PS – b – PEO – b – PS（其中心聚环氧乙烷嵌段的分子量较高），然后将其磺化。合成步骤是聚环氧乙烷的羟基端基与 2 – 氯 –2 – 苯基乙酰氯发生反应，在双官能团聚环氧乙烷 PEO 大分子引发剂（制备而成）上，通过原子转移自由基聚合反应对苯乙烯进行自由基活性共聚。在控制条件下，将苯环与乙酰硫酸盐反应所得的三嵌段共聚物磺化，即可获得 PSS – b – PEO – b – PSS。制备步骤如图 7.17 所示。

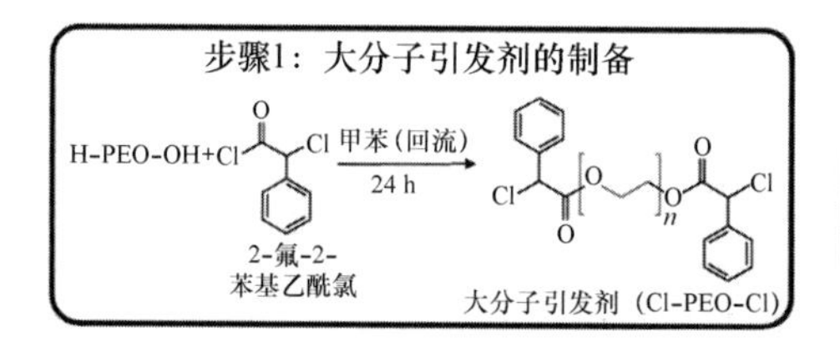

种类	质量/体积
H-PEO-OH	10.02 g
氯化物	1 mL
甲苯	90 mL

种类	质量/体积
高分子引发剂	5.48 g
甲苯	60 mL
联吡啶	0.15 g
CuBr	0.05 g
苯乙烯	1.5 mL

步骤2：通过ATPR对苯乙烯进行自由基活性共聚（CuBr/联吡啶作催化剂）

大分子引发剂（Cl-PEO-Cl） + *m* 苯乙烯 —— CuBr/联吡啶, T=145 ℃, 2 h → 嵌段共聚物（PS-b-PEO-b-PS）, $x+y=m$

图 7.17　共聚物 PS – b – PEO – b – PS 的制备及其磺化（PSS – b – PEO – b – PSS）
（经 Erokhin 等[376] 许可转载，版权©归英国皇家化学学会所有）

这些三嵌段共聚物可作为聚苯胺的聚合掺杂剂，形成微相分离的材料，如图 7.18 所示。

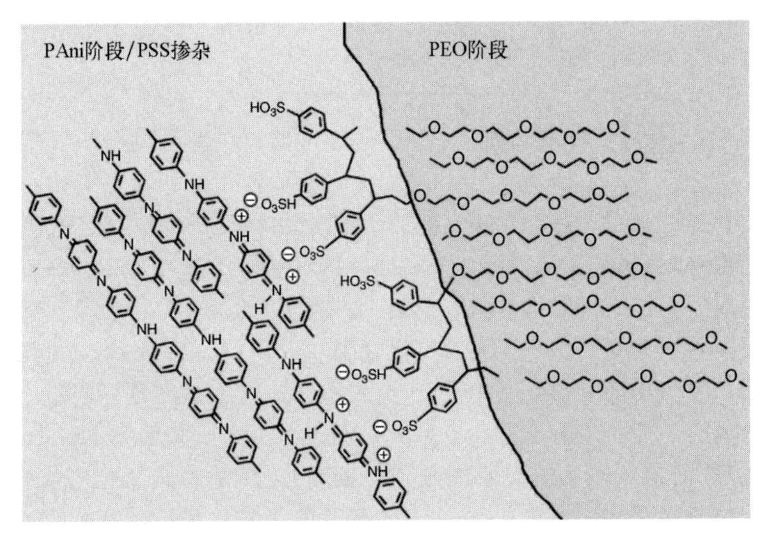

图 7.18　基于共聚物和聚苯胺的系统相分离方案
（经 Erokhin 等[376]许可转载，版权©归英国皇家化学学会所有）

这种方法可以通过轻松调节聚环氧乙烷的嵌段长度（分子量）来实现所需的微相分离形态，从而避免了热力学不相混溶的两种聚合物组分的宏观偏析。值得注意的是，这种微相分离在聚苯胺和聚环氧乙烷区域（可被视为忆阻器的微观等效物）之间形成了随机结构界面。

7.3.3　3D 随机网络的制备

我们将由掺杂了金纳米粒子的聚苯胺和嵌段共聚物组成的随机 3D 网络（包含）组装在带有四个蒸发金属电极的玻璃基底上[376]。在沉积后，去除部分材料以实现十字形配置，如图 7.19 所示。

将样品放置在厚度为 36 μm 的黏合剂聚酰亚胺（Kapton）环上，使得整个活性十字形区域都位于该环内。环内的孔中充满了电解质，其中包含锂离子（$LiClO_4$）和质子（HCl）。所有氧化还原反应都将发生在环内区域。此外，该环还可防止金属电极与电解质直接接触（直接接触会导致其表面发生不良化学反应）。

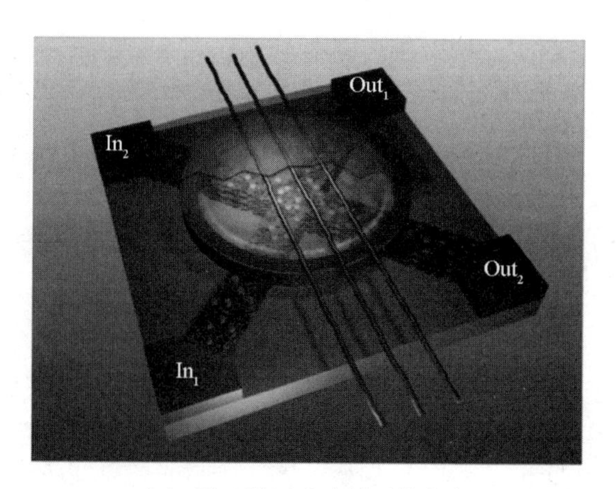

（a）用于学习试验的系统方案

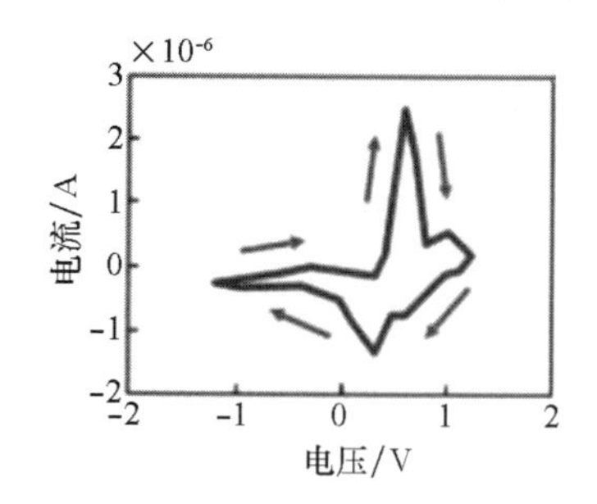

（b）在每个输入 - 输出对之间测得的离子电导率的典型循环伏安特性曲线

（c）在每个输入 - 输出对之间测得的电子电导率的典型循环伏安特性曲线

注：离子电流的最大值（约 0.5 V）和最小值（约 0.1 V）分别对应聚苯胺的氧化和还原电位。由此观察到电子电导率增加或降低。滞后的存在表明系统中存在记忆效应。

图 7.19　用于学习试验的系统方案以及典型循环伏安特性曲线
（经 Erokhin 等[376]许可转载，版权©归英国皇家化学学会所有）

将充当参比电极的三根银线放置在环表面上，使其与电解质接触，但不与电解质下方的复合材料接触。

在进行电学测量之前，我们已经从微观和宏观层面证明了材料的相分离，如图 7.20 所示。

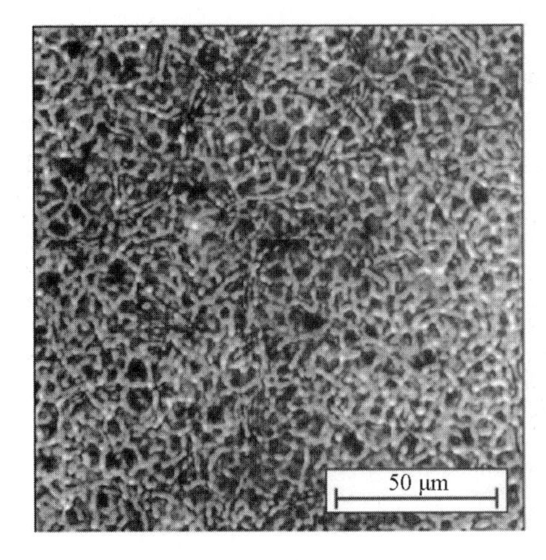

(a) 光学显微镜图像

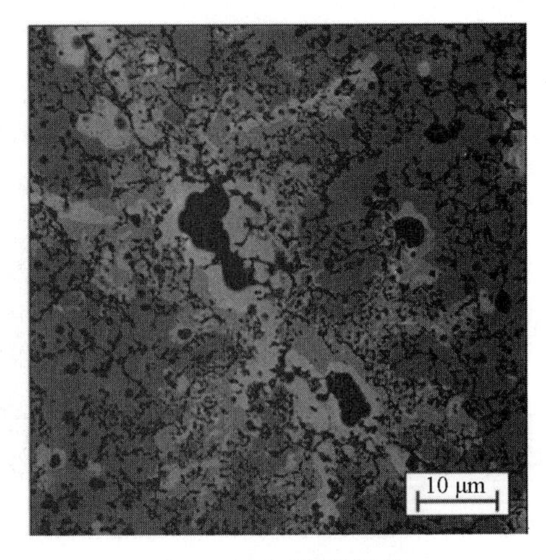

(b) 电子显微镜图像

图 7.20　通过光学和电子显微镜获得的活性区复合材料图像
(经 Erokhin 等[376]许可转载，版权©归英国皇家化学学会所有)

我们观察到的形态与纤维状系统的形态非常相似，纤维状系统由聚苯胺和聚环氧乙烷实现，因此可以使用这种材料制造具有自适应特性的 3D 系统。此外，图 7.20 所示系统的结构紧凑，比自支撑式纤维系统更具稳定性。

与纤维系统类似，我们测得了不同电极对之间的循环伏安特性曲线。离子和电子电流的典型特性分别如图 7.19（a）和（b）所示。

将图 7.19 所示特性与单个有机忆阻器的特性进行比较，可以得出如下结论：在“一个输入和一个输出”的情况下，该系统类似于一个离散的确定性元件。

7.3.4　基于材料相分离的随机 3D 网络训练

我们的训练任务是提高一对对角电极（图 7.19 中的 In_1-Out_1）之间的电导率，并抑制另一对对角电极（图 7.19 中的 In_2-Out_2）之间的电导率。我们采用了两种训练算法：顺序算法和同步算法[378]。

在顺序算法情况下，训练步骤如下：首先，在一对电极（图 7.19 中的 In_1-Out_1）之间施加 0.8 V 的增强电压，同时记录两个电极之间电导率的变化。其次，在电导率达到饱和水平后，断开这对电极之间的连接，并在另一对电极

（图 7.19 中的 In_2 – Out_2）之间施加 –0.2 V 的电压。每对电极之间的电流随时间的变化曲线分别如图 7.21（a）和（b）所示。

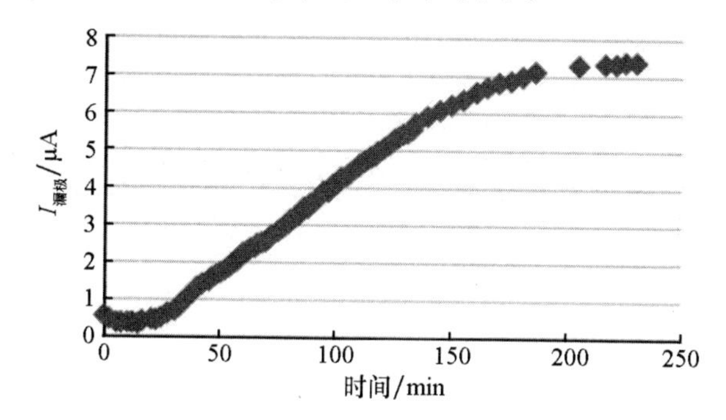

（a）顺序训练期间 In_1 – Out_1 电极对之间电流随时间的变化（施加 0.8V 增强电压）

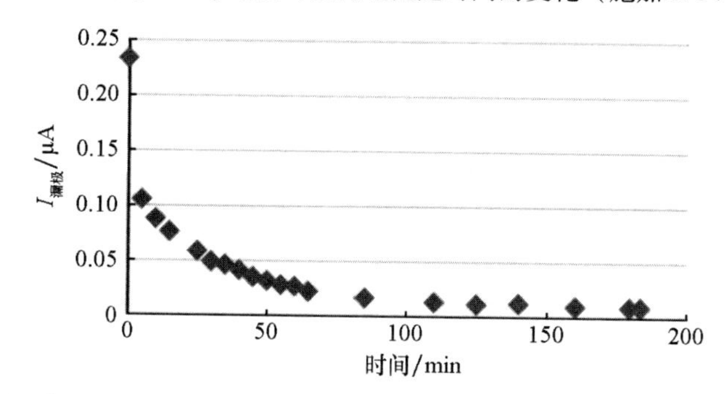

（b）顺序训练期间 In_2 – Out_2 电极对之间电流随时间的变化（施加 –0.2 V 电压）

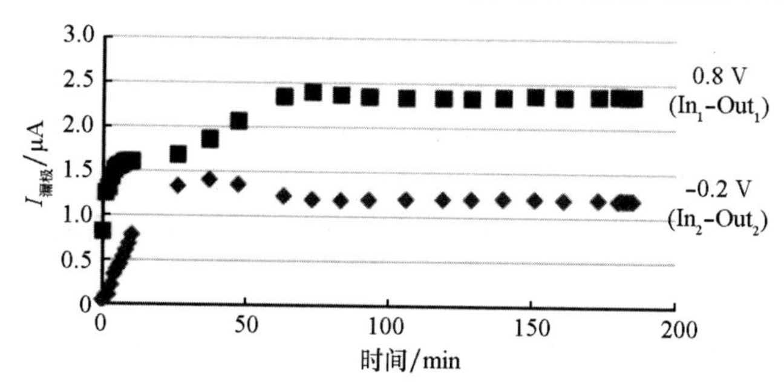

（c）同步训练期间两对电极之间电流随时间的变化

图 7.21　电极之间电流随时间的变化曲线

（经 Erokhin 等[376]许可转载，版权©归英国皇家化学学会所有）

与离散的有机忆阻器类似，施加正电压时的动力学特性与施加负电压时有所不同。

为了检验训练结果，在训练结束后对每对电极施加0.4 V的测试电压，并分析得到的电流值。如上所述，该电压值不会改变导电状态。表7.3列出了刚训练完和训练2小时后的测试结果。

表7.3　3D随机网络的训练结果

（经Erokhin等[376]许可转载，版权©归英国皇家化学学会所有）

训练			顺序算法下的电流/nA	同步算法下的电流/nA
首次训练	$In_1 - Out_1$	刚训练完	400	200
		训练2小时后	370	250
	$In_2 - Out_2$	刚训练完	7	60
		训练2小时后	5	20
二次训练	$In_1 - Out_1$	刚训练完	170	60
		训练2小时后	250	40
	$In_2 - Out_2$	刚训练完	150	300
		训练2小时后	120	370

表7.3中的数据表明训练是成功的，不同对角电极对之间的电导率比约为70。

二次训练的目的是重新训练网络，即抑制一对电极之间先前增强的连接，而增强最初抑制的连接。换句话说，在二次训练期间，我们预计$In_2 - Out_2$电极对之间的电导率较高，而$In_1 - Out_1$电极对之间的电导率较低。此次训练所使用的算法与首次训练使用的算法相似。

二次训练的结果相当出乎意料：无法重新训练系统。仅$In_2 - Out_2$电极对之间的电导率略有增加，而$In_1 - Out_1$电极对之间的电导率却略有下降。二次训练结果见表7.3。

此外，在两次训练结束1天和2天后仍需进行测试。若不进行测试，将会断开样品之间形成的连接。

有趣的是，对于$In_1 - Out_1$电极对，即使没有任何外部作用，电导率也会自发增加；且2天后，电导率恢复到首次训练后的值（施加0.4 V的电压时电流值为400 nA）。

通过分析上面列出的所有结果，我们发现顺序训练可以形成长期稳定的信号通路。这些通路在连续训练阶段改变较少。在没有外部刺激的情况下，系统往往会回到初始状态，即在首次训练中达到的状态。

为了解释在试验中观察到的行为，我们应当考虑该网络的结构，即包含导电聚合物、固体电解质、绝缘体和金纳米粒子等区域。因此，可以将该系统视为随机分布的有机忆阻器阵列，这些器件的随机性导致系统的初始电学性能具有分散性。将系统浸没在绝缘体介质中时，其内部分布着能够捕获和释放电荷的金纳米粒子。正如器件串扰相关的章节所述，形成稳定的信号通路需要平衡构成这些通路的忆阻器的电学特性。而这些通路的形成涉及聚苯胺和聚环氧乙烷区域之间的离子运动，这会导致某些区域的电荷积累。因此，网络中的电位分布图（其也与局部电荷分布相关）不仅依赖系统的初始结构，还取决于所使用的训练算法。此外，电位分布图的局部变化与通过金纳米粒子上捕获的电荷有关[455]。因此，长时间的顺序训练不仅会导致某些区域的聚苯胺电导率发生变化，还会使整个系统形成相当稳定的电荷分布图（即电位分布图）。在施加适当的外部刺激（强度不是很高，时长也不是很长）变化过程中，即便系统特性发生了显著的变化，这些电荷和电位分布仍能维持稳定状态。此外，当新施加的外部刺激停止时，系统往往会回到其初始状态。

下一组试验与同步训练相关，即在相同时间间隔内完成同一对电极之间信号通路电导率的变化。两个输出电极都接地，而向输入电极施加不同极性的电压（类似于顺序训练）。这些不同电极对之间电流值的时间变化如图7.21（c）所示。

通过比较图7.21中表现出的特性，我们发现两种训练算法存在一些差异。在进行顺序训练的情况下（图7.21（a）和（b）），施加正电压的一对电极之间的电导率连续增加，施加负电压的一对电极之间的电导率下降得更快。相反，在同步训练的情况下（图7.21（c）），两对电极之间电流值均增加，这是因为在此情况下，系统中的电流不仅存在于输入和输出电极之间，还存在于两个输入电极之间。

同步训练效率的测试方法与顺序训练类似，结果见表7.3。测试结果表明，这组试验中的训练也是成功的。训练结束时，随机架构系统的两条信号通路之间的电导率比约为4，但在2 h后达到12，这表明在没有外部刺激的情况下，神经网络的内部一直保持着稳定。

与上述顺序训练的情况类似，对系统进行二次训练（也是采取同步训练方式）。二次训练旨在使得首次训练中稳定下来的信号通路导电状态发生反转。试验结果如表7.3所示，其表明了二次训练也是成功的。

系统顺序训练和同步训练结果的差异如下：在顺序训练的每个特定时刻都

会形成单个信号通路（一对电极之间的连接，即使该通路具有发达的结构并包含信号通路的多个线性链）。此外，在训练过程中，系统内会形成稳定的电荷和电位分布，它们只有在外加刺激幅值显著变化时才会发生变化（幅值很高时，外加刺激甚至可以完全破坏网络）。相反，在同步训练情况下，每个时刻都同时进行两个过程：一个过程是增强一对电极之间的电导率（偶尔产生信号通路）；另一个过程是同时抑制另一对电极之间的电导率（消除信号通路）。这意味着系统很大可能处于动态平衡状态——信号通路的产生和消除过程始终存在于活性区介质中。这些过程同时发生，形成和破坏不同相邻区域之间的连接。因此，在我们设计生成信号通路的一对电极之间无法建立稳定的长期连接，但可以防止破坏另一对电极之间的通路（信号通路的自发产生和破坏是始终存在的）。此外，在这种情况下，电荷和电位动态分布也具有动态性，这也会降低训练效率（即增强和抑制信号通路之间的电导率比）。因此，在顺序训练时获得的电极对之间的电导率比在同步训练时获得的电导率高 1 个数量级，但后者允许对系统进行有效的二次训练。

随机组织网络的训练结果及其与动物和人类学习的联系的定性解释可参见参考文献［456］。

7.3.5　所实现随机系统 3D 性质的证明

关于网络结构（前面几个小节中有所描述）仍有一个尚未解决的重要问题：该网络真的是 3D 结构吗？为了回答这个问题，我们还在类似系统上进行了相关试验，但不同的是，信号沟道是由聚苯胺的单组分薄膜制成的。与上述情况一致，测得的循环伏安特性曲线显然与单个忆阻器的特性曲线相似。然而，训练试验表明，采用顺序训练和同步训练两种算法，根本无法实现在一对对角电极之间达到高电导率而在另一对电极之间达到低电导率。在顺序训练情况下，电导率的状态由最后一个训练过程决定：如果是增强阶段，则两对电极的电导率均较高；如果是抑制阶段，则两对电极的电导率均较低。在同步训练情况下，两对电极的电导率始终较低。

因此，这些结果首次证明了由于合成的共聚物分子具有 3D 自组装特性，在应用两种算法后，系统的学习能力和特征差异可以与所实现的随机系统的 3D 结构真正联系起来。

在样品的中心活性区，所用的材料由于发生相分离而形成了系统，其可以被视为随机连接的有机忆阻器的随机网络，可以进行联想学习。但是，所得到的数据不能说明系统具有 3D 结构。从原则上讲，这些交叉信号通路中电导率的增强和抑制在 2D 系统中也可以实现。为了说明这一点，我们给出了活性区的示意图，如图 7.22（a）所示。

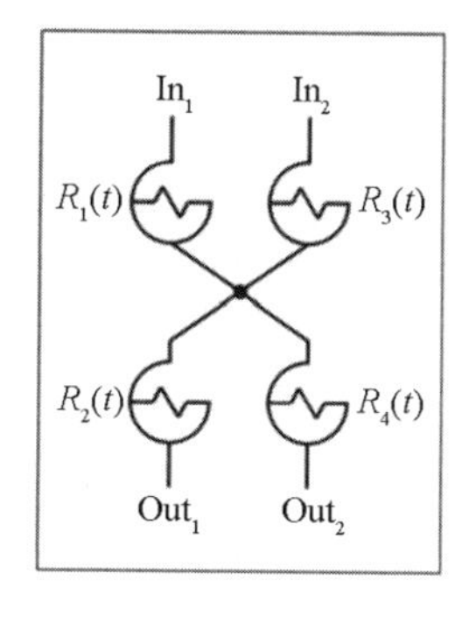

（a）活性区可能的 2D 结构简化表示

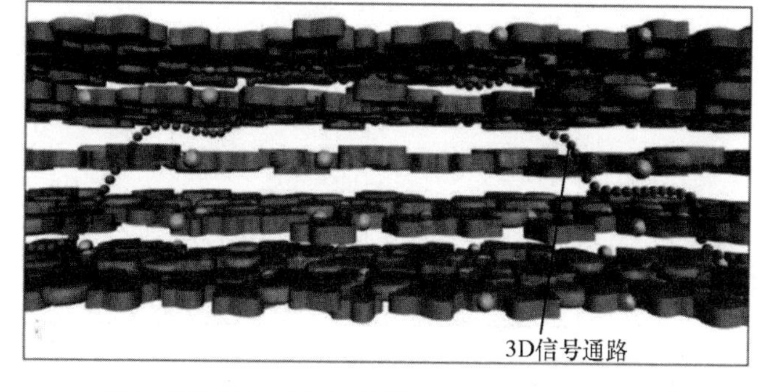

（b）假设网络（所用材料自组织而成）中可能的 3D 信号通路的形成

图 7.22　2D 结构简化表示和 3D 信号通路的形成

（经 Erokhin 等[376]许可转载，版权©归英国皇家化学学会所有）

每个有机忆阻器在不同时刻的实际电阻值 $R(t)$ 取决于其系统应用的训练算法、外部刺激值、学习历史和系统内部活动。当然，一个真实系统应该包含四个以上的器件，如图 7.22（a）所示。但是，为了简单起见，我们选用了下面这个方案。

如果我们的任务是在增强 In_1 和 Out_2 之间电导率的同时降低 In_2 和 Out_1 之间的电导率（图 7.22（a）），那么就意味着降低 $R_1(t)$ 和 $R_4(t)$ 值的同时增加 $R_2(t)$ 和 $R_3(t)$ 值即可。因此，从原则上讲，2D 系统也可以获得上述训练结果。然而，由于平面阵列中涉及的元件将同时用于形成对角和横向信号通路，既在 $In_1 - Out_2$ 和 $In_2 - Out_1$（对角电极对）之间有高电导率又在 $In_1 - Out_1$ 和 $In_2 - Out_2$（横向电极对）之间有低电导率的情况在 2D 系统中无法实现。而如要实现这一特性，则需要采用 3D 结构。因此，如能实现对角电极之间的电导率远高于横向电极之间的电导率（反之亦然），则将直接证明所实现的网络具有 3D 结构。

为了验证这一点，我们改进了训练算法。在首次训练阶段，在增强 In_1 和 Out_2 之间的电导率（施加 1.0 V 电压）的同时抑制 In_1 和 Out_1 之间的电导率（施加 -0.6 V 电压）。在二次训练阶段，则是增强 In_2 和 Out_1 之间的电导率（施加 1.0 V 电压），并抑制 In_2 和 Out_2 之间的电导率（施加 -0.6 V 电压）。

为了进行测试，在不同的电极对之间施加了 0.4 V 的电压，并测量 6 min 内所得的电流值。测试结果如表 7.4 所示。

表 7.4　随机 3D 系统网络学习的测试结果

（经 Erokhin[376] 等许可转载，版权©归英国皇家化学学会所有）

In – Out	测得的电流值/A
$In_1 - Out_2$	3.10×10^{-6}
$In_1 - Out_1$	10.20×10^{-9}
$In_2 - Out_1$	3.60×10^{-6}
$In_2 - Out_2$	0.28×10^{-6}

执行训练算法导致对角电极对之间的电导率增强，而横向电极对之间的电导率受到抑制。2D 系统中不可能出现这些连接，因此，这些结果直接证明了图 7.22（b）所示的网络具有 3D 结构。

综上所述，可得到以下结论：在神经系统中，需要使用具有与突触特性类似的元件进行学习（可塑性）模仿的自适应过程。因此，我们研究了一种含有随机分布异质结和突触的复合材料，并对其进行了性能的模拟。已经实现和测试了包括主要材料组成的单一有机忆阻器。此外，这种复合材料还含有金纳米粒子，而由于 Schottky 势垒的存在，金纳米粒子可充当阈值元件。因此，这些粒子（具有形成的势垒）被认为用于简化模拟神经元体（Soma）特性的元件。绝缘体区域的存在也非常重要，因为它们对聚苯胺和固体电解质交界处随机分布而形成的异质结进行了划分，具有有机忆阻器的特性。

我们接下来将测试出的器件特性与神经系统及大脑的某些特性进行比较，结果似乎很有趣。与同类别和版本的计算机的情况相反，人类和动物的大脑不能被视为具有精确定义和相同体系结构的系统。即使是同一种动物且拥有几个相似的特征，它们的大脑也有自己的特点。因此，即使有一些基因决定了大脑的组织架构，但每个个体的大脑各元素之间都有其特有的内部联系方式。因此，在某种程度上，可以将其视为神经元及其之间连接的随机分布。这种说法对哺乳动物大脑皮层的组织构成而言是合理的，大脑皮层是发挥学习能力的主要“工具”。神经元之间的连接是通过突触建立的，而对其可塑性的调整是生物体具备学习能力的主要原因。由于某些信号通路具有增强和/或抑制的特点，学习能力会促使大脑的功能“结构化”。

随机网络在顺序训练过程中的行为可能与婴儿学习或胎教相关联。在童年时期，大脑不同区域之间会建立牢固的长期联系，这些联系涉及观察到的现象的因果关系，并可以贯穿整个生命周期。深度学习需要在很长一段时间内聚焦某个特定事物之间的关联。同时，胎教意味着在这一学习阶段会抑制一些未使用的连接。上述随机网络的顺序训练实际上已经证明了这些特征。

上述系统的同步训练可以与成年人在日常生活中的学习进行比较，均需要根据外部刺激和积累的经验来解决问题。如果外部刺激发生变化且不经常重复这些关联，就会形成可变的短期关联。

在大脑中，“不可磨灭的记忆”机制[457]与消除部分连接并增强其他连接有关。在大脑的不同部位，连接的最大形成发生在不同的年龄，之后随着年龄的增大轴突和突触的一些分支被切割，其切割程度取决于周围世界的丰富程度：这种切割程度的最大值发生在临界年龄的感官缺乏时期[457-460]。因此，关键年龄段的学习在个体特征的形成中起着重要作用，因为这些特征有助于成人脑解剖网络的形成，而进一步的学习只会改变已形成的脑解剖网络内的连接。

因此，应用顺序算法训练网络时，实现了信号通路稳定的长期沟道的形成，这一点也离不开捕获电荷和电位图的稳定分布。当系统有了这些稳定配置，即使存在外部刺激，也能防止已形成的连接发生改变（当然，排除连接不是很强并且不会经常重复的情况）。相反，应用同步算法时，并没有形成稳定的信号通路，而只是增强或抑制了网络中一些可能的通路，从而形成了短期关联和记忆。

7.4 随机 3D 网络的自适应电学特性建模

神经系统具有适应、学习和执行复杂操作（分类、决策、预测等）的能力，且效率非常高。实现这些能力的关键要素就是系统的自组织性[461]。如上一节所述，我们合成的嵌段共聚物也具有自组织能力，可以使网络中的忆阻器的连接（模拟突触）随机分布，从而实现系统自适应和学习。

在本节中，我们将使用先前开发并用于描述生物物体类似特性的方法对基于有机忆阻器的随机自组织系统进行动力学建模。此类系统（本章中描述的生物和合成系统）本质为具有分散结构特征和特性的网络中不存在预定义结构，且节点（自然界中的神经元、人工系统中的阈值元件）与忆阻器（模拟突触）之间的连接分布呈随机状态。

考虑到网络的随机性，我们将使用节点数、连接数、连接映射等参数，通过统计获得最终配置（即节点位置、忆阻器的初始属性、连接等）。我们将重点探讨连接对网络自适应特性（监督学习和无监督学习）的作用，目标是重现试验结果并测试这些网络的3D结构特性。

基于忆阻器的网络模型的模块化组织可分为多个级别，可以是单个忆阻器，也可以是具有众多互连元件的复杂系统[462]。

本节将从以下四个方面展开讨论：(1) 单个忆阻器；(2) 网络结构；(3) 网络动力学；(4) 网络特性。第一部分将介绍单个器件的参数；第二部分将探讨在3D结构中形成的节点以及各节点之间的连接；第三部分将根据前两部分的结果和所施加的外部刺激的值，得到每个时刻网络中所有忆阻器的电导率；第四部分将对网络活动的量化特征进行估计。网络模型的每个模块都使用一组独立的参数。模型中模块的分布及它们彼此之间的相互连接如图7.23所示。

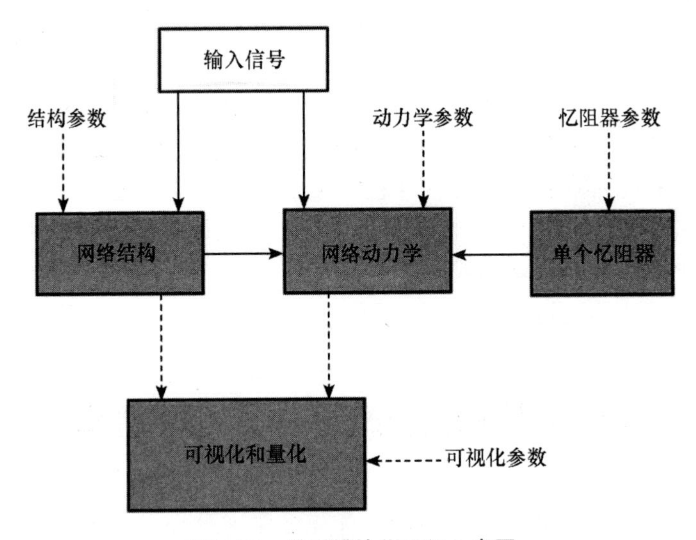

图7.23 模型模块化组织示意图

（经Sigala等[462]许可转载，版权© (2013) 归IOP出版社所有）

注：“网络结构”模块负责网络内部的连接；“网络动力学”模块模拟网络状态的演变；“可视化和量化”模块在模拟后计算全局统计数据；“单个忆阻器”模块描述单个器件的行为，在“网络动力学”模块中使用。

7.4.1 单个忆阻器

随机网络中有较多的器件，即使是描述单个忆阻元件的功能，也需要花费大量的计算时间，因此很难直接应用第3章所述的精确模型。因此，本节将使用一个简化器件功能的模型来描述有机忆阻器的一般特性。第3章已经介绍了该模型的主要特征。然而，为了能更好地理解整个网络的其他特征，本节也会考虑一些特殊情况。

有机忆阻器及描述其电气特性的等效电路的示意图分别如图7.24（a）和（b）所示。

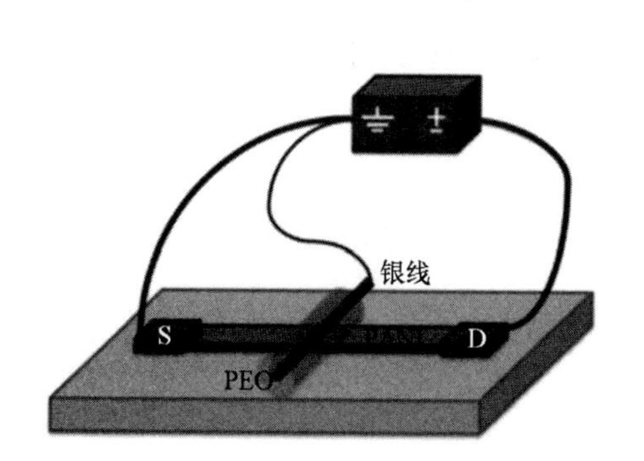

（a）有机忆阻器示意图

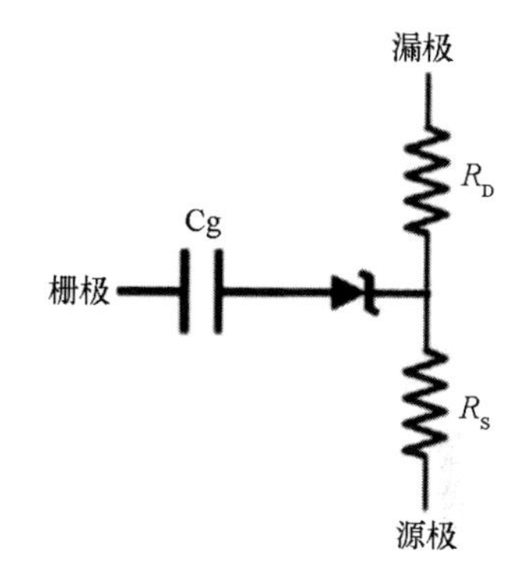

（b）描述有机忆阻器电气特性的等效电路的示意图

图7.24 有机忆阻器及描述其电气特性的等效电路的示意图
（经 Sigala 等[462]许可转载，版权© （2013）归所有 IOP 出版社所有）

有机忆阻器可以表示为两个可变电阻器（活性区导电聚苯胺层的两个区域：一个靠近源极，另一个靠近漏极）和一个电容器（在聚苯胺与固体电解质的交界处形成）的“星形”连接。考虑到氧化和还原电位，采用齐纳二极管为电容器电路提供额外的电流。

在这个模型中，电压分布在输入和输出电极（漏极和源极）之间，而第三个电极（栅极或参比电极）与输入电极相连。器件的电导率是聚苯胺氧化态相对数量 k 的函数，$k = k_{ox}/k_{max}$（实际氧化态k_{ox}与状态总数k_{max}的比）。聚苯胺通道与固体电解质的交界处是一个活性区，所有的氧化还原反应都在这一区域发生，其决定了器件电阻值 $R(k)$。

由于器件活性区中聚苯胺氧化态的相对数量 k 决定了电容器的电荷和器件电阻 $R(k)$，因而可以随时通过这个参数来描述忆阻器状态。

在我们的模拟模型中（在氧化情况下），用于计算 k 随时间变化的微分方程由式（7.1）定义：

$$dk/dt = (1-k)P(V_j - V_{ox})V_j/R(k) \quad (7.1)$$

式中，氧化态相对数量 k（离子电流）的时间导数由以下三个分量确定：

（1）$(1-k)$ 是可以被氧化的状态数量。

（2）P 是活性区发生氧化反应的概率，即活性区相对于参比电极的实际电压和聚苯胺氧化电位 V_{ox} 的函数。通过 Sigmoid 对这一依赖关系进行近似处理（以 V_{ox} 为中心）。

（3）最后一个分量由连接内离子电流的低欧姆值决定。

结 V_j 的电位取决于施加的电压和输入与输出电阻之间的比率。

我们在还原过程中使用了相似的方程，即式（7.2）：

$$dk/dt = kP(V_j - V_{ox})V_j/R(k) \quad (7.2)$$

根据获得的试验数据，我们使用了以下氧化和还原电位值：$V_{ox} = 0.4$ V，$V_{red} = 1$ V。

7.4.2 网络结构

为了创建由忆阻器形成的网络，基于模拟条件，在某块区域内布置了 250 个节点和 1 500 个连接。

在网络中可以根据两种不同的算法完成节点的连接。为了定义网络的连通性，我们采用了“连通性与距离相关”的规则，它以对数形式将节点之间的距离与它们之间连接的可能性关联起来。利用这个规则，网络最终会有较多短连接和较少长连接。我们模拟研究了网络自适应特性对连接模式的依赖性，同时在模拟中还使用了“连通性完全随机”规则。图 7.25 说明了两种连通性规则在 3D 空间中的节点分布。

根据第 7.3 节讨论的试验结果可得，部分导电的聚苯胺区域由于没有直接接触固体电解质，因而该区域连接的电阻值固定不变。基于上述情况，我们假设模型中电阻（非忆阻）连接的概率约为 0.2。

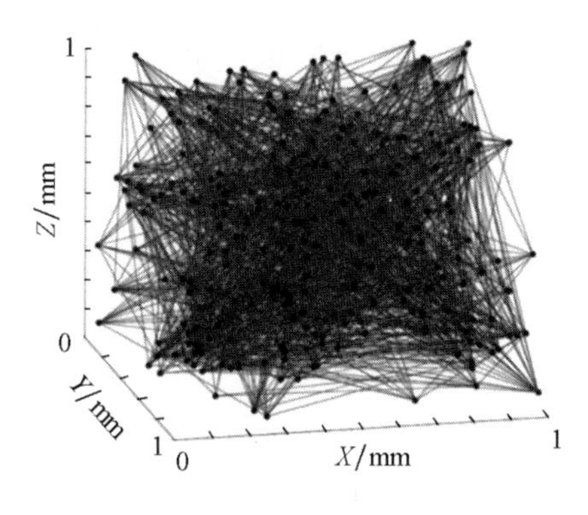

（a）连通性完全随机的网络

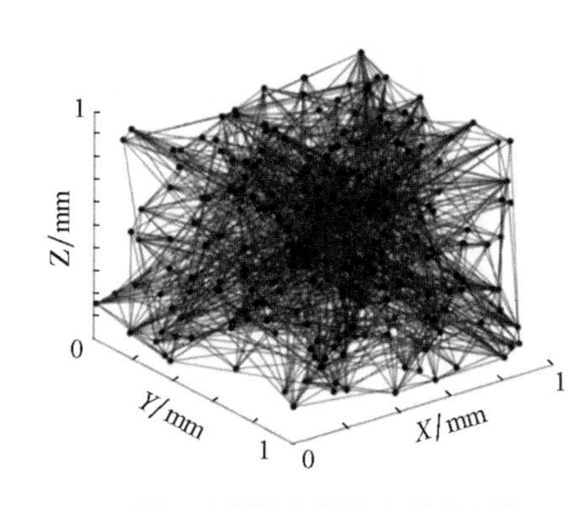

（b）连通性与距离相关的网络

注：（b）该模型中节点之间连接的概率取决于这些节点之间的距离（距离越近，可能性越大）。概率随着距离的增加呈对数下降趋势。在这两种情况下，建模网络均包含500个节点和1 500个连接。

图7.25　不同连接分布的忆阻网络的3D表示
（经 Sigala 等[462]许可转载，版权© (2013) 归 IOP 出版社所有）

当网络随机生成时，可以随机选择两个节点作为输入和输出。输出节点通过安培计接地，而通过施加可变刺激（电压）的方式对输入节点进行设置。电阻器和忆阻器的初始电阻值均在50 kΩ ~ 1 MΩ 范围内，而这也是有机忆阻器特征值的范围。关于模型对应网络中每个忆阻器的电阻变化情况，可参见第7.4.1节。

7.4.3　网络动态

为了定义网络的动态变化，我们使用改进节点分析（Modified Nodal Analysis，MNA）法求解由忆阻器和电阻器组成的电路，进而计算每个时间步长的电位分布。即使电路存在浮动电流或电压源，MNA 法也可以解决任何一个独立于拓扑结构的电阻器电路[305,463]。为了求解电路，MNA 法通过基尔霍夫第一定律计算每个电路节点的电压，该定律规定：流入或流出节点电流的代数和应等于电流发生器（如果存在）注入该节点的总电流。

具体计算步骤如下：

式（7.3）对每个节点 i 都有效：

$$\sum_j I_{ij} = \sum_j \frac{V_i - V_j}{R_{ij}} = \sum_j \frac{1}{R_{ij}} V_i - \sum_j \frac{V_j}{R_{ij}} = I_i^G \tag{7.3}$$

式中，对所有的节点j（通过电阻器R_{ij}连接到节点i）进行求和运算，I_i^C是与该节点连接的所有电流发生器流入该节点所有电流的总和（如果没有发生器连接到节点，则$I_i^C=0$）。每个节点均对应一个方程，类似于式（7.3）。这些等式可以按式（7.4）进行分组：

$$\boldsymbol{AV}=\boldsymbol{I},\ \boldsymbol{V}=\boldsymbol{IA}^{-1} \tag{7.4}$$

式中，未知向量$\boldsymbol{I}$表示由电路中的所有发生器生成的电流总和，未知向量$\mathbf{V}$表示所有节点的电位总和，矩阵元素A_{ij}由式（7.5）确定：

$$A_{ij}=\begin{cases}\sum k\dfrac{1}{R_{ik}}, & i=j\\ -\dfrac{1}{R_{ij}}, & i\neq j\end{cases} \tag{7.5}$$

也就是说，矩阵$\mathbf{A}$主对角线的第i行表示与节点i相连的所有元件的电导率之和，而矩阵$\mathbf{A}$在位置（i，j）的非对角线元素只是表示连接节点i和j的元件的电导率，其符号为负。

对节点分析法进行改进时还须考虑可变电压发生器的存在。此时系统中会出现一个新方程（$V_i-V_j=V_{\text{gen}}$），但同时也会出现一个新的未知单位I_k（通过这些节点的电流）。该系统可以写成式（7.6）：

$$\boldsymbol{GE}=\boldsymbol{K},\ \boldsymbol{E}=\boldsymbol{KG}^{-1} \tag{7.6}$$

式中，$\boldsymbol{E}$是一个未知向量，其包含每个节点中的所有电位，从而导致每个电压发生器中均会出现电流。新向量$\boldsymbol{K}$包含进入每个节点的所有电流，并使得每个发生器均产生电位差。新矩阵$\boldsymbol{G}$包含4个子矩阵：

$$\boldsymbol{G}=\begin{bmatrix}\boldsymbol{A} & \boldsymbol{B}^T\\ \boldsymbol{B} & \boldsymbol{C}\end{bmatrix} \tag{7.7}$$

式中，$\boldsymbol{A}$是一个矩阵，由式（7.5）确定。矩阵$\boldsymbol{B}$的列数与矩阵$\boldsymbol{A}$相同，其行数等于电压发生器的数量。$\boldsymbol{B}$内所有元素都等于零，除了B_{kp}和B_{kn}：前者与发生器的正极连接（元素值等于1），后者与发生器的负极连接（元素值等于-1）。

7.4.4 对3D随机网络的试验结果进行建模

如7.3节所述，目前我们已实现的随机系统具有自适应特性和学习能力。此外，研究发现只有3D系统才能将一些观察到的特性记录下来。

我们的第一个测试是检验所开发模型的有效性。测试中重现了系统内不同电极对之间试验测得的循环伏安特性。我们根据试验条件选择相应的参数

（图 7.26（a）），同时假设所有有机忆阻器都在一个有限的活性区内。此外，

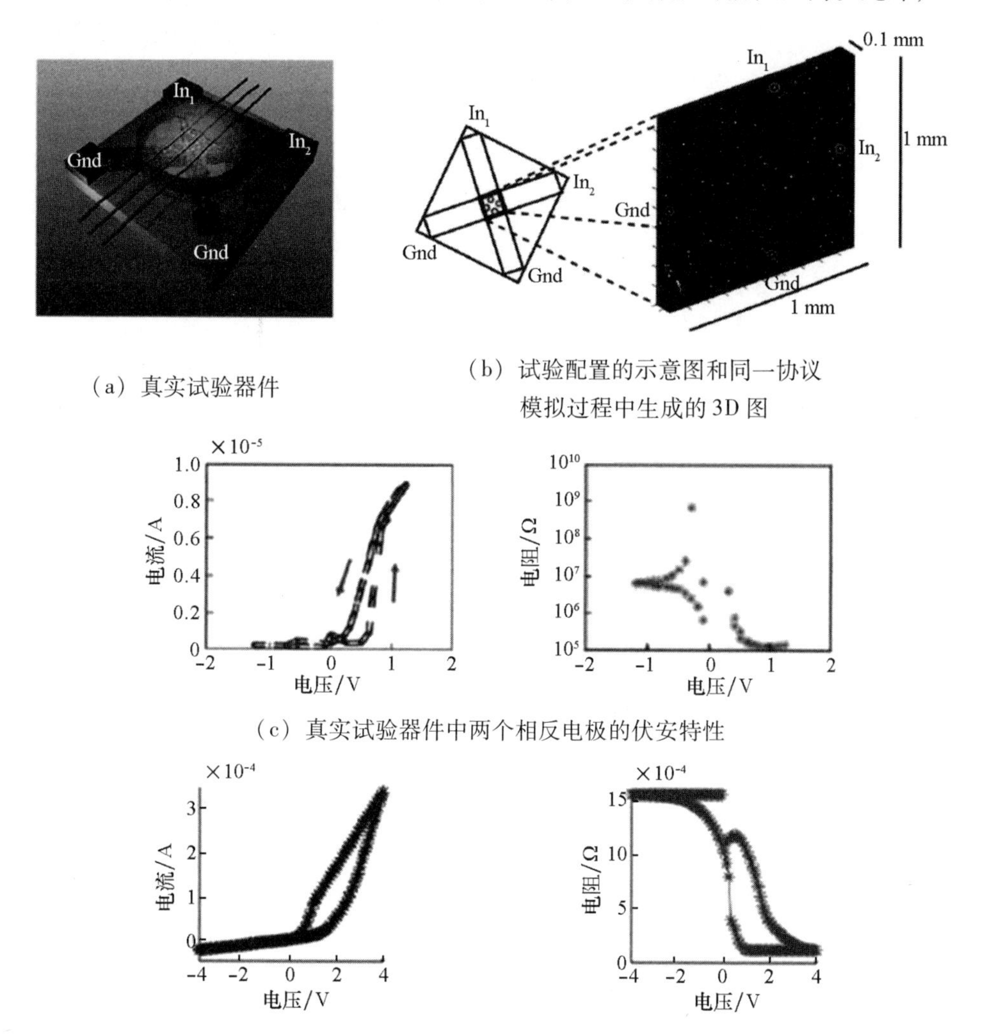

（a）真实试验器件

（b）试验配置的示意图和同一协议模拟过程中生成的 3D 图

（c）真实试验器件中两个相反电极的伏安特性

（d）忆阻器模拟网络的伏安特性曲线

注：（b）上方和右方的圆圈代表输入，下方和左方的圆圈代表输出；（d）左侧部分显示了从一个电极流向另一电极的（漏极或电子）电流，其是施加到输入节点的电压的函数。右侧部分显示了等效电阻，其是电压函数。在系统中观察到的滞后现象表明系统具有记忆效应。

图 7.26　试验室内测试的交叉配置样本的模拟

（经 Sigala 等[462]许可转载，版权© （2013）归 IOP 出版社所有）

由于参比电极（接地）的电位对于所有元件都是通用的，因此电压值（用于计算每个元件的电阻变化）是通过对该元件连接的两个节点上的电压取均值获得的。最后，输入点和输出点位于活性区的边界，如图 7.26（b）所示。

通过对比试验结果（图 7.26（c））与建模结果（图 7.26（d）），发现它们有较好的一致性。

下一步是模拟忆阻器 3D 网络的一般自适应特性，而不是重现特定的试验条件。首先，我们认为首先应确保所有的输入、输出和忆阻器网络的活性区均位于同一个区域内；其次，每个忆阻器的参比电极都连接到其中一个终端电极上；最后，随机选择输入和输出电极的位置。

基于网络的每种架构（连通性完全随机且与距离相关），各选 20 个网络进行建模和研究。在 100 s（Epoch 的持续时间）时间内施加在两对输入 - 输出节点上的独立电位被视为输入信号。在预定范围内随机选择施加电位的绝对值，允许每 20 s 改变一次器件的电阻状态（10% ~20%）。

我们使用了两种类型的输入信号：B 类输入信号向两对电极施加相同极性（相对于参比电极）的信号；A 类输入信号将一对电极设置为偏置正电压，而将另一对电极设置为偏置负电压。随机选择忆阻器的初始电阻值，再将上述整个过程重复 50 次。图 7.27 说明了建模过程。

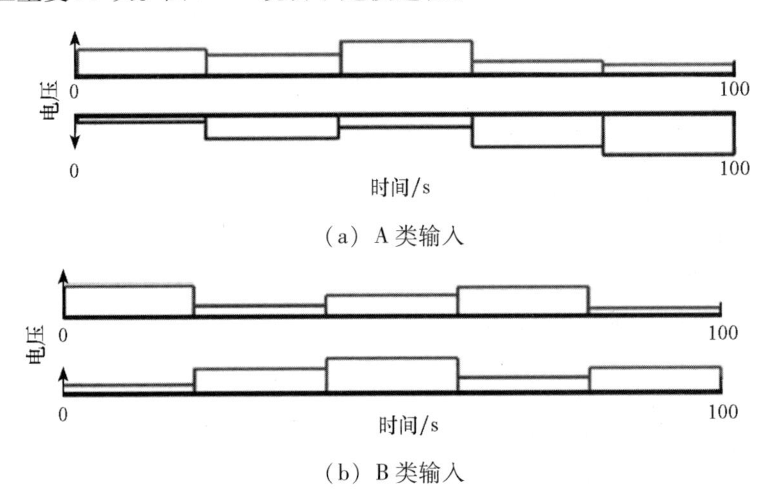

（a）A 类输入

（b）B 类输入

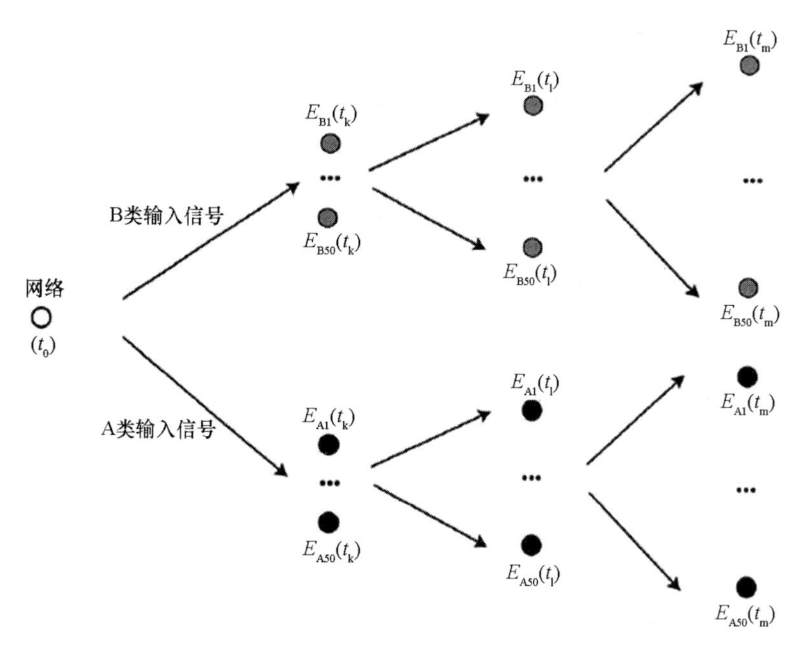

（c）用于测试网络自适应特性的刺激过程

注：原书该图有误，本书进行修正。初始化网络后（图（c）左侧的空心圆圈），我们在 100 s（Epoch 的持续时间）内对其进行刺激。我们使用了 A 类和 B 类两种输入方法，分别如图（a）和图（b）所示。B 类输入信号表示只有正电压变化。A 类输入信号表示正电压和负电压均有变化。根据其初始状态和工作历史，网络进入不同的状态，由图（c）中黑色点（B 类输入信号）和灰色点（A 类输入信号）表示。此处将这个过程称为一个 Epoch，并重复 50 次。网络状态是包含所有电阻值的向量，标记为$E_{xi}t_j$，其中 x 是输入类型，i 是 Epoch 数（1:50），t_j是采样的时间步长。

图 7.27　A 类输入、B 类输入，以及用于测试网络自适应特性的刺激过程
（经 Sigala 等[462]许可转载，版权© （2013）归 IOP 出版社所有）

在典型的无监督学习协议中，大批量属于两个或多个“类”的数据被用作系统的输入，却无对应的目标值。在此类无监督问题中，系统的目标是在输入空间中找到一个给定的结构，以便可以将更多示例标记为归属为某个给定的输入类。

对于每个网络，我们通过比较所有电阻值（网络状态）在 50 个 Epoch 和刺激时间内的相似程度来查看其值的变化。随着模拟过程的推进，网络的自适应性越强，其状态差异就越大。我们基于相关性度量，检验了各个网络状态之间的相似性。其中，高相关值表示网络状态相似性高，低相关值表示网络状态相似性低。对于每一类网络，我们均比较了施加两类不同输入信号或同一类输入信号时不同网络状态之间的相似性，模拟结果如图 7.28 所示。每个图显示了 20 个不同网络随时间变化的平均相关值 S。图（a）和（b）显示了施加相同类型的输入信号（对比 A 和 B）对应的网络状态之间的平均相关值。图（c）和（d）显示了不同类型的输入时的平均相关值。一般来说，平均相关值随时间变化呈单调递减的趋势，这表明随着刺激时间的增加，网络结构配置倾向于发散。而无论输入和网络连接的类型如何，这种行为都是稳定的，因而证实了忆阻器网络的自适应特性。然而，我们观察到完全随机连通网络和与距离

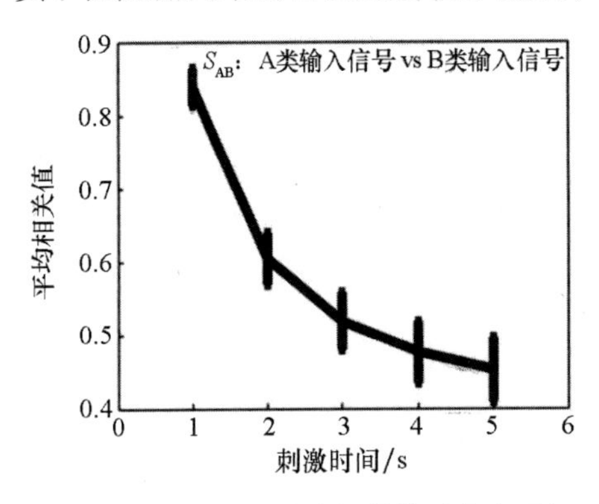

（a）同类输入信号平均相关值随完全随机连通网络的刺激时间变化

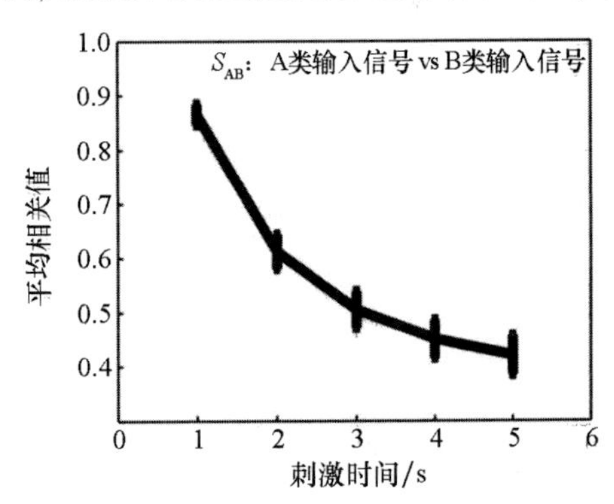

（b）同类输入信号平均相关值随与距离相关的连通性网络的刺激时间变化

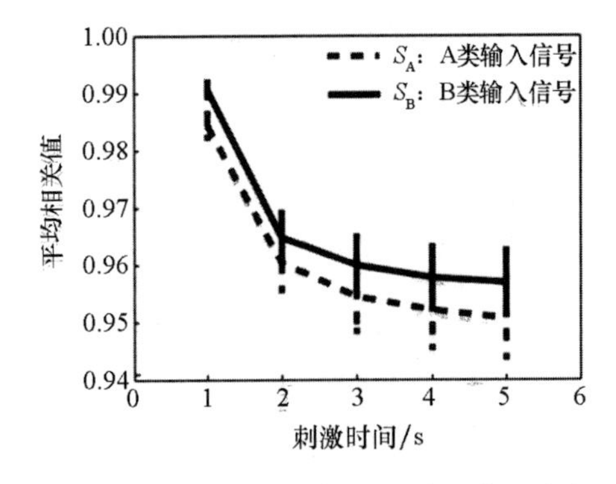

（c）不同类型输入信号平均相关值随完全随机连通网络的刺激时间变化

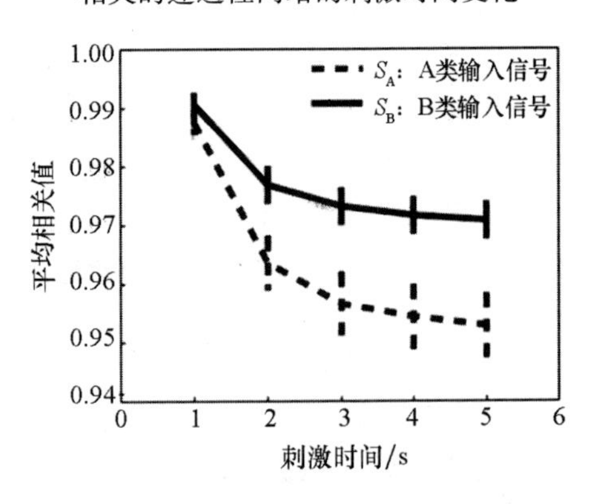

（d）不同类型输入信号平均相关值随与距离相关的连通性网络的刺激时间变化

图 7.28　随机忆阻器网络中的自适应行为

（经 Sigala 等[462] 许可转载，版权© （2013）归 IOP 出版社所有）

相关的连通性网络所使用的输入信号类型不同，导致了其Epoch去相关速度也是不同的。与两个输入均为正（B类输入信号）的情况相比，当两个输入相互对立时（A类输入信号，即一个节点为正，另一个节点为负），与距离相关的连通性网络去相关速度更快。如图7.28（c）所示，完全随机连通网络并非如此。因此，刺激的效果取决于所选择的输入信号模式和网络的连通性。

我们比较了两种不同类型的网络，即完全随机连通网络和与距离相关的连通性网络，这两种网络是基于不同的连通性规则形成的。与完全随机连通网络相比，与距离相关（以短程连接为主）的连通性网络对输入信号的适应速度更快。众所周知，在生物、认知和社会系统中发现的许多真实网络中的连接都与距离有关。通常情况下，这种结构可以用两个给定节点之间找到连接的概率与它们之间的距离的对数关系来描述，例如，增加两个节点之间的距离会降低它们连接的概率[464]。这与许多复杂自组织系统的连接结构相似，这表明它们的信息传播效率和稳健性具有一定的进化优势[465]。哺乳动物的大脑可能是距离与信息处理效率和稳健性有关的最好例子，它们的大脑内部也存在与距离相关的连通性网络：哺乳动物大脑皮层灰质内是短程连接[466-467]，而在一定程度上通过大脑皮层白质实现的则是远程连接[468-469]。我们只能通过了解大脑内部的连通性网络，才能解释大脑及其许多重要的功能[461]。虽然结果表明，连通性影响忆阻器网络的自适应特性，但连通性对这些自组织网络中信息传输和学习的影响需要进一步研究。特别是，应当研究与网络规模和连接/节点比率等参数相关的连通性。

根据图7.28（d）所示的平均相关值可知，当输入是相互对立的（A型输入）时，与距离相关的连通性网络比使用两个增强输入（B型输入）时进化得更快。由于相关性可以评估网络中每个连接的电阻值，因此产生了一个有趣的问题，即查看影响进化差异的连接比例。一种可能是电阻之间的差异均匀分布在所有连接上，另一种可能是网络的某些部分比其他部分对输入空间中的特征更敏感，即使有些部分根本没有进化。为了确认网络的哪些部分对施加的输入信号敏感，我们查看了施加刺激过程中电阻的平均变化情况。

图7.29显示了B型输入（两个电压均为正）情况下，每个网络连接在一个Epoch内演变的平均行为，计算的数量超过50个Epoch。图（a）显示了网络中每个链路的平均电阻值，其中每条线代表一个元件，按电阻的平均变化对这些线进行排序。如图（a）顶部所示，连接在Epoch结束时的平均电阻值比初始时电阻值高得多。在图（a）底部，平均在一个Epoch内，连接的导电性都变得更强。图（b）显示了标准差的大小。

图7.29（b）中的黑色带对应网络中20%的电阻器，它们的电阻值一直保持不变，因此在施加刺激的过程中呈现零方差。一方面，大多数忆阻器位于零方差黑带的上方，表明平均后忆阻器变得更加绝缘；另一方面，只有少部分忆阻器位于黑带下方，它们则变得更具导电性。

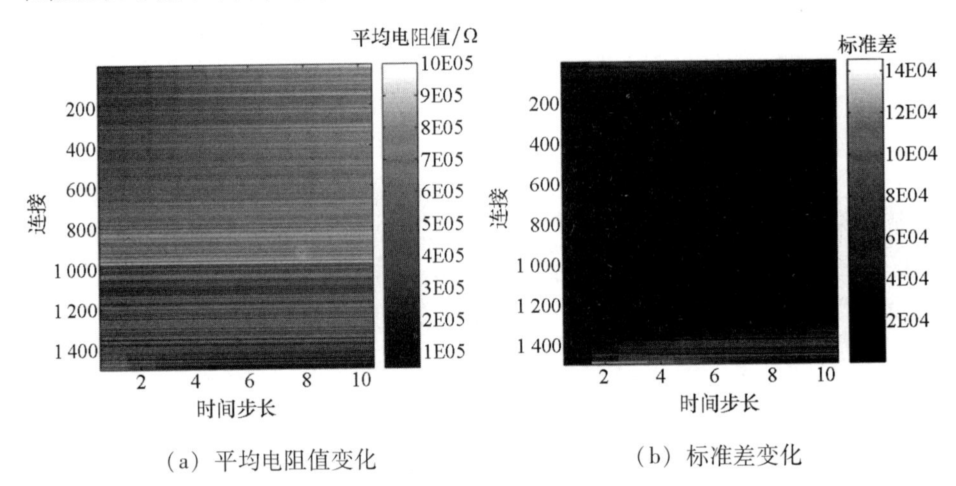

（a）平均电阻值变化　　（b）标准差变化

图7.29　用B型输入刺激的典型网络（连通性与距离相关）中每个连接的电阻演变（经Sigala等[462]许可转载，版权©（2013）归IOP出版社所有）

注：根据最终电阻和初始电阻之间的差异在纵轴上对连接进行排序。顶部连接逐渐绝缘，而底部连接逐渐导电。该图清楚地表明，大多数忆阻器逐渐绝缘，只有少数忆阻器逐渐导电。

在忆阻器网络中获取信息去处理元件时，我们区分了两个一般属性，如图7.29所示。第一个属性是愈发绝缘的忆阻器的数量远远超过愈发导电的忆阻器的数量。第二个属性是与愈发绝缘的忆阻器相比，导电性愈强的忆阻器进化的差异要大得多。换句话说，虽然每个忆阻器或多或少都以同一方式变得愈发绝缘，但整体而言，每个忆阻器在每个Epoch中变得愈发导电的方式都不相同。因此，我们还可以得出结论：当有关输入的信号被“存储”在导电性更强的忆阻器中时，此处就代表了网络中最具自适应性的区域。

在本节中，我们讨论了一个模拟和评估随机忆阻器网络自适应特性的模型。在这个模型中，网络动态可以通过不同级别（从单个忆阻器到大规模配置）的控制进行参数化模拟。该模拟环境的模块化设计让我们能够轻松交换、扩展或替换其中的任何元件，且能进行大范围模拟。我们首先研究了在真实试验条件的网络行为，并发现模拟网络具有与真实试验网络相同的滞后和整流现象。此外，我们还证明了，与平面电路不同，模拟网络确实具有 3D 功能。在最后一组模拟试验中，我们研究了 3D 随机忆阻网络的自适应特性，并探讨了网络的连接特性和输入信号对其自适应性能的影响。模拟结果表明，用随机噪声刺激的忆阻器网络会表现出一种稳定的行为，这种行为会根据刺激历史而偏离其初始状态。有趣的是，当改变网络的连通性（从完全随机连通到与距离相关连通）时，我们观察到网络动态的差异取决于所使用的输入信号类型。

该模型能够捕获基于忆阻器的真实自组织网络的基本定性信息。统计方法的使用给网络结构带来了一个重大可变性，即重点关注矩阵的一般行为。我们的模型和仿真环境有助于理解复杂忆阻器网络的行为，并能帮助未来的试验制定新的试验方案。然而，重要的是，考虑到每个试验中存在的特定条件，该模型仍然无法捕捉到真实试验的重要元件，例如器件之间的重大可变性。由于每个器件都是不同的，试验过程中实施的每个步骤都可能带来可变性。

第8章 结 论

通过直接对比有机和无机忆阻器在可能应用领域的特性，我们发现无机忆阻器与传统存储器阵列相比具有明显的优势：它们的制造技术比较成熟，运行也较为稳定，并且可以在较大的温度范围内工作。在神经形态应用中，有机系统具有前几章所述的优点。表8.1对比了有机和无机忆阻器的一些重要参数。

表8.1 无机和有机忆阻器的参数对比

参数	类型	
	无机忆阻器	有机忆阻器
质量	中/高	低
成本	中/高	低
灵活性	低	高
透明度	低	高
与 CMOS 技术的兼容性	高	低/中
耐久性	10^5[470] ~ 10^7[112] 周期	10^4[375] ~ 10^{12}[471] 周期
生物相容性	低	中/高
开/关比	10^4[472] ~ 10^6[473]	10^5[248]

在我们看来，神经形态系统大致可以用图8.1所示的方案表示。该系统的主要单元是一个带有存储功能（或在存储中）的处理器，其中不仅可以记录信息，还可以改变处理元件的连接，从而实现硬件层面的学习。该系统必须包含多个输入和输出电极。系统的主要单元须具备并行处理信息的能力，以至于

能同时处理所有来自输入电极的可用信息。它既可以单独采用确定性或随机的架构，也可以同时采用这两种架构。如果采用确定性架构，可以使用传统方法（光刻、印刷等）制造阵列。当有足够多的可用模型时，这种方法可以复制特定的电路，执行生物神经系统某些部位的功能，正如第 6 章（仿生电路相关章节）所述。由于随机架构与大脑组织有一些相似之处，其似乎更具神经形态特征和趣味性[462]。值得注意的是，由于有机材料的自组织和自组装能力，只有在有机材料中才可能实现具有随机结构的系统。可以使用真空诱导纤维构成[447]，利用具有发达（多孔）表面的稳定支撑骨架基板[432]，使用静电纺丝技术[474]，以及通过特殊合成的嵌段共聚物的相分离等方式制造随机系统[376,456]。原则上，这类系统甚至可以被视为多层人工神经网络与储备池计算机的组合[475-476]。此外，它还可以有效处理输入刺激的时间序列。

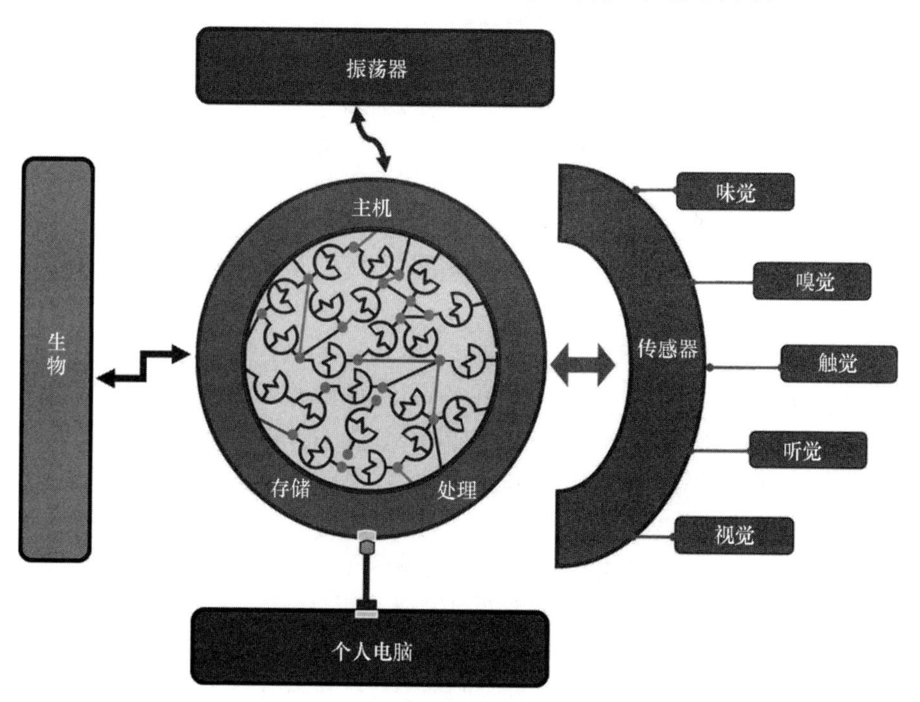

图 8.1 神经形态系统的示意图

（经 Erokhin[477] 许可转载，版权© （2020） 归 Springer 所有）

神经形态系统的另一个重要组成部分是振荡器。作为“认知”活动的重要组成部分之一，它可以同步处理不同的事件，即使在外部刺激非常小甚至不存在时，“处理器”内部的连接也可以发生变化。有机忆阻器系统的振荡单元可以直接集成到记录和处理信息的中央单元中。与生物体类似，振荡单元的性能（频率、振幅）无法固定，必须取决于中心单元的内部活动和来自超系统的外部刺激的变化。

正如引言所述，基于无机和有机忆阻器可以组成传感器元件。这些传感器的重要特征是通过敏感元件直接对信息进行初步处理。特别是，它们可以直接将测量信号的电流值和前一时刻测量的电流值进行比较。

神经形态系统必须能像动物（包括人类）一样提供检测信号。研究工作的分配与来自特定感觉器官（主要是人类）的信息的重要性相一致。大多数关于忆阻传感器系统的研究都致力于视觉检测[170,478-481]。同样，就人类自身而言，除去在视觉方面获得的信息，第二重要的信息与声音信号和语音理解有关。因此，也可以考虑将使用忆阻器与解码系统相结合的方式实现此类传感器[482-486]。目前也有相当多的科学研究致力于将忆阻器用于触觉传感器上[487-490]。这一领域的研究还聚焦于实现智能驱动系统的必要性，例如模拟手。在传感方面，值得关注的方面则是味觉和嗅觉传感器领域。只有很少的研究专注于描述其实现传感器的可能性，而并非关注其是真实制造的系统[491-492]。然而，目前已有一些简单研究将具有特殊存储功能的传感器系统应用于检测元素、分子和化合物等方面[176,181-182,490-502]。

神经形态系统的另一个重要特征是与生物体交互的可能性。如第6章所述，可以通过读出神经系统产生的信号，并对其与人工神经网络之间的耦合进行连续解码[409]，通过由生物体产生的神经递质调节人工突触强度[410]，以及通过忆阻器直接耦合活神经元细胞[411]等方式进行神经形态系统与生物体的交互。最后一个试验案例的实现使得突触假体的实现迈出了第一步。从原则上看，甚至可以考虑植入假体的可能性。在这种情况下，生物相容性是一个非常关键的问题。因此，要特别注意寻找生物相容性材料，同时还要允许实现忆阻器的特性[115,503-504]。从生物相容性的角度来看，为确保制造的忆阻器能与生物材料进行连接，有机材料似乎是最佳候选材料之一[505-507]。

当然，神经形态系统可以与传统的基于硅芯片制造的计算机进行交互。这种交互将无法发挥神经形态系统的几个优点，例如，信息的并行处理能力和低能量消耗特点。因此，应当着重实现无须与传统计算机交互的全新的系统。然而，就目前情况来看似乎无法避免这种交互。因此，无机材料才被广泛用于忆阻器的制造，因为由它们生产得到的忆阻器可以与成熟的CMOS技术兼容，从而有助于在短期内让产品实现在工商业方面的应用[508]。

需要注意的是，实现复杂的信息处理系统还需要考虑功率耗散因素，主要原因是在焦耳热的影响下，功率耗散会导致系统稳定性的降低。从这点来看，很难直接比较所有无机和有机器件，因为它们各有特点。然而，有机电子器件的功耗通常较低，而从这个角度来看，也可以将有机电子器件视为有潜力的候选器件之一。

最后，还有两点很重要：噪声的影响和网络中元件的相互通信。我们可以阅读 *Chaos Solitons and Fractals*（《混沌孤子和分形》）特刊（客座编辑：Bernardo Spagnolo 教授）了解噪声的影响[337-354]，该特刊将专门研究忆阻系统中的噪声现象，于2020年底出版，它提供了有关忆阻器中噪声效应的新系统信息。

系统中离散元件的串扰在传统电子器件和神经形态系统中发挥着完全不同的作用。对于传统计算机而言，这种作用是负面的[509-510]，因为噪声的存在会导致系统主要性能的稳定性和再现性下降，并产生计算误差。相反，在模仿大脑特性的神经形态系统中，这一特征显得非常重要[229,511]，因为离散元件不是独立工作，而是在组装成的系统中工作，此时单个元件的损坏产生的影响可以被其他元件消除，从而确保稳定平衡的信号通路。此外，当大脑正在进行活动时，即使来自感觉系统的外部刺激是固定的，元件的串扰对于认知过程的理解和建模也仍然很重要。在这方面，有机系统具有重要优势，因为其材料的自组装技术有利于构建集成度较高的随机系统。

最后，我想讨论一个计算机没有而人类大脑独有的重要特征——情绪。这个特征在本书中未曾提及。情绪当然会对认知过程产生重大影响[512-513]。情绪与神经递质的存在直接相关，并且正如所描述的那样，大致可以用“情绪区域”来表示[514]。有几项研究[515-519]将神经递质（情绪）相关模型与存储中计算能力的重新分配及信息处理的速度等方面相关联。而这些研究也表明即使是学习算法也可以根据当前的情绪状态进行更改。然而，完成这项任务非常困难，到目前为止，尚无研究在硬件层面实现可在信息处理和学习算法之间切换的计算系统。不过，我觉得这具有很大的挑战性，希望后续研究人员一定要往这个方向继续努力。

参考文献

[1] ROCHESTER N, HOLLAND J, HAIBT L, et al. Tests on a cell assembly theory of the action of the brain, using a large digital computer[J]. IRE Transactions on Information Theory, 1956, 2(3): 80-93.

[2] ROSENBLATT F. The perceptron: a probabilistic model for information storage and organization in the brain[J]. Psychological Review, 1958, 65(6): 386-408.

[3] RUMELHART D E, HINTON G E, WILLIAMS R J. Learning internal representations by error propagation[J]. Parallel Distributed Processing, 1986: 318-362.

[4] HOPFIELD J J, TANK D W. Computing with neural circuits: a model[J]. Science, 1986, 233(4764): 625-633.

[5] MIDDLEBROOKS J C, CLOCK A E, XU L, et al. A panoramic code for sound location by cortical neurons[J]. Science, 1994, 264(5160): 842-844.

[6] CRUSE H, KINDERMANN T, SCHUMM M, et al. Walknet—a biologically inspired network to control six-legged walking[J]. Neural Networks, 1998, 11(7/8): 1435-1447.

[7] MORRIS R G M. D. O. Hebb: the organization of behavior, Wiley: New York; 1949[J]. Brain Research Bulletin, 1999, 50(5/6): 437.

[8] TAYLOR M M. The problem of stimulus structure in the behavioural theory of perceptron[J]. OCR from Scan of South African Journal of Psychology, 1973, 3: 23-45.

[9] LEVY W B, STEWARD O. Temporal contiguity requirements for long-term associative potentiation/depression in the hippocampus[J]. Neuroscience, 1983, 8(4): 791-797.

[10] DAN Y, POO M M. Hebbian depression of isolated neuromuscular

synapsesin vitro[J]. Science, 1992, 256(5063): 1570 - 1573.

[11] DEBANNE D, GÄHWILER B H, THOMPSON S M. Asynchronous pre- and postsynaptic activity induces associative long-term depression in area CA1 of the rat hippocampusin vitro[J]. Proceedings of the National Academy of Sciences of the United States of America, 1994, 91(3): 1148 - 1152.

[12] MARKRAM H, LÜBKE J, FROTSCHER M, et al. Regulation of synaptic efficacy by coincidence of postsynaptic APs and EPSPs[J]. Science, 1997, 275(5297): 213 - 215.

[13] BI G Q, POO M M. Synaptic modifications in cultured hippocampal neurons: dependence on spike timing, synaptic strength, and postsynaptic cell type[J]. Journal of Neuroscience, 1998, 18(24): 10464 - 10472.

[14] SCHRO DINGER E. What is life? : the physical aspect of the living cell [M]. Cambridge: Cambridge University Press, 1944.

[15] GOLDSTONE R L. Perceptual learning[J]. Annual Review of Psychology, 1998, 49: 585 - 612.

[16] BEAUCHAMP G K, MENNELLA J A. Early flavor learning and its impact on later feeding behavior[J]. Journal of Pediatric Gastroenterology & Nutrition, 2009, 48(Suppl 1): S25 - S30.

[17] GIORGIO E D, LOVELAND J L, MAYER U, et al. Filial responses as predisposed and learned preferences: early attachment in chicks and babies [J]. Behavioural Brain Research, 2017, 325: 90 - 104.

[18] CHUA L O. Memristor—the missing circuit element[J]. IEEE Transactions on Circuit Theory, 1971, 18(5): 507 - 519.

[19] CHUA L O, KANG S M. Memristive devices and systems[J]. Proceedings of the IEEE, 1976, 64(2): 209 - 223.

[20] CORINTO F, CIVALLERI P P, CHUA L O. A theoretical approach to memristor devices[J]. IEEE Journal on Emerging and Selected Topics in Circuits and Systems, 2015, 5(2): 123 - 132.

[21] VONGEHR S, MENGX K. The mssing memristor has not been found[J]. Scientific Reports, 2015, 5: 11657.

[22] DEMIN V A, EROKHIN V V. Hidden symmetry shows what a memristor is [J]. International Journal of Unconventional Computing, 2016, 12(5/6): 433 - 438.

[23] PERSHIN Y V, DI VENTRA M. A simple test for ideal memristors[J]. Journal of Physics D: Applied Physics, 2019, 52(1): 01LT01.

[24] PERSHIN Y V, DI VENTRA M. Memory effects in complex materials and nanoscale systems[J]. Advances in Physics, 2011, 60(2): 145 - 227.

[25] DI VENTRA M, PERSHIN Y V, CHUA L O. Circuit elements with memory: memristors, memcapacitors, and meminductors[J]. Proceedings of the IEEE, 2009, 97(10): 1717 - 1724.

[26] PERSHIN Y V, DI VENTRA M. Memristive circuits simulate memcapacitors and meminductors[J]. Electronics Letters, 2010, 46(7): 517.

[27] BIOLEK D, BIOLEK Z, BIOLKOVA V. SPICE modelling of memcapacitor [J]. Electronics Letters, 2010, 46(7): 520.

[28] BIOLEK D, BIOLEK Z, BIOLKOVA V. Behavioral modeling of memcapacitor[J]. Radioengineering, 2011, 20(1): 228 - 233.

[29] WANG X Y, FITCH A L, IU H H C, et al. Design of a memcapacitor emulator based on a memristor[J]. Physics Letters A, 2012, 376(4): 394 - 399.

[30] LI C B, LI C D, HUANG T W. Synaptic memcapacitor bridge synapses[J]. Neurocomputing, 2013, 122: 370 - 374.

[31] LIU B, LIU B Y, WANG X F, et al. Memristor-integrated voltage-stabilizing supercapacitor system[J]. Advanced Materials, 2014, 26(29): 4999 - 5004.

[32] FOUDA M E, RADWAN A G. Memcapacitor response under step and sinusoidal voltage excitations[J]. Microelectronics Journal, 2014, 45(11): 1372 - 1379.

[33] PEI J S, WRIGHT J P, TODD M D, et al. Understanding memristors and memcapacitors in engineering mechanics applications [J]. Nonlinear Dynamics, 2015, 80(1): 457 - 489.

[34] WANG G Y, CAI B Z, JIN P P, et al. Memcapacitor model and its application in a chaotic oscillator [J]. Chinese Physics B, 2016, 25 (1): 010503.

[35] MOU J, SUN K H, RUAN J Y, et al. A nonlinear circuit with two memcapacitors[J]. Nonlinear Dynamics, 2016, 86(3): 1735 - 1744.

[36] WANG G Y, ZANG S C, WANG X Y, et al. Memcapacitor model and its application in chaotic oscillator with memristor [J]. Chaos: an Interdisciplinary Journal of Nonlinear Science, 2017, 27(1): 013110.

[37] BIOLEK D, BIOLEK Z, BIOLKOVÁ V. PSPICE modeling of meminductor [J]. Analog Integrated Circuits and Signal Processing, 2011, 66(1): 129-137.
[38] 梁燕，于东升，陈昊. 基于模拟电路的新型忆感器等效模型[J]. 物理学报，2013，62(15)：158501.
[39] HAN J H, SONG C, GAO S, et al. Realization of the meminductor[J]. ACS Nano, 2014, 8(10): 10043-10047.
[40] 袁方，王光义，靳培培. 一种忆感器模型及其振荡器的动力学特性研究[J]. 物理学报，2015，64(21)：210504.
[41] WIDROW B, PIERCE W H, ANGELL J B. Birth, life, and death in microelectronic systems[J]. IRE Transactions on Military Electronics, 1961, MIL-5(3): 191-201.
[42] SUNG S H, KIM T J, SHIN H, et al. Simultaneous emulation of synaptic and intrinsic plasticity using a memristive synapse [J]. Nature Communications, 2022, 13: 2811.
[43] BRAITENBERG V. Vehicles, experiments in synthetic psychology[M]. Cambridge: MIT Press, 1984.
[44] LAMBRINOS D, SCHEIER C. Extended Braitenberg architectures: technical report AlLab[R/OL]. [2022-12-10]. https://citeseerx.ist.psu.edu/document?repid=rep1&type=pdf&doi=fdc9235eabc1b7c3406d6046383016126af42ae4.
[45] THAKOOR S, MOOPENN A, DAUD T, et al. Solid-state thin-film memistor for electronic neural networks[J]. Journal of Applied Physics, 1990, 67(6): 3132-3135.
[46] SNIDER G S. Self-organized computation with unreliable, memristive nanodevices[J]. Nanotechnology, 2007, 18(36): 365202.
[47] EROKHIN V, BERZINA T, FONTANA M P. Hybrid electronic device based on polyaniline-polyethyleneoxide junction [J]. Journal of Applied Physics, 2005, 97(6): 064501.
[48] STRUKOV D B, SNIDER G S, STEWART D R, et al. The missing memristor found[J]. Nature, 2008, 453(7191): 80-83.
[49] PAGNIA H, SOTNIK N. Bistable switching in electroformed metal-insulator-metal devices[J]. Physica Status Solidi (a), 1988, 108(1): 11-65.
[50] ASAMITSU A, TOMIOKA Y, KUWAHARA H, et al. Current switching of

resistive states in magnetoresistive manganites [J]. Nature, 1997, 388 (6637): 50 – 52.

[51] BECK A, BEDNORZ J G, GERBER C, et al. Reproducible switching effect in thin oxide films for memory applications [J]. Applied Physics Letters, 2000, 77(1): 139 – 141.

[52] LIU S Q, WU N J, IGNATIEV A. Electric-pulse-induced reversible resistance change effect in magnetoresistive films [J]. Applied Physics Letters, 2000, 76(19): 2749 – 2751.

[53] WASER R, AONO M. Nanoionics-based resistive switching memories [J]. Nature Materials, 2007, 6(11): 833 – 840.

[54] KARTHÄUSER S, LÜSSEM B, WEIDES M, et al. Resistive switching of rose Bengal devices: a molecular effect? [J]. Journal of Applied Physics, 2006, 100(9):094504.

[55] JANOUSCH M, MEIJER G I, STAUB U, et al. Role of oxygen vacancies in Cr-doped $SrTiO_3$ for resistance-change memory [J]. Advanced Materials, 2007, 19(17): 2232 – 2235.

[56] SZOT K, SPEIER W, BIHLMAYER G, et al. Switching the electrical resistance of individual dislocations in single-crystalline $SrTiO_3$ [J]. Nature Materials, 2006, 5(4): 312 – 320.

[57] NIAN Y B, STROZIER J, WU N J, et al. Evidence for an oxygen diffusion model for the electric pulse induced resistance change effect in transition-metal oxides [J]. Physical Review Letters, 2007, 98(14): 146403.

[58] QUINTERO M, LEVY P, LEYVA A G, et al. Mechanism of electric-pulse-induced resistance switching in manganites [J]. Physical Review Letters, 2007, 98(11): 116601.

[59] CHEN X, WU N J, STROZIER J, et al. Direct resistance profile for an electrical pulse induced resistance change device [J]. Applied Physics Letters, 2005, 87(23): 233506.

[60] ROZENBERG M J, INOUE I H, SÁNCHEZ M J. Nonvolatile memory with multilevel switching: a basic model [J]. Physical Review Letters, 2004, 92 (17): 178302.

[61] CAO X, LI X M, GAO X D, et al. Forming-free colossal resistive switching effect in rare-earth-oxide Gd_2O_3 films for memristor applications [J]. Journal

of Applied Physics, 2009, 106(7): 073723.
[62] YANG J J, MIAO F, PICKETT M D, et al. The mechanism of electroforming of metal oxide memristive switches [J]. Nanotechnology, 2009, 20(21): 215201.
[63] YANG J J, PICKETT M D, LI X M, et al. Memristive switching mechanism for metal/oxide/metal nanodevices [J]. Nature Nanotechnology, 2008, 3(7): 429 -433.
[64] ARGALL F. Switching phenomena in titanium oxide thin films[J]. Solid-State Electronics, 1968, 11(5): 535 -541.
[65] CHANG T, JO S H, KIM K H, et al. Synaptic behaviors and modeling of a metal oxide memristive device[J]. Applied Physics A, 2011, 102(4): 857 -863.
[66] SAVEL'EV S E, ALEXANDROV A S, BRATKOVSKY A M, et al. Molecular dynamics simulations of oxide memory resistors (memristors)[J]. Nanotechnology, 2011, 22(25): 254011.
[67] CAVALLINI M, HEMMATIAN Z, RIMINUCCI A, et al. Regenerable resistive switching in silicon oxide based nanojunctions [J]. Advanced Materials, 2012, 24(9): 1197 -1201.
[68] STRUKOV D B, ALIBART F,STANLEY W R. Thermophoresis/diffusion as a plausible mechanism for unipolar resistive switching in metal-oxide-metal memristors[J]. Applied Physics A, 2012, 107(3): 509 -518.
[69] YOUNIS A, CHU D W, LI S A. Oxygen level: the dominant of resistive switching characteristics in cerium oxide thin films[J]. Journal of Physics D: Applied Physics, 2012, 45(35): 355101.
[70] GUO J, ZHOU Y, YUAN H J, et al. Reconfigurable resistive switching devices based on individual tungsten trioxide nanowires[J]. AIP Advances, 2013, 3(4): 042137.
[71] YAN Z B, LIU J M. Coexistence of high performance resistance and capacitance memory based on multilayered metal-oxide structures [J]. Scientific Reports, 2013, 3: 2482.
[72] YANG Y C, CHOI S, LU W. Oxide heterostructure resistive memory[J]. Nano Letters, 2013, 13(6): 2908 -2915.
[73] GALE E, MAYNE R, ADAMATZKY A, et al. Drop-coated titanium dioxide

memristors[J]. Materials Chemistry and Physics, 2014, 143(2): 524 –529.

[74] AOKI Y, WIEMANN C, FEYER V, et al. Bulk mixed ion electron conduction in amorphous gallium oxide causes memristive behaviour [J]. Nature Communications, 2014, 5: 3473.

[75] KIM S, CHOI S,LU W. Comprehensive physical model of dynamic resistive switching in an oxide memristor[J]. ACS Nano, 2014, 8(3): 2369 –2376.

[76] GAO B, BI Y J, CHEN H Y, et al. Ultra-low-energy three-dimensional oxide-based electronic synapses for implementation of robust high-accuracy neuromorphic computation systems[J]. ACS Nano, 2014, 8(7): 6998 –7004.

[77] AVILOV V I, AGEEV O A, KOLOMIITSEV A S, et al. Formation of a memristor matrix based on titanium oxide and investigation by probe-nanotechnology methods[J]. Semiconductors, 2014, 48(13): 1757 –1762.

[78] ZHANG K, CAO Y L, FANG Y W, et al. Electrical control of memristance and magnetoresistance in oxide magnetic tunnel junctions[J]. Nanoscale, 2015, 7(14): 6334 –6339.

[79] PREZIOSO M, MERRIKH-BAYAT F, HOSKINS B D, et al. Training and operation of an integrated neuromorphic network based on metal-oxide memristors[J]. Nature, 2015, 521(7550): 61 –64.

[80] GALE E, PEARSON D, KITSON S, et al. The effect of changing electrode metal on solution-processed flexible titanium dioxide memristors [J]. Materials Chemistry and Physics, 2015, 162: 20 –30.

[81] YOUNIS A, CHU D W, LI S A. Evidence of filamentary switching in oxide-based memory devices via weak programming and retention failure analysis [J]. Scientific Reports, 2015, 5: 13599.

[82] REGOUTZ A, GUPTA I, SERB A, et al. Role and optimization of the active oxide layer in TiO_2-based RRAM [J]. Advanced Functional Materials, 2016, 26(4): 507 –513.

[83] PREZIOSO M, MERRIKH B F, HOSKINS B, et al. Self-adaptive spike-time-dependent plasticity of metal-oxide memristors[J]. Scientific Reports, 2016, 6: 21331.

[84] UNGUREANU M, ZAZPE R, GOLMAR F, et al. A light-controlled resistive switching memory[J]. Advanced Materials, 2012, 24(18): 2496 –2500.

[85] ADAM G C, HOSKINS B D, PREZIOSO M, et al. 3-D memristor crossbars

for analog and neuromorphic computing applications[J]. IEEE Transactions on Electron Devices, 2017, 64(1): 312-318.

[86] BANERJEE W, LIU Q, LYU H B, et al. Electronic imitation of behavioral and psychological synaptic activities using TiO_x/Al_2O_3-based memristor devices[J]. Nanoscale, 2017, 9(38): 14442-14450.

[87] BALDI G, BATTISTONI S, ATTOLINI G, et al. Logic with memory: and gates made of organic and inorganic memristive devices[J]. Semiconductor Science and Technology, 2014, 29(10): 104009.

[88] ZIMMERS A, AIGOUY L, MORTIER M, et al. Role of thermal heating on the voltage induced insulator-metal transition in VO_2[J]. Physical Review Letters, 2013, 110(5): 056601.

[89] PELLEGRINO L, MANCA N, KANKI T, et al. Multistate memory devices based on free-standing VO_2/TiO_2 microstructures driven by joule self-heating [J]. Advanced Materials, 2012, 24(21): 2929-2934.

[90] YI W, TSANG K K, LAM S K, et al. Biological plausibility and stochasticity in scalable VO_2 active memristor neurons [J]. Nature Communications, 2018, 9: 4661.

[91] LAPPALAINEN J, MIZSEI J, HUOTARI M. Neuromorphic thermal-electric circuits based on phase-change VO_2 thin-film memristor elements [J]. Journal of Applied Physics, 2019, 125(4): 044501.

[92] SUN J, LIND E, MAXIMOV I, et al. Memristive and memcapacitive characteristics of a Au/Ti-HfO_2-InP/InGaAs diode [J]. IEEE Electron Device Letters, 2011, 32(2): 131-133.

[93] KIM W G, SUNG M G, KIM S J, et al. Dependence of the switching characteristics of resistance random access memory on the type of transition metal oxide; TiO_2, ZrO_2, and HfO_2 [J]. Journal of the Electrochemical Society, 2011, 158(4): H417.

[94] SYU Y E, CHANG T C, LOU J H, et al. Atomic-level quantized reaction of HfO_x memristor[J]. Applied Physics Letters, 2013, 102(17): 172903.

[95] WEDIG A, LUEBBEN M, CHO D Y, et al. Nanoscale cation motion in TaO_x, HfO_x and TiO_x memristive systems [J]. Nature Nanotechnology, 2016, 11(1): 67-74.

[96] MATVEYEV Y, KIRTAEV R, FETISOVA A, et al. Crossbar nanoscale

HfO_2-based electronic synapses[J]. Nanoscale Research Letters, 2016, 11: 147.

[97] JIANG H, HAN L L, LIN P, et al. Sub-10 nm Ta channel responsible for superior performance of a HfO_2 memristor[J]. Scientific Reports, 2016, 6: 28525.

[98] BRIVIO S, FRASCAROLI J, SPIGA S. Role of Al doping in the filament disruption in HfO_2 resistance switches[J]. Nanotechnology, 2017, 28(39): 395202.

[99] HE W F, SUN H J, ZHOU Y X, et al. Customized binary and multi-level HfO_{2-x} – based memristors tuned by oxidation conditions[J]. Scientific Reports, 2017, 7: 10070.

[100] KIM Y M, KWON Y J, KWON D E, et al. Nociceptive memristor[J]. Advanced Materials, 2018, 30(8): 1704320.

[101] XIONG W, ZHU L Q, YE C, et al. Bilayered oxide-based cognitive memristor with brain-inspired learning activities[J]. Advanced Electronic Materials, 2019, 5(8): 1900439.

[102] PARK W I, YOON J M, PARK M, et al. Self-assembly-induced formation of high-density silicon oxide memristor nanostructures on graphene and metal electrodes[J]. Nano Letters, 2012, 12(3): 1235 – 1240.

[103] YOUNIS A, CHU D W, LIN X, et al. High-performance nanocomposite based memristor with controlled quantum dots as charge traps[J]. ACS Applied Materials & Interfaces, 2013, 5(6): 2249 – 2254.

[104] BERZINA T S, GORSHKOV K V, EROKHIN V V, et al. Investigation of electrical properties of organic memristors based on thin polyaniline-graphene films[J]. Russian Microelectronics, 2013, 42(1): 27 – 32.

[105] YANG Y C, LEE J H, LEE S, et al. Oxide resistive memory with functionalized graphene as built-in selector element[J]. Advanced Materials, 2014, 26(22): 3693 – 3699.

[106] PORRO S, RICCIARDI C. Memristive behaviour in inkjet printed graphene oxide thin layers[J]. RSC Advances, 2015, 5(84): 68565 – 68570.

[107] ROGALA M, KOWALCZYK P J, DABROWSKI P, et al. The role of water in resistive switching in graphene oxide[J]. Applied Physics Letters, 2015, 106(26): 263104.

[108] LEE J H, DU C, SUN K, et al. Tuning ionic transport in memristive devices by graphene with engineered nanopores[J]. ACS Nano, 2016, 10(3): 3571-3579.

[109] UEDA K, AICHI S, ASANO H. Photo-controllable memristive behavior of graphene/diamond heterojunctions[J]. Applied Physics Letters, 2016, 108(22): 222102.

[110] PAN X, SKAFIDAS E. Resonant tunneling based graphene quantum dot memristors[J]. Nanoscale, 2016, 8(48): 20074-20079.

[111] TIAN H, MI W T, ZHAO H M, et al. A novel artificial synapse with dual modes using bilayer graphene as the bottom electrode[J]. Nanoscale, 2017, 9(27): 9275-9283.

[112] WANG M, CAI S H, PAN C, et al. Robust memristors based on layered two-dimensional materials[J]. Nature Electronics, 2018, 1(2): 130-136.

[113] XIN Y, ZHAO X F, JIANG X K, et al. Bistable electrical switching and nonvolatile memory effects by doping different amounts of GO in poly(9, 9-dioctylfluorene-2, 7-diyl)[J]. RSC Advances, 2018, 8(13): 6878-6886.

[114] CHEN Q Y, LIN M, WANG Z W, et al. Low power parylene-based memristors with a graphene barrier layer for flexible electronics applications[J]. Advanced Electronic Materials, 2019, 5(9): 1800852.

[115] SOKOLOV A S, ALI M, RIAZ R, et al. Silver-adapted diffusive memristor based on organic nitrogen-doped graphene oxide quantum dots (N-GOQDs) for artificial biosynapse applications[J]. Advanced Functional Materials, 2019, 29(18): 1807504.

[116] LIAO Z M, HOU C, ZHAO Q, et al. Resistive switching and metallic-filament formation in Ag_2S nanowire transistors[J]. Small, 2009, 5(21): 2377-2381.

[117] YANG Y C, GAO P, GABA S, et al. Observation of conducting filament growth in nanoscale resistive memories[J]. Nature Communications, 2012, 3: 732.

[118] LI D, LI M Z, ZAHID F, et al. Oxygen vacancy filament formation in TiO_2: a kinetic Monte Carlo study[J]. Journal of Applied Physics, 2012, 112(7): 073512.

[119] HUANG C H, HUANG J S, LAI C C, et al. Manipulated transformation of

filamentary and homogeneous resistive switching on ZnO thin film memristor with controllable multistate[J]. ACS Applied Materials & Interfaces, 2013, 5(13): 6017 -6023.

[120] CHEN J Y, HSIN C L, HUANG C W, et al. Dynamic evolution of conducting nanofilament in resistive switching memories[J]. Nano Letters, 2013, 13(8): 3671 -3677.

[121] ZHANG L, XU H Y, WANG Z Q, et al. Oxygen-concentration effect on p-type $CuAlO_x$ resistive switching behaviors and the nature of conducting filaments[J]. Applied Physics Letters, 2014, 104(9): 093512.

[122] LOHN A J, MICKEL P R, MARINELLA M J. Modeling of filamentary resistive memory by concentric cylinders with variable conductivity[J]. Applied Physics Letters, 2014, 105(18): 183511.

[123] WANG Y F, LIN Y C, WANG I T, et al. Characterization and modeling of nonfilamentary $Ta/TaO_x/TiO_2/Ti$ analog synaptic device[J]. Scientific Reports, 2015, 5: 10150.

[124] LYU H B, XU X X, SUN P X, et al. Atomic view of filament growth in electrochemical memristive elements[J]. Scientific Reports, 2015, 5: 13311.

[125] CHEN J Y, HUANG C W, CHIU C H, et al. Switching kinetic of VCM-based memristor: evolution and positioning of nanofilament[J]. Advanced Materials, 2015, 27(34): 5028 -5033.

[126] CELANO U, GOUX L, DEGRAEVE R, et al. Imaging the three-dimensional conductive channel in filamentary-based oxide resistive switching memory[J]. Nano Letters, 2015, 15(12): 7970 -7975.

[127] LA BARBERA S, VUILLAUME D, ALIBART F. Filamentary switching: synaptic plasticity through device volatility[J]. ACS Nano, 2015, 9(1): 941 -949.

[128] NAKAMURA H, ASAI Y. Competitive effects of oxygen vacancy formation and interfacial oxidation on an ultra-thin HfO_2-based resistive switching memory: beyond filament and charge hopping models[J]. Physical Chemistry Chemical Physics, 2016, 18(13): 8820 -8826.

[129] SHIH Y C, WANG T H, HUANG J S, et al. Roles of oxygen and nitrogen in control of nonlinear resistive behaviors via filamentary and homogeneous

switching in an oxynitride thin film memristor[J]. RSC Advances, 2016, 6 (66): 61221-61227.

[130] LI C, GAO B, YAO Y, et al. Direct observations of nanofilament evolution in switching processes in HfO_2-based resistive random access memory by in situ TEM studies[J]. Advanced Materials, 2017, 29(10): 1602976.

[131] BAEUMER C, VALENTA R, SCHMITZ C, et al. Subfilamentary networks cause cycle-to-cycle variability in memristive devices[J]. ACS Nano, 2017, 11(7): 6921-6929.

[132] LU Y, LEE J H, CHEN I W. Scalability of voltage-controlled filamentary and nanometallic resistance memory devices[J]. Nanoscale, 2017, 9 (34): 12690-12697.

[133] SUN Y M, SONG C, YIN J, et al. Guiding the growth of a conductive filament by nanoindentation to improve resistive switching[J]. ACS Applied Materials & Interfaces, 2017, 9(39): 34064-34070.

[134] MOLINA-REYES J, HERNANDEZ-MARTINEZ L. Understanding the resistive switching phenomena of stacked $Al/Al_2O_3/Al$ thin films from the dynamics of conductive filaments[J]. Complexity, 2017, 2017.

[135] XIA Y D, SUN B, WANG H Y, et al. Metal ion formed conductive filaments by redox process induced nonvolatile resistive switching memories in MoS_2 film[J]. Applied Surface Science, 2017, 426: 812-816.

[136] VALOV I, LINN E, TAPPERTZHOFEN S, et al. Nanobatteries in redox-based resistive switches require extension of memristor theory[J]. Nature Communications, 2013, 4: 1771.

[137] HU Z Q, LI Q, LI M Y, et al. Ferroelectric memristor based on $Pt/BiFeO_3$/Nb-doped $SrTiO_3$ heterostructure[J]. Applied Physics Letters, 2013, 102(10): 102901.

[138] TSYMBAL E Y, GRUVERMAN A. Ferroelectric tunnel junctions: beyond the barrier[J]. Nature Materials, 2013, 12(7): 602-604.

[139] WANG Z H, ZHAO W S, KANG W, et al. A physics-based compact model of ferroelectric tunnel junction for memory and logic design[J]. Journal of Physics D: Applied Physics, 2014, 47(4): 045001.

[140] BOYN S, GIROD S, GARCIA V, et al. High-performance ferroelectric memory based on fully patterned tunnel junctions[J]. Applied Physics

Letters, 2014, 104(5): 052909.
[141] MOROZOVSKA A N, ELISEEV E A, VARENYK O V, et al. Nonlinear space charge dynamics in mixed ionic-electronic conductors: Resistive switching and ferroelectric-like hysteresis of electromechanical response[J]. Journal of Applied Physics, 2014, 116(6): 066808.
[142] GARCIA V, BIBES M. Ferroelectric tunnel junctions for information storage and processing[J]. Nature Communications, 2014, 5: 4289.
[143] LIU L, TSURUMAKI-FUKUCHI A, YAMADA H, et al. Ca doping dependence of resistive switching characteristics in ferroelectric capacitors comprising Ca-doped $BiFeO_3$[J]. Journal of Applied Physics, 2015, 118(20): 204104.
[144] HOU P F, WANG J B, ZHONG X L, et al. A ferroelectric memristor based on the migration of oxygen vacancies[J]. RSC Advances, 2016, 6(59): 54113 – 54118.
[145] YAN Z B, YAU H M, LI Z W, et al. Self-electroforming and high-performance complementary memristor based on ferroelectric tunnel junctions[J]. Applied Physics Letters, 2016, 109(5): 053506.
[146] LI C M. Retraction: Light-controlled resistive switching memory of multiferroic $BiMnO_3$ nanowire arrays[J]. Physical Chemistry Chemical Physics, 2017, 19(16): 10699 – 10700.
[147] SAMARDZIC N, BAJAC B, SRDIC V V, et al. Conduction mechanisms in multiferroic multilayer $BaTiO_3/NiFe_2O_4/BaTiO_3$ memristors[J]. Journal of Electronic Materials, 2017, 46(10): 5492 – 5496.
[148] GUO R, ZHOU Y X, WU L J, et al. Control of synaptic plasticity learning of ferroelectric tunnel memristor by nanoscale interface engineering[J]. ACS Applied Materials & Interfaces, 2018, 10(15): 12862 – 12869.
[149] GAO Z M, HUANG X S, LI P, et al. Reversible resistance switching of 2D electron gas at $LaAlO_3/SrTiO_3$ heterointerface[J]. Advanced Materials Interfaces, 2018, 5(8): 1701565.
[150] TIAN B B, LIU L, YAN M G, et al. Ferroelectric synapses: a robust artificial synapse based on organic ferroelectric polymer[J]. Advanced Electronic Materials, 2019, 5(1): 1970006.
[151] XUE F, HE X, RETAMAL J R D, et al. Gate-tunable and multidirection-

switchable memristive phenomena in a van der waals ferroelectric[J]. Advanced Materials, 2019, 31(29): 1901300.

[152] CHANTHBOUALA A, GARCIA V, CHERIFI R O, et al. A ferroelectric memristor[J]. Nature Materials, 2012, 11(10): 860 – 864.

[153] ZIEGLER M, SONI R, PATELCZYK T, et al. An electronic version of Pavlov's dog[J]. Advanced Functional Materials, 2012, 22(13): 2744 – 2749.

[154] EROKHIN V, BERZINA T, CAMORANI P, et al. Material memristive device circuits with synaptic plasticity: learning and memory[J]. BioNanoScience, 2011, 1: 24 – 30.

[155] BENJAMIN P R, STARAS K, KEMENES G. A systems approach to the cellular analysis of associative learning in the pond snail Lymnaea[J]. Learning & Memory, 2000, 7(3): 124 – 131.

[156] STARAS K, KEMENES G, BENJAMIN P R. Pattern-generating role for motoneurons in a rhythmically active neuronal network[J]. The Journal of Neuroscience, 1998, 18(10): 3669 – 3688.

[157] STRAUB V A, BENJAMIN P R. Extrinsic modulation and motor pattern generation in a feeding network: a cellular study[J]. The Journal of Neuroscience, 2001, 21(5): 1767 – 1778.

[158] YEOMAN M S, KEMENES G, BENJAMIN P R, et al. Modulatory role for the serotonergic cerebral giant cells in the feeding system of the snail, Lymnaea. II. Photoinactivation[J]. Journal of Neurophysiology, 1994, 72(3): 1372 – 1382.

[159] VAVOULIS D V, STRAUB V A, KEMENES I, et al. Dynamic control of a central pattern generator circuit: a computational model of the snail feeding network[J]. European Journal of Neuroscience, 2007, 25(9): 2805 – 2818.

[160] NIKITIN E S, VAVOULIS D V, KEMENES I, et al. Persistent sodium current is a nonsynaptic substrate for long-term associative memory[J]. Current Biology, 2008, 18(16): 1221 – 1226.

[161] VAVOULIS D V, NIKITIN E S, KEMENES I, et al. Balanced plasticity and stability of the electrical properties of a molluscan modulatory interneuron after classical conditioning: a computational study[J]. Frontiers in Behavioral Neuroscience, 2010, 4: 19.

[162] LIU B S, YOU Z Q, LI X R, et al. Comparator and half adder design using complementary resistive switches crossbar[J]. IEICE Electronics Express, 2013, 10(13): 20130369.

[163] ZHU X, TANG Y H, WU C Q, et al. Impact of multiplexed reading scheme on nanocrossbar memristor memory's scalability [J]. Chinese Physics B, 2014, 23(2): 028501.

[164] VOURKAS I, SIRAKOULIS G C. Nano-crossbar memories comprising parallel/serial complementary memristive switches [J]. BioNanoScience, 2014, 4(2): 166 - 179.

[165] CHEN L, LI C D, HUANG T W, et al. Memristor crossbar-based unsupervised image learning [J]. Neural Computing and Applications, 2014, 25(2): 393 - 400.

[166] HU M, LI H, CHEN Y R, et al. Memristor crossbar-based neuromorphic computing system: a case study[J]. IEEE Transactions on Neural Networks and Learning Systems, 2014, 25(10): 1864 - 1878.

[167] ZIDAN M A, OMRAN H, SULTAN A, et al. Compensated readout for high-density MOS-gated memristor crossbar array[J]. IEEE Transactions on Nanotechnology, 2015, 14(1): 3 - 6.

[168] WANG M, LIAN X J, PAN Y M, et al. A selector device based on graphene-oxide heterostructures for memristor crossbar applications [J]. Applied Physics A, 2015, 120(2): 403 - 407.

[169] YAKOPCIC C, HASAN R, TAHA T M. Hybrid crossbar architecture for a memristor based cache[J]. Microelectronics Journal, 2015, 46(11): 1020 - 1032.

[170] XIA Q F, WU W, JUNG G Y, et al. Nanoimprint lithography enables memristor crossbars and hybrid circuits[J]. Applied Physics A, 2015, 121(2): 467 - 479.

[171] AGARWAL S, QUACH T T, PAREKH O, et al. Energy scaling advantages of resistive memory crossbar based computation and its application to sparse coding[J]. Frontiers in Neuroscience, 2016, 9: 484.

[172] CHOI B J, ZHANG J M, NORRIS K, et al. Trilayer tunnel selectors for memristor memory cells[J]. Advanced Materials, 2016, 28(2): 356 - 362.

[173] ZIDAN M A, OMRAN H, NAOUS R, et al. Single-readout high-density

memristor crossbar[J]. Scientific Reports, 2016, 6: 18863.

[174] XU W T, LEE Y J, MIN S Y, et al. Nanowires: simple, inexpensive, and rapid approach to fabricate cross-shaped memristors using an inorganic-nanowire-digital-alignment technique and a one-step reduction process[J]. Advanced Materials, 2016, 28(3): 591.

[175] LI Y, ZHOU Y X, XU L, et al. Realization of functional complete stateful Boolean logic in memristive crossbar [J]. ACS Applied Materials & Interfaces, 2016, 8(50): 34559 - 34567.

[176] CHAKRABARTI B, LASTRAS-MONTAÑO M A, ADAM G, et al. A multiply-add engine with monolithically integrated 3D memristor crossbar/CMOS hybrid circuit[J]. Scientific Reports, 2017, 7: 42429.

[177] LI C, HAN L L, JIANG H, et al. Three-dimensional crossbar arrays of self-rectifying Si/SiO_2/Si memristors[J]. Nature Communications, 2017, 8: 15666.

[178] DEMIN V A, EROKHIN V V, EMELYANOV A V, et al. Hardware elementary perceptron based on polyaniline memristive devices[J]. Organic Electronics, 2015, 25: 16 - 20.

[179] KAVEHEI O, LEE S J, CHO K R, et al. A pulse-frequency modulation sensor using memristive-based inhibitory interconnections [J]. Journal of Nanoscience and Nanotechnology, 2013, 13(5): 3505 - 3510.

[180] PUPPO F, DI VENTRA M, DE MICHELI G, et al. Memristive sensors for pH measure in dry conditions[J]. Surface Science, 2014, 624: 76 - 79.

[181] PUPPO F, DAVE A, DOUCEY M A, et al. Memristive biosensors under varying humidity conditions [J]. IEEE Transactions on NanoBioscience, 2014, 13(1): 19 - 30.

[182] TZOUVADAKI I, PUPPO F, DOUCEY M A, et al. Computational study on the electrical behavior of silicon nanowire memristive biosensors[J]. IEEE Sensors Journal, 2015, 15(11): 6208 - 6217.

[183] TZOUVADAKI I, PARROZZANI C, GALLOTTA A, et al. Memristive biosensors for PSA-IgM detection[J]. BioNanoScience, 2015, 5(4): 189 - 195.

[184] TZOUVADAKI I, MADABOOSI N, TAURINO I, et al. Study on the bio-functionalization of memristive nanowires for optimum memristive biosensors [J]. Journal of Materials Chemistry B, 2016, 4(12): 2153 - 2162.

[185] TZOUVADAKI I, JOLLY P, LU X L, et al. Label-free ultrasensitive memristive aptasensor[J]. Nano Letters, 2016, 16(7): 4472 -4476.

[186] IBARLUCEA B, AKBAR T F, KIM K, et al. Ultrasensitive detection of Ebola matrix protein in a memristor mode[J]. Nano Research, 2018, 11(2): 1057 -1068.

[187] ADEYEMO A, MATHEW J, JABIR A, et al. Efficient sensing approaches for high-density memristor sensor array [J]. Journal of Computational Electronics, 2018, 17(3): 1285 -1296.

[188] CANTLEY K D, SUBRAMANIAM A, STIEGLER H J, et al. Hebbian learning in spiking neural networks with nanocrystalline silicon TFTs and memristive synapses[J]. IEEE Transactions on Nanotechnology, 2011, 10(5): 1066 -1073.

[189] HUANG J S, YEN W C, LIN S M, et al. Amorphous zinc-doped silicon oxide (SZO) resistive switching memory: manipulated bias control from selector to memristor[J]. Journal of Materials Chemistry C, 2014, 2(22): 4401 -4405.

[190] MIKHAYLOV A N, BELOV A I, GUSEINOV D V, et al. Bipolar resistive switching and charge transport in silicon oxide memristor[J]. Materials Science and Engineering: B, 2015, 194: 48 -54.

[191] MARTíNEZ L, BECERRA D,AGARWAL V. Dual layer ZnO configuration over nanostructured porous silicon substrate for enhanced memristive switching[J]. Superlattices and Microstructures, 2016, 100: 89 -96.

[192] EROKHIN V, FONTANA M P. Thin film electrochemical memristive systems for bio-inspired computation[J]. Journal of Computational and Theoretical Nanoscience, 2011, 8(3): 313 -330.

[193] KIM S, JEONG H Y, KIM S K, et al. Flexible memristive memory array on plastic substrates[J]. Nano Letters, 2011, 11(12): 5438 -5442.

[194] YOON S M, YANG S, JUNG S W, et al. Polymeric ferroelectric and oxide semiconductor-based fully transparent memristor cell[J]. Applied Physics A, 2011, 102(4): 983 -990.

[195] HOTA M K, BERA M K, KUNDU B, et al. A natural silk fibroin protein-based transparent bio-memristor [J]. Advanced Functional Materials, 2012, 22(21): 4493 -4499.

[196] AWAIS M N, CHOI K H. Resistive switching and current conduction mechanism in full organic resistive switch with the sandwiched structure of poly(3, 4 – ethylenedioxythiophene): poly(styrenesulfonate)/poly(4 – vinylphenol)/poly(3, 4 – ethylenedioxythiophene): poly(styrenesulfonate)[J]. Electronic Materials Letters, 2014, 10(3): 601 – 606.

[197] WANG Y, YAN X L, DONG R X. Organic memristive devices based on silver nanoparticles and DNA[J]. Organic Electronics, 2014, 15(12): 3476 – 3481.

[198] QIN S C, DONG R X, YAN X L, et al. A reproducible write-(read)$_n$-erase and multilevel bio-memristor based on DNA molecule[J]. Organic Electronics, 2015, 22: 147 – 153.

[199] SUN B, WEI L J, LI H W, et al. The DNA strand assisted conductive filament mechanism for improved resistive switching memory[J]. Journal of Materials Chemistry C, 2015, 3(46): 12149 – 12155.

[200] CHEN Y C, YU H C, HUANG C Y, et al. Nonvolatile bio-memristor fabricated with egg albumen film[J]. Scientific Reports, 2015, 5: 10022.

[201] ZENG F, LI S Z, YANG J, et al. Learning processes modulated by the interface effects in a Ti/conducting polymer/Ti resistive switching cell[J]. RSC Advances, 2014, 4(29): 14822 – 14828.

[202] RAEIS-HOSSEINI N, LEE J S. Resistive switching memory based on bioinspired natural solid polymer electrolytes[J]. ACS Nano, 2015, 9(1): 419 – 426.

[203] RAEIS-HOSSEINI N, LEE J S. Controlling the resistive switching behavior in starch-based flexible biomemristors[J]. ACS Applied Materials & Interfaces, 2016, 8(11): 7326 – 7332.

[204] CAI Y M, TAN J, LIU Y F, et al. A flexible organic resistance memory device for wearable biomedical applications[J]. Nanotechnology, 2016, 27(27): 275206.

[205] SONG S G, JANG J G, JI Y S, et al. Twistable nonvolatile organic resistive memory devices[J]. Organic Electronics, 2013, 14(8): 2087 – 2092.

[206] SON D, LEE J, QIAO S T, et al. Multifunctional wearable devices for diagnosis and therapy of movement disorders[J]. Nature Nanotechnology, 2014, 9(5): 397 – 404.

[207] WANG R X, LIU Y, BAI B, et al. Wide-frequency-bandwidth whisker-inspired MEMS vector hydrophone encapsulated with parylene[J]. Journal of Physics D: Applied Physics, 2016, 49(7): 07LT02.

[208] KIM B J, GUTIERREZ C A, MENG E. Parylene-based electrochemical-MEMS force sensor for studies of intracortical probe insertion mechanics[J]. Journal of Microelectromechanical Systems, 2015, 24(5): 1534 – 1544.

[209] MINNEKHANOV A A, EMELYANOV A V, LAPKIN D A, et al. Parylene based memristive devices with multilevel resistive switching for neuromorphic applications[J]. Scientific Reports, 2019, 9: 10800.

[210] SAÏGHI S, MAYR C G, SERRANO-GOTARREDONA T, et al. Plasticity in memristive devices for spiking neural networks [J]. Frontiers in Neuroscience, 2015, 9.

[211] PAVLOV I P. Experimental psychology and psycho-pathology in animals [M]//PAVLOV I P, GANTT W H. Lectures on conditioned reflexes: twenty-five years of objective study of the higher nervous activity (behaviour) of animals. New York: Liverwright Publishing Corporation, 1928: 47 – 60.

[212] DAYAN P, KAKADE S, MONTAGUE P R. Learning and selective attention[J]. Nature Neuroscience, 2000, 3(11): 1218 – 1223.

[213] WANG Z R, RAO M Y, HAN J W, et al. Capacitive neural network with neuro-transistors[J]. Nature Communications, 2018, 9: 3208.

[214] KANG E T, NEOH K G, TAN K L. Polyaniline: a polymer with many interesting intrinsic redox states[J]. Progress in Polymer Science, 1998, 23(2): 277 – 324.

[215] PAUL E W, RICCO A J, WRIGHTON M S. Resistance of polyaniline films as a function of electrochemical potential and the fabrication of polyaniline-based microelectronic devices [J]. The Journal of Physical Chemistry, 1985, 89(8): 1441 – 1447.

[216] APPETECCHI G B, ALESSANDRINI F, CAREWSKA M, et al. Investigation on lithium-polymer electrolyte batteries[J]. Journal of Power Sources, 2001, 97/98: 790 – 794.

[217] EROKHIN V, RAVIELE G, GLATZ-REICHENBACH J, et al. High-value organic capacitor[J]. Materials Science and Engineering: C, 2002, 22

(2): 381 - 385.

[218] TROITSKY V I, BERZINA T S, FONTANA M P. Langmuir-Blodgett assemblies with patterned conductive polyaniline layers [J]. Materials Science and Engineering: C, 2002, 22(2): 239 - 244.

[219] ROBERTS G G, VINCETT P S, BARLOW W A. Technological applications of Langmuir-Blodgett films[J]. Physics in Technology, 1981, 12(2): 69 - 75.

[220] TREDGOLD R H. The physics of Langmuir-Blodgett films[J]. Reports on Progress in Physics, 1987, 50(12): 1609 - 1656.

[221] KUHN H. Present status and future prospects of Langmuir-Blodgett film research[J]. Thin Solid Films, 1989, 178(1/2): 1 - 16.

[222] EROKHIN V V, KAIUSHINA R L, LVOV I U M, et al. Preparation of Langmuir films of photosynthetic reaction centers from purple bacteria[J]. Akademiia Nauk SSSR, 1988, 299(5): 1262 - 1266.

[223] LVOV Y M, EROKHIN V V, ZAITSEV S Y. Protein Langmuir-Blodgett-films[J]. Biologicheskie Membrany, 1990, 7(9): 917 - 937.

[224] EROKHIN V, FACCI P, NICOLINI C. Two-dimensional order and protein thermal stability: high temperature preservation of structure and function [J]. Biosensors and Bioelectronics, 1995, 10(1/2): 25 - 34.

[225] EROKHIN V, FACCI P, KONONENKO A, et al. On the role of molecular close packing on the protein thermal stability[J]. Thin Solid Films, 1996, 284/285: 805 - 808.

[226] EROKHIN V. Langmuir-Blodgett multilayers of proteins[J]. Protein Architecture: Interfacing Molecular Assemblies and Immobilization Biotechnology, 2000: 99 - 124.

[227] EROKHIN V. Chapter 10-Langmuir-Blodgett films of biological molecules [J]. Handbook of Thin Films, 2002, 1: 523 - 557.

[228] BERZINA T, SMERIERI A, BERNABÒ M, et al. Optimization of an organic memristor as an adaptive memory element[J]. Journal of Applied Physics, 2009, 105(12): 124515.

[229] DIMONTE A, BERZINA T, PAVESI M, et al. Hysteresis loop and cross-talk of organic memristive devices[J]. Microelectronics Journal, 2014, 45 (11): 1396 - 1400.

[230] BERZINA T, EROKHIN V, FONTANA M P. Spectroscopic investigation of an electrochemically controlled conducting polymer-solid electrolyte junction [J]. Journal of Applied Physics, 2007, 101(2): 024501.

[231] MCCALL R P, GINDER J M, LENG J M, et al. Spectroscopy and defect states in polyaniline[J]. Physical Review B, 1990, 41(8): 5202 – 5213.

[232] ABELL L, POMFRET S J, ADAMS P N, et al. Studies of stretched predoped polyaniline films[J]. Synthetic Metals, 1997, 84(1/2/3): 803 – 804.

[233] PINCELLA F, CAMORANI P, EROKHIN V. Electrical properties of an organic memristive system[J]. Applied Physics A, 2011, 104(4): 1039 – 1046.

[234] SARICIFTCI N S, KUZMANY H, NEUGEBAUER H, et al. Structural and electronic transitions in polyaniline: a Fourier transform infrared spectroscopic study[J]. The Journal of Chemical Physics, 1990, 92(7): 4530 – 4539.

[235] NIE S M, EMORY S R. Probing single molecules and single nanoparticles by surface-enhanced Raman scattering[J]. Science, 1997, 275(5303): 1102 – 1106.

[236] RU E C L, BLACKIE E, MEYER M, et al. Surface enhanced Raman scattering enhancement factors: a comprehensive study[J]. The Journal of Physical Chemistry C, 2007, 111(37): 13794 – 13803.

[237] BLACKIE E J, RU E C L, ETCHEGOIN P G. Single-molecule surface-enhanced Raman spectroscopy of nonresonant molecules[J]. Journal of the American Chemical Society, 2009, 131(40): 14466 – 14472.

[238] BERZINA T, EROKHINA S, CAMORANI P, et al. Electrochemical control of the conductivity in an organic memristor: a time-resolved X-ray fluorescence study of ionic drift as a function of the applied voltage[J]. ACS Applied Materials & Interfaces, 2009, 1(10): 2115 – 2118.

[239] YUN W B, BLOCH J M. X-ray near total external fluorescence method: experiment and analysis[J]. Journal of Applied Physics, 1990, 68(4): 1421 – 1428.

[240] ZHELUDEVA S L, KOVAL'CHUK M V, NOVIKOVA N N, et al. Observation of evanescent and standing X-ray waves in region of total external reflection from molecular Langmuir-Blodgett films[J]. Journal of Experimental and Theoretical Physics Letters, 1990, 52: 804 – 808.

[241] FENG J F. Computational neuroscience: a comprehensive approach[M]. New York: Chapman and Hall/CRC, 2003.

[242] SMERIERI A, BERZINA T, EROKHIN V, et al. Polymeric electrochemical element for adaptive networks: pulse mode[J]. Journal of Applied Physics, 2008, 104(11): 114513.

[243] HOLLAND E R, POMFRET S J, ADAMS P N, et al. Conductivity studies of polyaniline doped with CSA[J]. Journal of Physics: Condensed Matter, 1996, 8(17): 2991 -3002.

[244] ADAMS P N, DEVASAGAYAM P, POMFRET S J, et al. A new acid-processing route to polyaniline films which exhibit metallic conductivity and electrical transport strongly dependent upon intrachain molecular dynamics [J]. Journal of Physics: Condensed Matter, 1998, 10(37): 8293 -8303.

[245] EROKHIN V, BERZINA T, CAMORANI T, et al. On the stability of polymeric electrochemical elements for adaptive networks[J]. Colloids and Surfaces A: Physicochemical and Engineering Aspects, 2008, 321(1/2/3): 218 -221.

[246] AYRAPETIANTS S V, BERZINA T S, SHIKIN S A, et al. Conducting Langmuir-Blodgett films of binary mixtures of donor and acceptor molecules [J]. Thin Solid Films, 1992, 210/211: 261 -264.

[247] EROKHIN V V, BERZINA T S, FONTANA M P. Polymeric elements for adaptive networks[J]. Crystallography Reports, 2007, 52(1): 159 -166.

[248] EROKHIN V, SCHÜZ A, FONTANA M P. Organic memristor and bio-inspired information processing[J]. International Journal of Unconventional Computing, 2010, 6(1): 15 -32.

[249] HABA Y, SEGAL E, NARKIS M, et al. Polymerization of aniline in the presence of DBSA in an aqueous dispersion[J]. Synthetic Metals, 1999, 106(1): 59 -66.

[250] GAZOTTI W A, JR, PAOLI M A D. High yield preparation of a soluble polyaniline derivative[J]. Synthetic Metals, 1996, 80(3): 263 -269.

[251] BERZINA T, SMERIERI A, RUGGERI G, et al. Role of the solid electrolyte composition on the performance of a polymeric memristor[J]. Materials Science and Engineering: C, 2010, 30(3): 407 -411.

[252] DECHER G. Fuzzy nanoassemblies: toward layered polymeric multicomposites

[J]. Science, 1997, 277(5330): 1232 - 1237.

[253] CHEUNG J H, STOCKTON W B, RUBNER M F. Molecular-level processing of conjugated polymers. 3. layer-by-layer manipulation of polyaniline via electrostatic interactions[J]. Macromolecules, 1997, 30(9): 2712 - 2716.

[254] EROKHINA S, SOROKIN V, EROKHIN V. Polyaniline-based organic memristive device fabricated by layer-by-layer deposition technique [J]. Electronic Materials Letters, 2015, 11(5): 801 - 805.

[255] BRAUN D, FROMHERZ P. Fluorescence interferometry of neuronal cell adhesion on microstructured silicon[J]. Physical Review Letters, 1998, 81 (23): 5241 - 5244.

[256] PRINZ A A, FROMHERZ P. Electrical synapses by guided growth of cultured neurons from the snail Lymnaea stagnalis[J]. Biological Cybernetics, 2000, 82(4): L1 - L5.

[257] STRAUB B, MEYER E, FROMHERZ P. Recombinant maxi-K channels on transistor, a prototype of iono-electronic interfacing[J]. Nature Biotechnology, 2001, 19(2): 121 - 124.

[258] MERZ M, FROMHERZ P. Polyester microstructures for topographical control of outgrowth and synapse formation of snail neurons[J]. Advanced Materials, 2002, 14(2): 141 - 144.

[259] FROMHERZ P. Electrical interfacing of nerve cells and semiconductor chips[J]. ChemPhysChem, 2002, 3(3): 276 - 284.

[260] GUPTA I, SERB A, KHIAT A, et al. Real-time encoding and compression of neuronal spikes by metal-oxide memristors[J]. Nature Communications, 2016, 7: 12805.

[261] EROKHIN V, BERZINA T, CAMORANI P, et al. Non-equilibrium electrical behaviour of polymeric electrochemical junctions[J]. Journal of Physics: Condensed Matter, 2007, 19(20): 205111.

[262] ZAIKIN A N, ZHABOTINSKY A M. Concentration wave propagation in two-dimensional liquid-phase self-oscillating system[J]. Nature, 1970, 225 (5232): 535 - 537.

[263] GLANSDORFF P, PRIGOGINE I, HILL R N. Thermodynamic theory of structure, stability and fluctuations [J]. American Journal of Physics, 1973, 41(1): 147 - 148.

[264] KOMABA S, ITABASHI T, KIMURA T, et al. Opposite influences of K^+ versus Na^+ ions as electrolyte additives on graphite electrode performance [J]. Journal of Power Sources, 2005, 146(1/2): 166 - 170.

[265] SMERIERI A, EROKHIN V, FONTANA M P. Origin of current oscillations in a polymeric electrochemically controlled element[J]. Journal of Applied Physics, 2008, 103(9): 094517.

[266] DEMIN V A, EROKHIN V V, KASHKAROV P K, et al. Electrochemical model of the polyaniline based organic memristive device[J]. Journal of Applied Physics, 2014, 116(6): 064507.

[267] BOCKRIS J, REDDY A, GAMBOA-ALDECO M. Modern electrochemistry 2A, fundamentals of electrodics [M]. Dordrecht: Kluwer Academic Publishers, 2002.

[268] ALLODI V, EROKHIN V, FONTANA M P. Effect of temperature on the electrical properties of an organic memristive device[J]. Journal of Applied Physics, 2010, 108(7): 074510.

[269] FULLER T F, DOYLE M, NEWMAN J. Relaxation phenomena in lithium-ion-insertion cells[J]. Journal of the Electrochemical Society, 1994, 141(4): 982 - 990.

[270] LAPKIN D A, KOROVIN A N, MALAKHOV S N, et al. Optical monitoring of the resistive states of a polyaniline-based memristive device [J]. Advanced Electronic Materials, 2020, 6(10): 2000511.

[271] DIMONTE A, FERMI F, BERZINA T, et al. Spectral imaging method for studying Physarum polycephalum growth on polyaniline surface [J]. Materials Science and Engineering: C, 2015, 53: 11 - 14.

[272] BATTISTONI S, DIMONTE A, EROKHIN V. Spectrophotometric characterization of organic memristive devices[J]. Organic Electronics, 2016, 38: 79 - 83.

[273] EROKHIN V, HOWARD G D, ADAMATZKY A. Organic memristor devices for logic elements with memory [J]. International Journal of Bifurcation and Chaos, 2012, 22(11): 1250283.

[274] LEVY Y, BRUCK J, CASSUTO Y, et al. Logic operations in memory using a memristive Akers array[J]. Microelectronics Journal, 2014, 45(11): 1429 - 1437.

[275] WU A, WEN S P, ZENG Z G. Synchronization control of a class of memristor-based recurrent neural networks [J]. Information Sciences, 2012, 183(1): 106 – 116.

[276] INDIVERI G, LINARES-BARRANCO B, LEGENSTEIN R, et al. Integration of nanoscale memristor synapses in neuromorphic computing architectures[J]. Nanotechnology, 2013, 24(38): 384010.

[277] ZHU L Q, WAN C J, GUO L Q, et al. Artificial synapse network on inorganic proton conductor for neuromorphic systems [J]. Nature Communications, 2014, 5: 3158.

[278] JANG J W, PARK S, BURR G W, et al. Optimization of conductance change in $Pr_{1-x}Ca_xMnO_3$ – based synaptic devices for neuromorphic systems [J]. IEEE Electron Device Letters, 2015, 36(5): 457 – 459.

[279] VAN DE BURGT Y, LUBBERMAN E, FULLER E J, et al. A non-volatile organic electrochemical device as a low-voltage artificial synapse for neuromorphic computing[J]. Nature Materials, 2017, 16(4): 414 – 418.

[280] WASSERMAN P D. Neural computing: theory and practice [M]. New York: Van Nostrand Reinhold Co. , 1989.

[281] VAN DER MALSBURG C. Frank rosenblatt: principles of neurodynamics: perceptrons and the theory of brain mechanisms[M]//PALM G, AERTSEN A. Brain theory. Berlin: Springer Berlin Heidelberg, 1986: 245 – 248.

[282] EMELYANOV A V, LAPKIN D A, DEMIN V A, et al. First steps towards the realization of a double layer perceptron based on organic memristive devices[J]. AIP Advances, 2016, 6(11): 111301.

[283] BATTISTONI S, EROKHIN V, IANNOTTA S. Organic memristive devices for perceptron applications [J]. Journal of Physics D: Applied Physics, 2018, 51(28): 284002.

[284] BAYAT F M, PREZIOSO M, CHAKRABARTI B, et al. Implementation of multilayer perceptron network with highly uniform passive memristive crossbar circuits[J]. Nature Communications, 2018, 9: 2331.

[285] JEONG H, SHI L P. Memristor devices for neural networks[J]. Journal of Physics D: Applied Physics, 2019, 52(2): 023003.

[286] WEN S P, XIAO S X, YANG Y, et al. Adjusting learning rate of memristor-based multilayer neural networks via fuzzy method [J]. IEEE

Transactions on Computer-Aided Design of Integrated Circuits and Systems, 2019, 38(6): 1084 – 1094.

[287] KRESTINSKAYA O, SALAMA K N, JAMES A P. Learning in memristive neural network architectures using analog backpropagation circuits [J]. IEEE Transactions on Circuits and Systems I: Regular Papers, 2019, 66 (2): 719 – 732.

[288] WANG Z R, LI C, SONG W H, et al. Reinforcement learning with analogue memristor arrays[J]. Nature Electronics, 2019, 2(3): 115 – 124.

[289] ZHOU G D, REN Z J, WANG L D, et al. Artificial and wearable albumen protein memristor arrays with integrated memory logic gate functionality[J]. Materials Horizons, 2019, 6(9): 1877 – 1882.

[290] KRESTINSKAYA O, JAMES A P, CHUA L O. Neuromemristive circuits for edge computing: a review[J]. IEEE Transactions on Neural Networks and Learning Systems, 2020, 31(1): 4 – 23.

[291] LIN J, YUAN J S. A scalable and reconfigurable in-memory architecture for ternary deep spiking neural network with ReRAM based neurons [J]. Neurocomputing, 2020, 375: 102 – 112.

[292] YAO P, WU H Q, GAO B, et al. Fully hardware-implemented memristor convolutional neural network[J]. Nature, 2020, 577(7792): 641 – 646.

[293] SILVA F, SANZ M, SEIXAS J, et al. Perceptrons from memristors[J]. Neural Networks, 2020, 122: 273 – 278.

[294] LUKOŠEVI I M, JAEGER H. Reservoir computing approaches to recurrent neural network training[J]. Computer Science Review, 2009, 3(3): 127 – 149.

[295] MOON J, MA W, SHIN J H, et al. Temporal data classification and forecasting using a memristor-based reservoir computing system[J]. Nature Electronics, 2019, 2(10): 480 – 487.

[296] SAM L. The roots of backpropagation: from ordered derivatives to neural networks and political forecasting[J]. Neural Networks, 1996, 9(3): 543 – 544.

[297] PRUDNIKOV N V, LAPKIN D A, EMELYANOV A V, et al. Associative STDP-like learning of neuromorphic circuits based on polyaniline memristive microdevices [J]. Journal of Physics D: Applied Physics, 2020, 53 (41): 414001.

[298] SMERIERI A, BERZINA T, EROKHIN V, et al. A functional polymeric material based on hybrid electrochemically controlled junctions [J]. Materials Science and Engineering: C, 2008, 28(1): 18 – 22.

[299] HU S G, LIU Y, LIU Z, et al. Synaptic long-term potentiation realized in Pavlov's dog model based on a NiO_x-based memristor [J]. Journal of Applied Physics, 2014, 116(21): 214502.

[300] WANG L D, LI H F, DUAN S K, et al. Pavlov associative memory in a memristive neural network and its circuit implementation[J]. Neurocomputing, 2016, 171: 23 – 29.

[301] WU C X, KIM T W, GUO T L, et al. Mimicking classical conditioning based on a single flexible memristor[J]. Advanced Materials, 2017, 29(10): 1602890.

[302] WANG Z L, WANG X P. A novel memristor-based circuit implementation of full-function Pavlov associative memory accorded with biological feature [J]. IEEE Transactions on Circuits and Systems I: Regular Papers, 2018, 65(7): 2210 – 2220.

[303] MINNEKHANOV A A, SHVETSOV B S, MARTYSHOV M M, et al. On the resistive switching mechanism of parylene-based memristive devices[J]. Organic Electronics, 2019, 74: 89 – 95.

[304] EROKHIN V, BERZINA T, SMERIERI A, et al. Bio-inspired adaptive networks based on organic memristors[J]. Nano Communication Networks, 2010, 1(2): 108 – 117.

[305] HO C W, RUEHLI A, BRENNAN P. The modified nodal approach to network analysis[J]. IEEE Transactions on Circuits and Systems, 1975, 22(6): 504 – 509.

[306] MEADOR J L, WU A, COLE C, et al. Programmable impulse neural circuits[J]. IEEE Transactions on Neural Networks, 1991, 2(1): 101 – 109.

[307] FANG W C, SHEU B J, CHEN O T C, et al. A VLSI neural processor for image data compression using self-organization networks [J]. IEEE Transactions on Neural Networks, 1992, 3(3): 506 – 518.

[308] KOSAKA H, SHIBATA T, ISHII H, et al. An excellent weight-updating-linearity EEPROM synapse memory cell for self-learning Neuron-MOS neural networks[J]. IEEE Transactions on Electron Devices, 1995, 42(1):

135 – 143.

[309] MONTALVO A J, GYURCSIK R S, PAULOS J J. Toward a general-purpose analog VLSI neural network with on-chip learning [J]. IEEE Transactions on Neural Networks, 1997, 8(2): 413 – 423.

[310] DIORIO C, HSU D, FIGUEROA M. Adaptive CMOS: from biological inspiration to systems-on-a-chip[J]. Proceedings of the IEEE, 2002, 90 (3): 345 – 357.

[311] CHICCA E, BADONI D, DANTE V, et al. A VLSI recurrent network of integrate-and-fire neurons connected by plastic synapses with long-term memory [J]. IEEE Transactions on Neural Networks, 2003, 14(5): 1297 – 1307.

[312] VOGELSTEIN R J, MALLIK U, VOGELSTEIN J T, et al. Dynamically reconfigurable silicon array of spiking neurons with conductance-based synapses [J]. IEEE Transactions on Neural Networks, 2007, 18(1): 253 – 265.

[313] WIJEKOON J H B, DUDEK P. Compact silicon neuron circuit with spiking and bursting behaviour[J]. Neural Networks, 2008, 21(2/3): 524 – 534.

[314] LIKHAREV K K. CrossNets: neuromorphic hybrid CMOS/nanoelectronic networks[J]. Science of Advanced Materials, 2011, 3(3): 322 – 331.

[315] CRUZ-ALBRECHT J M, YUNG M W, SRINIVASA N. Energy-efficient neuron, synapse and STDP integrated circuits[J]. IEEE Transactions on Biomedical Circuits and Systems, 2012, 6(3): 246 – 256.

[316] BRINK S, NEASE S, HASLER P, et al. A learning-enabled neuron array IC based upon transistor channel models of biological phenomena[J]. IEEE Transactions on Biomedical Circuits and Systems, 2013, 7(1): 71 – 81.

[317] QIAO N, MOSTAFA H, CORRADI F, et al. A reconfigurable on-line learning spiking neuromorphic processor comprising 256 neurons and 128K synapses[J]. Frontiers in Neuroscience, 2015, 9: 141.

[318] MAYR C, PARTZSCH J, NOACK M, et al. A biological-realtime neuromorphic system in 28 nm CMOS using low-leakage switched capacitor circuits[J]. IEEE Transactions on Biomedical Circuits and Systems, 2016, 10(1): 243 – 254.

[319] KEMENES I, STRAUB V A, NIKITIN E S, et al. Role of delayed nonsynaptic neuronal plasticity in long-term associative memory [J]. Current Biology, 2006, 16(13): 1269 – 1279.

[320] ZHANG W, LINDEN D J. The other side of the engram: experience-driven changes in neuronal intrinsic excitability [J]. Nature Reviews Neuroscience, 2003, 4(11): 885 -900.

[321] BENJAMIN P R, KEMENES G, KEMENES I. Non-synaptic neuronal mechanisms of learning and memory in gastropod molluscs[J]. Frontiers in Bioscience, 2008, 13(11): 4051 -4057.

[322] BAILEY C H, GIUSTETTO M, HUANG Y Y, et al. Is heterosynaptic modulation essential for stabilizing hebbian plasiticity and memory [J]. Nature Reviews Neuroscience, 2000, 1(1): 11 -20.

[323] ROBINETT W, PICKETT M, BORGHETTI J, et al. A memristor-based nonvolatile latch circuit[J]. Nanotechnology, 2010, 21(23): 235203.

[324] MORENO C, MUNUERA C, VALENCIA S, et al. Reversible resistive switching and multilevel recording in $La_{0.7}Sr_{0.3}MnO_3$ thin films for low cost nonvolatile memories[J]. Nano Letters, 2010, 10(10): 3828 -3835.

[325] LEE M J, LEE C B, LEE D, et al. A fast, high-endurance and scalable non-volatile memory device made from asymmetric Ta_2O_{5-x}/TaO_{2-x} bilayer structures[J]. Nature Materials, 2011, 10(8): 625 -630.

[326] FANG Y Y, DUMAS R K, NGUYEN T N A, et al. A nonvolatile spintronic memory element with a continuum of resistance states [J]. Advanced Functional Materials, 2013, 23(15): 1919 -1922.

[327] BRAZ T, FERREIRA Q, MENDONÇA A L, et al. Morphology of ferroelectric/conjugated polymer phase-separated blends used in nonvolatile resistive memories. direct evidence for a diffuse interface[J]. The Journal of Physical Chemistry C, 2015, 119(3): 1391 -1399.

[328] SUN Y M, LI L, WEN D Z, et al. Bistable electrical switching and nonvolatile memory effect in carbon nanotube-poly (3, 4-ethylenedioxythiophene): poly (styrenesulfonate) composite films [J]. Physical Chemistry Chemical Physics, 2015, 17(26): 17150 -17158.

[329] ASCOLI A, TETZLAFF R, CHUA L O, et al. History erase effect in a non-volatile memristor[J]. IEEE Transactions on Circuits and Systems I: Regular Papers, 2016, 63(3): 389 -400.

[330] ALI S, BAE J, LEE C H, et al. Ultra-low power non-volatile resistive crossbar memory based on pull up resistors[J]. Organic Electronics, 2017,

41: 73 -78.

[331] LIU D J, LIN Q Q, ZANG Z G, et al. Flexible all-inorganic perovskite $CsPbBr_3$ nonvolatile memory device [J]. ACS Applied Materials & Interfaces, 2017, 9(7): 6171 -6176.

[332] YANG M, QIN N, REN L Z, et al. Realizing a family of transition-metal-oxide memristors based on volatile resistive switching at a rectifying metal/oxide interface[J]. Journal of Physics D: Applied Physics, 2014, 47(4): 045108.

[333] BERDAN R, LIM C, KHIAT A, et al. A memristor SPICE model accounting for volatile characteristics of practical ReRAM [J]. IEEE Electron Device Letters, 2014, 35(1): 135 -137.

[334] VAN DEN HURK J, LINN E, ZHANG H H, et al. Volatile resistance states in electrochemical metallization cells enabling non-destructive readout of complementary resistive switches [J]. Nanotechnology, 2014, 25 (42): 425202.

[335] PERSHIN Y V, SHEVCHENKO S N. Computing with volatile memristors: an application of non-pinched hysteresis[J]. Nanotechnology, 2017, 28 (7): 075204.

[336] BERZINA T, GORSHKOV K, EROKHIN V. Chains of organic memristive devices: cross-talk of elements [J]. Proceedings of AIP Conference Proceedings, 2012, 1479(1): 1888 -1891.

[337] VALENTI D, FIASCONARO A, SPAGNOLO B. Stochastic resonance and noise delayed extinction in a model of two competing species[J]. Physica A: Statistical Mechanics and Its Applications, 2004, 331(3/4): 477 -486.

[338] FIASCONARO A, SPAGNOLO B. Stability measures in metastable states with Gaussian colored noise [J]. Physical Review E, 2009, 80 (4): 041110.

[339] LA COGNATA A, VALENTI D, DUBKOV A A, et al. Dynamics of two competing species in the presence of Lévy noise sources [J]. Physical Review E, 2010, 82: 011121.

[340] MCDONNELL M D, ABBOTT D. What is stochastic resonance? definitions, misconceptions, debates, and its relevance to biology [J]. PLoS Computational Biology, 2009, 5(5): e1000348.

[341] WU F Q, MENN D J, WANG X. Quorum-sensing crosstalk-driven synthetic circuits: from unimodality to trimodality [J]. Chemistry & Biology, 2014, 21(12): 1629 – 1638.

[342] SLIPKO V A, PERSHIN Y V, DI VENTRA M. Changing the state of a memristive system with white noise[J]. Physical Review E, 2013, 87(4): 042103.

[343] PATTERSON G A, FIERENS P I, GROSZ D F. On the beneficial role of noise in resistive switching [J]. Applied Physics Letters, 2013, 103 (7): 074102.

[344] WEN S P, ZENG Z G, HUANG T W, et al. Noise cancellation of memristive neural networks[J]. Neural Networks, 2014, 60: 74 – 83.

[345] WANG Y, MA J, XU Y, et al. The electrical activity of neurons subject to electromagnetic induction and Gaussian white noise [J]. International Journal of Bifurcation and Chaos, 2017, 27(2): 1750030.

[346] FILATOV D O, VRZHESHCH D V, TABAKOV O V, et al. Noise-induced resistive switching in a memristor based on ZrO_2(Y)/Ta_2O_5 stack [J]. Journal of Statistical Mechanics: Theory and Experiment, 2019, 2019 (12): 124026.

[347] CAI F X, KUMAR S, VAN VAERENBERGH T, et al. Power-efficient combinatorial optimization using intrinsic noise in memristor Hopfield neural networks[J]. Nature Electronics, 2020, 3(7): 409 – 418.

[348] AGUDOV N V, SAFONOV A V, KRICHIGIN A V, et al. Nonstationary distributions and relaxation times in a stochastic model of memristor[J]. Journal of Statistical Mechanics: Theory and Experiment, 2020, 2020(2): 024003.

[349] STOTLAND A, DI VENTRA M. Stochastic memory: memory enhancement due to noise[J]. Physical Review E, 2012, 85: 011116.

[350] PATTERSON G A, FIERENS P I, GARCÍA A A, et al. Numerical and experimental study of stochastic resistive switching[J]. Physical Review E, 2013, 87: 012128.

[351] YAKIMOV A V, FILATOV D O, GORSHKOV O N, et al. Measurement of the activation energies of oxygen ion diffusion in yttria stabilized zirconia by flicker noise spectroscopy [J]. Applied Physics Letters, 2019, 114

(25): 253506.

[352] GEORGIOU P S, KÖYMEN I, DRAKAKIS E M. Noise properties of ideal memristors[C]//Proceedings of IEEE International Symposium on Circuits and Systems (ISCAS), 2015: 1146 - 1149.

[353] RIVNAY J, LELEUX P, HAMA A, et al. Using white noise to gate organic transistors for dynamic monitoring of cultured cell layers[J]. Scientific Reports, 2015, 5: 11613.

[354] BATTISTONI S, SAJAPIN R, EROKHIN V, et al. Effects of noise sourcing on organic memristive devices[J]. Chaos, Solitons & Fractals, 2020, 141: 110319.

[355] BATTISTONI S, EROKHIN V, IANNOTTA S. Frequency driven organic memristive devices for neuromorphic short term and long term plasticity[J]. Organic Electronics, 2019, 65: 434 - 438.

[356] OHNO T, HASEGAWA T, TSURUOKA T, et al. Short-term plasticity and long-term potentiation mimicked in single inorganic synapses[J]. Nature Materials, 2011, 10(8): 591 - 595.

[357] ATKINSON R C, SHIFFRIN R M. Human memory: a proposed system and its control processes[M]//SPENCE K W, SPENCE J T. Psychology of Learning and Motivation. Amsterdam: Elsevier, 1968: 89 - 195.

[358] GKOUPIDENIS P, SCHAEFER N, STRAKOSAS X, et al. Synaptic plasticity functions in an organic electrochemical transistor[J]. Applied Physics Letters, 2015, 107(26): 263302.

[359] PURVES D, AUGUSTINE G J, FITZPATRICK D, et al. Neuroscience[M]. 2nd ed. Sunderland: Sinauer Associates, 2001.

[360] DOIRON B, ZHAO Y J, TZOUNOPOULOS T. Combined LTP and LTD of modulatory inputs controls neuronal processing of primary sensory inputs[J]. The Journal of Neuroscience: the Official Journal of the Society for Neuroscience, 2011, 31(29): 10579 - 10592.

[361] NABAVI S, FOX R, PROULX C D, et al. Engineering a memory with LTD and LTP[J]. Nature, 2014, 511(7509): 348 - 352.

[362] WANG Z R, JOSHI S, SAVEL'EV S E, et al. Memristors with diffusive dynamics as synaptic emulators for neuromorphic computing[J]. Nature Materials, 2017, 16(1): 101 - 108.

[363] YECKEL M F, KAPUR A, JOHNSTON D. Multiple forms of LTP in hippocampal CA3 neurons use a common postsynaptic mechanism[J]. Nature Neuroscience, 1999, 2(7): 625 - 633.

[364] SONG S, MILLER K D, ABBOTT L F. Competitive Hebbian learning through spike-timing-dependent synaptic plasticity [J]. Nature Neuroscience, 2000, 3(9): 919 - 926.

[365] CAPORALE N, DAN Y. Spike timing-dependent plasticity: a hebbian learning rule[J]. Annual Review of Neuroscience, 2008, 31: 25 - 46.

[366] IZHIKEVICH E M. Which model to use for cortical spiking neurons? [J]. IEEE Transactions on Neural Networks, 2004, 15(5): 1063 - 1070.

[367] GHOSH-DASTIDAR S, ADELI H. Spiking neural networks [J]. International Journal of Neural Systems, 2009, 19(4): 295 - 308.

[368] MEROLLA P A, ARTHUR J V, ALVAREZ-ICAZA R, et al. A million spiking-neuron integrated circuit with a scalable communication network and interface[J]. Science, 2014, 345(6197): 668 - 673.

[369] SCHMIDHUBER J. Deep learning in neural networks: an overview[J]. Neural Networks, 2015, 61: 85 - 117.

[370] ZAMARREÑO-RAMOS C, CAMUÑAS-MESA L A, PÉREZ-CARRASCO J A, et al. On spike-timing-dependent-plasticity, memristive devices, and building a self-learning visual cortex[J]. Frontiers in Neuroscience, 2011, 5: 26.

[371] WANG Z Q, XU H Y, LI X H, et al. Synaptic learning and memory functions achieved using oxygen ion migration/diffusion in an amorphous InGaZnO memristor[J]. Advanced Functional Materials, 2012, 22(13): 2759 - 2765.

[372] SERRANO-GOTARREDONA T, MASQUELIER T, PRODROMAKIS T, et al. STDP and STDP variations with memristors for spiking neuromorphic learning systems[J]. Frontiers in Neuroscience, 2013, 7.

[373] LAPKIN D A, EMELYANOV A V, DEMIN V A, et al. Spike-timing-dependent plasticity of polyaniline-based memristive element [J]. Microelectronic Engineering, 2018, 185/186: 43 - 47.

[374] LAPKIN D A, EMELYANOV A V, DEMIN V A, et al. Polyaniline-based memristive microdevice with high switching rate and endurance [J].

Applied Physics Letters, 2018, 112(4): 043302.

[375] GKOUPIDENIS P, KOUTSOURAS D A, MALLIARAS G G. Neuromorphic device architectures with global connectivity through electrolyte gating[J]. Nature Communications, 2017, 8: 15448.

[376] EROKHIN V, BERZINA T, GORSHKOV K, et al. Stochastic hybrid 3D matrix: learning and adaptation of electrical properties[J]. Journal of Materials Chemistry, 2012, 22(43): 22881 - 22887.

[377] PREZIOSO M, MAHMOODI M R, BAYAT F M, et al. Spike-timing-dependent plasticity learning of coincidence detection with passively integrated memristive circuits[J]. Nature Communications, 2018, 9: 5311.

[378] PODZOROV V, PUDALOV V M, GERSHENSON M E. Field-effect transistors on rubrene single crystals with parylene gate insulator[J]. Applied Physics Letters, 2003, 82(11): 1739 - 1741.

[379] ZHOU L S, WANGA A, WU S C, et al. All-organic active matrix flexible display[J]. Applied Physics Letters, 2006, 88(8): 083502.

[380] LIU C. Recent developments in polymer MEMS[J]. Advanced Materials, 2007, 19(22): 3783 - 3790.

[381] KHODAGHOLY D, DOUBLET T, GURFINKEL M, et al. Highly conformable conducting polymer electrodes for in vivo recordings[J]. Advanced Materials, 2011, 23(36): H268 - H272.

[382] LEE W, KIM D, RIVNAY J, et al. Integration of organic electrochemical and field-effect transistors for ultraflexible, high temporal resolution electrophysiology arrays[J]. Advanced Materials, 2016, 28(44): 9722 - 9728.

[383] KHIAT A, CORTESE S, SERB A, et al. Resistive switching of Pt/TiO_x/Pt devices fabricated on flexible parylene-C substrates[J]. Nanotechnology, 2017, 28(2): 025303.

[384] SHVETSOV B S, MATSUKATOVA A N, MINNEKHANOV A A, et al. Poly-para-xylylene-based memristors on flexible substrates[J]. Technical Physics Letters, 2019, 45(11): 1103 - 1106.

[385] CHENG C T, ZHU C, HUANG B J, et al. Processing halide perovskite materials with semiconductor technology[J]. Advanced Materials Technologies, 2019, 4(7): 1800729.

[386] IELMINI D. Resistive switching memories based on metal oxides:

mechanisms, reliability and scaling [J]. Semiconductor Science and Technology, 2016, 31(6): 063002.

[387] DEL VALLE J, RAMÍREZ J G, ROZENBERG M J, et al. Challenges in materials and devices for resistive-switching-based neuromorphic computing [J]. Journal of Applied Physics, 2018, 124(21): 211101.

[388] GUAN W H, LIU M, LONG S B, et al. On the resistive switching mechanisms of Cu/ZrO_2: Cu/Pt[J]. Applied Physics Letters, 2008, 93 (22): 223506.

[389] BID A, BORA A, RAYCHAUDHURI A K. Temperature dependence of the resistance of metallic nanowires (diameter ≥15 nm): applicability of Bloch-Grüneisen theorem[J]. Physical Review B, 2006, 74: 035426.

[390] NIKIRUY K E, EMELYANOV A V, DEMIN V A, et al. Dopamine-like STDP modulation in nanocomposite memristors[J]. AIP Advances, 2019, 9(6): 065116.

[391] CHIOLERIO A, CHIAPPALONE M, ARIANO P, et al. Coupling resistive switching devices with neurons: state of the art and perspectives [J]. Frontiers in Neuroscience, 2017, 11: 70.

[392] WANG C N, TANG J, MA J. Minireview on signal exchange between nonlinear circuits and neurons via field coupling [J]. The European Physical Journal Special Topics, 2019, 228(10): 1907 – 1924.

[393] TANG J S, YUAN F, SHEN X K, et al. Bridging biological and artificial neural networks with emerging neuromorphic devices: fundamentals, progress, and challenges[J]. Advanced Materials, 2019, 31(49): e1902761.

[394] WAN Q Z, SHARBATI M T, ERICKSON J R, et al. Emerging artificial synaptic devices for neuromorphic computing [J]. Advanced Materials Technologies, 2019, 4(4): 1900037.

[395] VOLKOV A G, TUCKET C, REEDUS J, et al. Memristors in plants[J]. Plant Signaling & Behavior, 2014, 9(3): e28152.

[396] VOLKOV A G, NYASANI E K, TUCKETT C, et al. Cyclic voltammetry of apple fruits: Memristors in vivo[J]. Bioelectrochemistry, 2016, 112: 9 – 15.

[397] VOLKOV A G. Biosensors, memristors and actuators in electrical networks of plants[J]. International Journal of Parallel, Emergent and Distributed Systems, 2017, 32(1): 44 – 55.

[398] VOLKOV A G, NYASANI E K. Sunpatiens compact hot coral: memristors in flowers[J]. Functional Plant Biology, 2018, 45(2): 222 - 227.

[399] ADAMATZKY A, EROKHIN V, GRUBF M, et al. Physarum chip project: growing computers from slime mould [J]. International Journal of Unconventional Computing, 2012, 8(4): 319 - 323.

[400] GALE E, ADAMATZKY A, DE LACY COSTELLO B. Slime mould memristors[J]. BioNanoScience, 2015, 5(1): 1 - 8.

[401] CIFARELLI A, BERZINA T, EROKHIN V. Bio-organic memristive device: polyaniline—Physarum polycephalum interface[J]. Physica Status Solidi C, 2015, 12(1/2): 218 - 221.

[402] ROMEO A, DIMONTE A, TARABELLA G, et al. A bio-inspired memory device based on interfacing Physarum polycephalum with an organic semiconductor[J]. APL Materials, 2015, 3(1): 014909.

[403] BERZINA T, DIMONTE A, CIFARELLI A, et al. Hybrid slime mould-based system for unconventional computing[J]. International Journal of General Systems, 2015, 44(3): 341 - 353.

[404] TARABELLA G, D'ANGELO P, CIFARELLI A, et al. A hybrid living/organic electrochemical transistor based on the Physarum polycephalum cell endowed with both sensing and memristive properties [J]. Chemical Science, 2015, 6(5): 2859 - 2868.

[405] BRAUND E, MIRANDA E R. On building practical biocomputers for real-world applications: receptacles for culturing slime mould memristors and component standardisation[J]. Journal of Bionic Engineering, 2017, 14(1): 151 - 162.

[406] MIRANDA E R, BRAUND E. A method for growing bio-memristors from slime mold[J]. Journal of Visualized Experiments, 2017(129): 56076.

[407] WANG L, WEN D Z. Nonvolatile bio-memristor based on silkworm hemolymph proteins[J]. Scientific Reports, 2017, 7: 17418.

[408] PABST O, MARTINSEN Ø G, CHUA L. The non-linear electrical properties of human skin make it a generic memristor [J]. Scientific Reports, 2018, 8: 15806.

[409] SERB A, CORNA A, GEORGE R, et al. Memristive synapses connect brain and silicon spiking neurons[J]. Scientific Reports, 2020, 10: 2590.

[410] KEENE S T, LUBRANO C, KAZEMZADEH S, et al. A biohybrid synapse with neurotransmitter-mediated plasticity[J]. Nature Materials, 2020, 19(9): 969 –973.

[411] JUZEKAEVA E, NASRETDINOV A, BATTISTONI S, et al. Coupling cortical neurons through electronic memristive synapse[J]. Advanced Materials Technologies, 2019, 4(1): 1800350.

[412] FROMHERZ P, OFFENHÄUSSER A, VETTER T, et al. A neuron-silicon junction: a retzius cell of the leech on an insulated-gate field-effect transistor[J]. Science, 1991, 252(5010): 1290 – 1293.

[413] VASSANELLI S, FROMHERZ P. Transistor records of excitable neurons from rat brain[J]. Applied Physics A, 1998, 66(4): 459 –463.

[414] KUZUM D, YU S M, PHILIP W H S. Synaptic electronics: materials, devices and applications[J]. Nanotechnology, 2013, 24(38): 382001.

[415] ROSSANT C, KADIR S N, GOODMAN D F M, et al. Spike sorting for large, dense electrode arrays[J]. Nature Neuroscience, 2016, 19(4): 634 –641.

[416] BUZSÁKI G, STARK E, BERÉNYI A, et al. Tools for probing local circuits: high-density silicon probes combined with optogenetics[J]. Neuron, 2015, 86(1): 92 – 105.

[417] ETHERINGTON S J, ATKINSON S E, STUART G J, et al. Synaptic integration[M]//Fatima B, Nashaiman P, Qanta K, et al. Encyclopedia of life sciences. New Jersey: John Wiley and Sons Ltd, 2010.

[418] FRICKER D, MILES R. EPSP amplification and the precision of spike timing in hippocampal neurons[J]. Neuron, 2000, 28(2): 559 –569.

[419] BUZSÁKI G, DRAGUHN A. Neuronal oscillations in cortical networks[J]. Science, 2004, 304(5679): 1926 – 1929.

[420] TIMKO B P, COHEN-KARNI T, QING Q, et al. Design and implementation of functional nanoelectronic interfaces with biomolecules, cells, and tissue using nanowire device arrays[J]. IEEE Transactions on Nanotechnology, 2010, 9(3): 269 –280.

[421] HARRISON R R, CHARLES C. A low-power low-noise CMOS amplifier for neural recording applications[J]. IEEE Journal of Solid-State Circuits, 2003, 38(6): 958 –965.

[422] PATOLSKY F, TIMKO B P, YU G H, et al. Detection, stimulation, and inhibition of neuronal signals with high-density nanowire transistor arrays [J]. Science, 2006, 313(5790): 1100 - 1104.

[423] KHODAGHOLY D, GELINAS J N, THESEN T, et al. NeuroGrid: recording action potentials from the surface of the brain [J]. Nature Neuroscience, 2015, 18(2): 310 - 315.

[424] KHODAGHOLY D, DOUBLET T, QUILICHINI P, et al. In vivo recordings of brain activity using organic transistors [J]. Nature Communications, 2013, 4: 1575.

[425] PETERMAN M C, NOOLANDI J, BLUMENKRANZ M S, et al. Localized chemical release from an artificial synapse chip [J]. Proceedings of the National Academy of Sciences, 2004, 101(27): 9951 - 9954.

[426] ROUNTREE C M, RAGHUNATHAN A, TROY J B, et al. Prototype chemical synapse chip for spatially patterned neurotransmitter stimulation of the retina ex vivo [J]. Microsystems & Nanoengineering, 2017, 3: 17052.

[427] PETERMAN M C, MEHENTI N Z, BILBAO K V, et al. The artificial synapse chip: a flexible retinal interface based on directed retinal cell growth and neurotransmitter stimulation [J]. Artificial Organs, 2003, 27 (11): 975 - 985.

[428] ALIBART F, ZAMANIDOOST E, STRUKOV D B. Pattern classification by memristive crossbar circuits using ex situ and in situ training [J]. Nature Communications, 2013, 4: 2072.

[429] JUAREZ-HERNANDEZ L J, CORNELLA N, PASQUARDINI L, et al. Bio-hybrid interfaces to study neuromorphic functionalities: new multidisciplinary evidences of cell viability on poly (anyline) (PANI), a semiconductor polymer with memristive properties [J]. Biophysical Chemistry, 2016, 208: 40 - 47.

[430] KAUL R A, SYED N I, FROMHERZ P. Neuron-semiconductor chip with chemical synapse between identified neurons [J]. Physical Review Letters, 2004, 92(3): 038102.

[431] DIMONTE A, BERZINA T, CIFARELLI A, et al. Conductivity patterning with Physarum polycephalum: natural growth and deflecting [J]. Physica Status Solidi C, 2015, 12(1/2): 197 - 201.

[432] EROKHINA S, SOROKIN V, EROKHIN V. Skeleton-supported stochastic networks of organic memristive devices: adaptations and learning[J]. AIP Advances, 2015, 5(2): 027129.

[433] AUNER C, PALFINGER U, GOLD H, et al. High-performing submicron organic thin-film transistors fabricated by residue-free embossing [J]. Organic Electronics, 2010, 11(4): 552 – 557.

[434] BENNETT M V L, ZUKIN R S. Electrical coupling and neuronal synchronization in the mammalian brain[J]. Neuron, 2004, 41(4): 495 – 511.

[435] TALANOV M, LAVROV I, MENSHENIN C. Comptational modeling of spinal locomotor circuitry[J]. European Journal of Clinical Investigation, 2018, 48: 224.

[436] TALANOV M, LAVROV I, EROKHIN V. Modelling reflex arc for a memristive implementation [C]//Proceedings of European Journal of Clinical Investigation, 2018.

[437] STRUKOV D B, WILLIAMS R S. Four-dimensional address topology for circuits with stacked multilayer crossbar arrays [J]. Proceedings of the National Academy of Sciences, 2009, 106(48): 20155 – 20158.

[438] SCHWEIGER S, KUBICEK M, MESSERSCHMITT F, et al. A microdot multilayer oxide device: let us tune the strain-ionic transport interaction [J]. ACS Nano, 2014, 8(5): 5032 – 5048.

[439] HU X F, FENG G, DUAN S K, et al. Multilayer RTD-memristor-based cellular neural networks for color image processing[J]. Neurocomputing, 2015, 162: 150 – 162.

[440] MICHELAKAKI I, BOUSOULAS P, MARAGOS N, et al. Resistive memory multilayer structure with self-rectifying and forming free properties along with their modification by adding a hafnium nanoparticle midlayer [J]. Journal of Vacuum Science & Technology A: Vacuum, Surfaces, and Films, 2017, 35(2): 021501.

[441] HASAN R, TAHA T M, YAKOPCIC C. On-chip training of memristor crossbar based multi-layer neural networks[J]. Microelectronics Journal, 2017, 66: 31 – 40.

[442] ZHANG S G. Fabrication of novel biomaterials through molecular self-

assembly[J]. Nature Biotechnology, 2003, 21(10): 1171 - 1178.

[443] CHENG J Y, MAYES A M, ROSS C A. Nanostructure engineering by templated self-assembly of block copolymers[J]. Nature Materials, 2004, 3(11): 823 - 828.

[444] ROTHEMUND P W K. Folding DNA to create nanoscale shapes and patterns[J]. Nature, 2006, 440(7082): 297 - 302.

[445] CHENG J Y, ROSS C A, SMITH H I, et al. Templated self-assembly of block copolymers: top-down helps bottom-up [J]. Advanced Materials, 2006, 18(19): 2505 - 2521.

[446] ARIGA K, YAMAUCHI Y, RYDZEK G, et al. Layer-by-layer nanoarchitectonics: invention, innovation, and evolution [J]. Chemistry Letters, 2014, 43(1): 36 - 68.

[447] EROKHIN V, BERZINA T, CAMORANI P, et al. Conducting polymer—solid electrolyte fibrillar composite material for adaptive networks[J]. Soft Matter, 2006, 2(10): 870 - 874.

[448] EROKHIN V. Polymer-based adaptive networks[M]//EROKHIN V, RAM M K, YAVUZ. The new frontiers of organic and composite nanotechnology. Amsterdam: Elsevier, 2008: 287 - 353.

[449] CIFARELLI A, DIMONTE A, BERZINA T, et al. Non-linear bioelectronic element: Schottky effect and electrochemistry[J]. International Journal of Unconventional Computing, 2014, 10: 375 - 379.

[450] BERZINA T, PUCCI A, RUGGERI G, et al. Gold nanoparticles-polyaniline composite material: synthesis, structure and electrical properties [J]. Synthetic Metals, 2011, 161(13/14): 1408 - 1413.

[451] PUCCI A, TIRELLI N, WILLNEFF E A, et al. Evidence and use of metal-chromophore interactions: luminescence dichroism of terthiophene-coated gold nanoparticles in polyethylene oriented films[J]. Journal of Materials Chemistry, 2004, 14(24): 3495 - 3502.

[452] THOMAS K G, KAMAT P V. Chromophore-functionalized gold nanoparticles [J]. Accounts of Chemical Research, 2003, 36(12): 888 - 898.

[453] ATAY Z, BIVER T, CORTI A, et al. Non-covalent interactions of cadmium sulphide and gold nanoparticles with DNA [J]. Journal of Nanoparticle Research, 2010, 12(6): 2241 - 2253.

[454] GOFBERG I, MANDLER D. Preparation and comparison between different thiol-protected Au nanoparticles [J]. Journal of Nanoparticle Research, 2010, 12(5): 1807 – 1811.

[455] ALIBART F, PLEUTIN S, GUÉRIN D, et al. An organic nanoparticle transistor behaving as a biological spiking synapse [J]. Advanced Functional Materials, 2010, 20(2): 330 – 337.

[456] EROKHIN V. On the learning of stochastic networks of organic memristive devices[J]. International Journal of Unconventional Computing, 2013, 9 (3/4): 303 – 310.

[457] LICHTMAN J W, COLMAN H. Synapse elimination and indelible memory [J]. Neuron, 2000, 25(2): 269 – 278.

[458] INNOCENTI G M, FROST D O. The postnatal development of visual callosal connections in the absence of visual experience or of the eyes[J]. Experimental Brain Research, 1980, 39(4): 365 – 375.

[459] PURVES D, LICHTMAN J W. Elimination of synapses in the developing nervous system[J]. Science, 1980, 210(4466): 153 – 157.

[460] APFELBACH R, WEILER E. Olfactory deprivation enhances normal spine loss in the olfactory bulb of developing ferrets[J]. Neuroscience Letters, 1985, 62(2): 169 – 173.

[461] BUZSÁKI G. Rhythms of the brain [M]. Oxford: Oxford University Press, 2006.

[462] SIGALA R, SMERIERI A, SCHÜZ A, et al. Modeling and simulating the adaptive electrical properties of stochastic polymeric 3D networks [J]. Modelling and Simulation in Materials Science and Engineering, 2013, 21 (7): 075007.

[463] LITOVSKI V, ZWOLINSKI M. VLSI circuit simulation and optimization [M]. New York: Springer New York, 1997.

[464] WATTS D J, STROGATZ S H. Collective dynamics of ‘small-world’ networks[J]. Nature, 1998, 393(6684): 440 – 442.

[465] BARABASI A L, ALBERT R. Emergence of scaling in random networks [J]. Science, 1999, 286(5439): 509 – 512.

[466] BRAITENBERG V. Cell assemblies in the cerebral cortex[M]//HEIM R, PALM G. Theoretical approaches to complex systems. Berlin: Springer

Berlin Heidelberg, 1978: 171 - 188.

[467] HELLWIG B, SCHÜZ A, AERTSEN A. Synapses on axon collaterals of pyramidal cells are spaced at random intervals: a Golgi study in the mouse cerebral cortex[J]. Biological Cybernetics, 1994, 71(1): 1 - 12.

[468] YOUNG M B, SCANNELL J W, BURNS G. The analysis of cortical connectivity[M]. New York: Springer, 1995.

[469] SCHUZ A, BRAITENBERG V. The human cortical white matter: quantitative aspects of cortico-cortical long-range connectivity[M]//SCHUZ A, MILLER R. Cortical areas: unity and diversity. London: Taylor and Francis, 2002: 377 - 385.

[470] ISMAIL M, ABBAS H, CHOI C, et al. Stabilized and RESET-voltage controlled multi-level switching characteristics in ZrO_2-based memristors by inserting a-ZTO interface layer[J]. Journal of Alloys and Compounds, 2020, 835: 155256.

[471] GOSWAMI S, MATULA A J, RATH S P, et al. Robust resistive memory devices using solution-processable metal-coordinated azo aromatics[J]. Nature Materials, 2017, 16(12): 1216 - 1224.

[472] MEHONIC A, CUEFF S, WOJDAK M, et al. Resistive switching in silicon suboxide films[J]. Journal of Applied Physics, 2012, 111(7): 074507.

[473] PAN C B, JI Y F, XIAO N, et al. Resistive switching: coexistence of grain-boundaries-assisted bipolar and threshold resistive switching in multilayer hexagonal boron nitride (funct. mater. 10/2017)[J]. Advanced Functional Materials, 2017, 27(10).

[474] MALAKHOVA Y N, KOROVIN A N, LAPKIN D A, et al. Planar and 3D fibrous polyaniline-based materials for memristive elements[J]. Soft Matter, 2017, 13(40): 7300 - 7306.

[475] DU C, CAI F X, ZIDAN M A, et al. Reservoir computing using dynamic memristors for temporal information processing[J]. Nature Communications, 2017, 8: 2204.

[476] TANAKA G, YAMANE T, HÉROUX J B, et al. Recent advances in physical reservoir computing: a review[J]. Neural Networks, 2019, 115: 100 - 123.

[477] EROKHIN V. Memristive devices for neuromorphic applications:

comparative analysis[J]. BioNanoScience, 2020, 10(4): 834 - 847.

[478] GELENCSÉR A, PRODROMAKIS T, TOUMAZOU C, et al. Biomimetic model of the outer plexiform layer by incorporating memristive devices[J]. Physical Review E, 2012, 85(4): 041918.

[479] SHERIDAN P M, CAI F X, DU C, et al. Sparse coding with memristor networks[J]. Nature Nanotechnology, 2017, 12(8): 784 - 789.

[480] BAO L, KANG J, FANG Y C, et al. Artificial shape perception retina network based on tunable memristive neurons[J]. Scientific Reports, 2018, 8: 13727.

[481] JI X, HU X F, ZHOU Y, et al. Adaptive sparse coding based on memristive neural network with applications[J]. Cognitive Neurodynamics, 2019, 13(5): 475 - 488.

[482] 闵国旗，王丽丹，段书凯. 离子迁移忆阻混沌电路及其在语音保密通信中的应用[J]. 物理学报，2015，64(21): 210507.

[483] LIU P, XI R, REN P B, et al. Analysis and implementation of a new switching memristor scroll hyperchaotic system and application in secure communication[J]. Complexity, 2018, 2018: 1 - 15.

[484] SUNG S H, KIM D H, KIM T J, et al. Unconventional inorganic-based memristive devices for advanced intelligent systems[J]. Advanced Materials Technologies, 2019, 4(4): 1900080.

[485] RAJAGOPAL K, KACAR S, WEI Z C, et al. Dynamical investigation and chaotic associated behaviors of memristor Chua's circuit with a non-ideal voltage-controlled memristor and its application to voice encryption[J]. AEU-International Journal of Electronics and Communications, 2019, 107: 183 - 191.

[486] VAIDYANATHAN S, AZAR A T, AKGUL A, et al. A memristor-based system with hidden hyperchaotic attractors, its circuit design, synchronisation via integral sliding mode control and an application to voice encryption[J]. International Journal of Automation and Control, 2019, 13(6): 644 - 667.

[487] NAGY Z, SZOLGAY P. Configurable multilayer CNN-UM emulator on FPGA[J]. IEEE Transactions on Circuits and Systems I: Fundamental Theory and Applications, 2003, 50(6): 774 - 778.

[488] SUN Y H, ZHENG X, YAN X Q, et al. Bioinspired tribotronic resistive switching memory for self-powered memorizing mechanical stimuli[J]. ACS Applied Materials & Interfaces, 2017, 9(50): 43822 - 43829.

[489] WANG Z L, HONG Q H, WANG X P. Memristive circuit design of emotional generation and evolution based on skin-like sensory processor[J]. IEEE Transactions on Biomedical Circuits and Systems, 2019, 13(4): 631 - 644.

[490] ZHANG C, YE W B, ZHOU K, et al. Artificial sensory nerves: bioinspired artificial sensory nerve based on nafion memristor[J]. Advanced Functional Materials, 2019, 29(20): 1970133.

[491] KOZMA R, PULJIC M. Hierarchical random cellular neural networks for system-level brain-like signal processing[J]. Neural Networks, 2013, 45: 101 - 110.

[492] ZHOU F C, CHEN J W, TAO X M, et al. 2D materials based optoelectronic memory: convergence of electronic memory and optical sensor [J]. Research, 2019, 2019.

[493] CARRARA S, SACCHETTO D, DOUCEY M A, et al. Memristive-biosensors: a new detection method by using nanofabricated memristors[J]. Sensors and Actuators B: Chemical, 2012, 171/172: 449 - 457.

[494] DOUCEY M A, CARRARA S. Nanowire sensors in cancer[J]. Trends in Biotechnology, 2019, 37(1): 86 - 99.

[495] SAHU D P, JAMMALAMADAKA S N. Detection of bovine serum albumin using hybrid TiO_2 + graphene oxide based Bio-resistive random access memory device[J]. Scientific Reports, 2019, 9: 16141.

[496] HADIS N S M, MANAF A A, HERMAN S H. Trends of deposition and patterning techniques of TiO_2 for memristor based bio-sensing applications [J]. Microsystem Technologies, 2013, 19(12): 1889 - 1896.

[497] ADAMATZKY A. Slime mould processors, logic gates and sensors[J]. Philosophical Transactions Series A, Mathematical, Physical, and Engineering Sciences, 2015, 373(2046): 20140216.

[498] SHANK J C, TELLEKAMP M B, DOOLITTLE W A. Evidence of ion intercalation mediated band structure modification and opto-ionic coupling in lithium niobite[J]. Journal of Applied Physics, 2015, 117(3): 035704.

[499] NYENKE C, DONG L X. Fabrication of a W/Cu_xO/Cu memristor with sub-micron holes for passive sensing of oxygen [J]. Microelectronic Engineering, 2016, 164: 48 – 52.

[500] HAIDRY A A, EBACH-STAHL A, SARUHAN B. Effect of Pt/TiO_2 interface on room temperature hydrogen sensing performance of memristor type Pt/TiO_2/Pt structure [J]. Sensors and Actuators B: Chemical, 2017, 253: 1043 – 1054.

[501] CHOI S, KIM S, JANG J, et al. Implementing an artificial synapse and neuron using a Si nanowire ion-sensitive field-effect transistor and indium-gallium-zinc-oxide memristors [J]. Sensors and Actuators B: Chemical, 2019, 296: 126616.

[502] VIDIŠ M, PLECENIK T, MOŠKO M, et al. Gasistor: a memristor based gas-triggered switch and gas sensor with memory [J]. Applied Physics Letters, 2019, 115(9): 093504.

[503] LUNELLI L, COLLINI C, JIMENEZ-GARDUÑO A M, et al. Prototyping a memristive-based device to analyze neuronal excitability [J]. Biophysical Chemistry, 2019, 253: 106212.

[504] ILLARIONOV G A, KOLCHANOV D S, KUCHUR O A, et al. Inkjet assisted fabrication of planar biocompatible memristors [J]. RSC Advances, 2019, 9(62): 35998 – 36004.

[505] QI Y M, SUN B, FU G Q, et al. A nonvolatile organic resistive switching memory based on lotus leaves [J]. Chemical Physics, 2019, 516: 168 – 174.

[506] WANG L, WEN D. Resistive switching memory devices based on body fluid of Bombyx mori L. [J]. Micromachines, 2019, 10(8): 540.

[507] MIKHAYLOV A, PIMASHKIN A, PIGAREVA Y, et al. Neurohybrid memristive CMOS-integrated systems for biosensors and neuroprosthetics [J]. Frontiers in Neuroscience, 2020, 14: 358.

[508] KIM S G, HAN J S, KIM H, et al. Recent advances in memristive materials for artificial synapses [J]. Advanced Materials Technologies, 2018, 3(12): 1800457.

[509] WANG L Y, YANG J, ZHU Y, et al. Neuromorphic computing: rectification-regulated memristive characteristics in electron-type CuPc-based element for electrical synapse [J]. Advanced Electronic Materials, 2017, 3(7).

[510] SHI L Y, ZHENG G H, TIAN B B, et al. Research progress on solutions to the sneak path issue in memristor crossbar arrays [J]. Nanoscale Advances, 2020, 2(5): 1811 - 1827.

[511] SHARMA S K, HAOBIJAM D, SINGH S S, et al. Neuronal communication: stochastic neuron dynamics and multi-synchrony states[J]. AEU-International Journal of Electronics and Communications, 2019, 100: 75 - 85.

[512] WILLIFORD K. Book review: the feeling of what happens: body and emotion in the making of consciousnerss[J]. Minds and Machines, 2004, 14(3): 391 - 431.

[513] ORTONY A, CLORE G L, COLLINS A. The cognitive structure of emotions [M]. Cambridge: Cambridge University Press, 1988.

[514] LÖVHEIM H. A new three-dimensional model for emotions and monoamine neurotransmitters[J]. Medical Hypotheses, 2012, 78(2): 341 - 348.

[515] TALANOV M, TOSCHEV A, LEUKHIN A. Modeling the fear-like state in realistic neural network[J]. BioNanoScience, 20 17, 7(2): 446 - 448.

[516] VALLVERDÚ J, TALANOV M, DISTEFANO S, et al. A cognitive architecture for the implementation of emotions in computing systems[J]. Biologically Inspired Cognitive Architectures, 2016, 15: 34 - 40.

[517] VALLVERDÚ J, TROVATO G. Emotional affordances for human-robot interaction[J]. Adaptive Behavior, 2016, 24(5): 320 - 334.

致　谢

首先，我要感谢我的妻子 Svetlana 在本书的筹备过程所提供的帮助。她参与了本书中提及的多项基础研究，并帮助我整理了相关数据。同时我也非常感谢她从大学时期开始，一直对我的想法和手稿给予严格的批评指正，并协助我改进本书。

我要向 Lev A. Feigin 教授致以特别的感谢。在他的指导下，我的博士研究得以顺利开展，同时他在我的科研和社交生活等方面都给了我非常有用的帮助和建议。

我要特别感谢 Tatiana Berzina 博士和 Marco P. Fontana 教授（帕尔玛大学），我们一起出版了有关本书主题（神经形态系统）的第一部作品，发表了一系列关于神经形态系统的研究成果。在完成这些工作期间，Anteo Smerieri 博士也为这本书做出了重要贡献，并且基于他的硕博士论文，我们完成了本书 4.1 节和 6.3 节的内容。同时，我也要感谢帕尔玛大学的其他研究者们，包括在我们课题组获得硕士或博士学位的 Paolo Camorani 博士和 Maura Pavesi 博士、Valentina Allodi 博士、Konstantin Gorshkov 博士和 Francesca Pincella 博士。

我还要特别感谢来自比萨大学参与材料合成工作的化学家们：Giacomo Ruggeri 博士、Andrea Pucci 博士、Lucia Ricci 博士和 Marco Bernabò 博士。

我也非常感谢欧洲同步辐射研究所的 Oleg Konovalov 博士。在他的试验室进行试验的过程中，我们进一步理解了有机忆阻器的工作原理，而且在与他讨论的过程中我收获良多。

我们与马克斯·普朗克生物控制论研究所的科学家们的合作研究成效显著，特别是与 Almut Schüz 教授的交流讨论加深了我对大脑结构及其不同部位作用的理解。而 Rodrigo Sigala 博士则将用于描述大脑功能而开发的数学算法应用于人工系统。同时，我也很荣幸能与 Valentino Breitenberg 教授合作，他在如何将人工系统与自然系统两者之间的性质联系起来方面所提出的建议非常具有价值。

我们与华威大学的 Jianfeng Fend 教授和 Dimitris Vavoulis 博士在静水椎实螺神经系统进行人工繁殖研究方面有着较长时间的讨论,这对我们编写本书相关章节内容也很有帮助。

最后,我要特别感谢西英格兰大学的 Andrew Adamatzky 教授,他时常与我讨论一些关于非传统计算领域的新想法,甚至是奇怪的想法。同时,我也要感谢 Ella Gale 与 Gerard David Howard 两位博士的有益讨论。

非常感谢我目前工作的意大利国家研究委员会电子与磁性材料研究所(Institute of Materials for Electronics and Magnetism, Italian National Research Counlil, IMEM-CNR)的同事们。首先,我要感谢年轻又聪明的科学家——Silvia Battistoni 博士,她在我们这里完成了她的博士工作,而且经常发表高质量的研究论文;其次,我还要感谢 Salvatore Iannotta 博士,他与我们一同参与了多个已顺利完成的国际及国家层面的项目。当然,我还要特别感谢 IMEM-CNR 的所有同事们,他们非常支持我们小组在智能和神经形态生物界面系统方面的研发工作,并为我们的研究活动提供了友好的氛围。最后,我还要感谢托里诺的同事们提供的技术支持,包括与 IMEM-CNR 紧密合作的 Matteo Cocuzza 教授、Simone L. Marasso 博士和 Alessio Verna 博士。

在过去的几年中,本书中描述的许多研究成果都是在与国家研究中心"库尔恰托夫研究所"合作期间获得的。对此,我非常感激 Vyacheslav Demin 和 Andrey Emelyanov 两位博士,他们经常和我进行非常有价值的讨论,这不仅能帮助我们规划和开展新试验,同时也加强了我们对神经形态系统的理解。我还要感谢 Yulia Malakhova 博士,她不仅负责开展研究活动,还负责协调处理一些我们合作期间的行政事务。还有两位年轻有为的学生 Dmitry Lapkin 和 Nikita Prudnikov 也对本书做出了重要贡献。我也非常感谢与我讨论有关神经形态系统不同方面知识的研究人员们,包括 Mikhail Kovalchuk 教授、Sergey Chvalun 教授、Pavel Kashkarov 教授、Anton Minnnekhanov 博士、Vladimir Rylkov 博士和 Alexey Korovin 博士。

来自喀山联邦大学的三位朋友为本书中有关人工突触与活体神经元耦合的内容做出了重大贡献。其中,我们与 Rustem Khazipov 教授讨论并设计了相关的试验;Marat Mukhtarov 博士帮忙组装了试验装置并拟定了数据采集协议,并且他在数据分析讨论中发挥了重要作用;而 Elvira Juzekaeva 的"绿色之手"则提供了将人工系统与自然系统连接的方法。我还要感谢喀山联邦大学的其他同事:Max Talanov 博士、Igor Lavrov 教授和 Evgeny Zykov 教授,我们对目前可实现的神经假体展开了广泛的讨论。

此外，我非常感谢 Leon Chua 教授、Jullie Grolier 博士、Sandro Carrara 博士和 Alexey Mikhailov 博士，他们与我对本书内容进行了非常有益的讨论。

最后，我想对我的朋友 Attilio Anselmo 致以最热烈的感谢，他是一位真正的科学爱好者，也是 1994—2002 年间我的邻居。我们每周进行的讨论能帮助我更好地在本书中表达观点。